网页设计与前端开发实用教程

Dreamweaver+CSS+Photoshop+JavaScript+HTML

张婷 编著

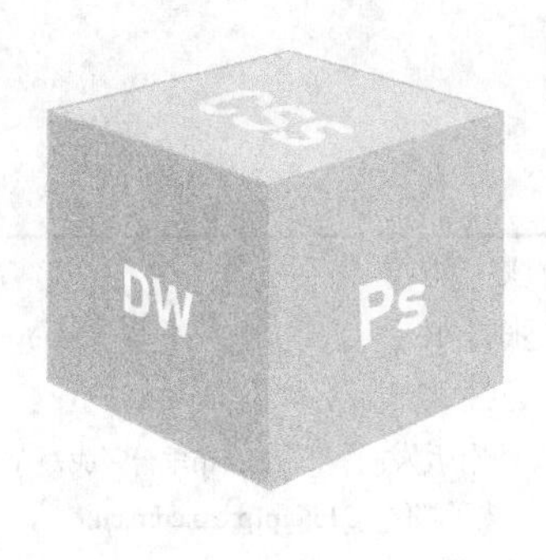

人民邮电出版社
北京

图书在版编目（CIP）数据

网页设计与前端开发实用教程 : Dreamweaver+CSS+Photoshop+JavaScript+HTML / 张婷编著. -- 北京 : 人民邮电出版社, 2020.10（2022.8重印）
ISBN 978-7-115-53990-8

Ⅰ. ①网… Ⅱ. ①张… Ⅲ. ①网页制作工具－教材 Ⅳ. ①TP393.092.2

中国版本图书馆CIP数据核字(2020)第082439号

内 容 提 要

本书紧密围绕网页设计师在制作网页过程中的实际需要和应该掌握的技术，全面介绍了使用Dreamweaver、CSS、Photoshop、JavaScript、HTML进行网站建设和网页设计的各方面内容和技巧。本书不仅将笔墨用在了基本工具和语法的讲解上，更重要的是还通过一个个鲜活、典型的实例来帮助读者达到学以致用的目的。

全书由不同行业中的实例组成，各实例均经过精心设计，操作步骤清晰简明，技术分析深入浅出，实例效果精美实用。

本书提供课堂案例、课堂练习、课后习题的源文件，以及典型案例在线教学视频。同时还为老师提供PPT教学课件、教学规划参考、教学大纲等资源，便于老师课堂教学。

本书语言简洁，内容丰富，适合网页设计与制作人员、网站建设与开发人员、大中专院校相关专业师生、网页制作培训班学员和个人网站爱好者阅读。

◆ 编　　著　张　婷
　责任编辑　张丹阳
　责任印制　马振武

◆ 人民邮电出版社出版发行　　北京市丰台区成寿寺路11号
　邮编　100164　　电子邮件　315@ptpress.com.cn
　网址　https://www.ptpress.com.cn
　固安县铭成印刷有限公司印刷

◆ 开本：787×1092　1/16
　印张：15.5　　　　2020年10月第1版
　字数：494千字　　　2022年8月河北第3次印刷

定价：49.00元

读者服务热线：(010)81055410　印装质量热线：(010)81055316
反盗版热线：(010)81055315
广告经营许可证：京东市监广登字20170147号

PREFACE 前 言

网络技术的日益成熟，给人们带来了诸多方便。如今，网络在各个领域发挥着巨大的作用，已成为人们日常生活中不可或缺的部分。人们可以足不出户在网上进行购物，随时查询股票信息，在自己的博客上发表言论……以上这些都离不开网页的设计、制作与维护。

制作一个网站需要很多技术，包括图像的设计和处理、网页动画的制作和网页版面的布局编辑等。随着网页制作技术的不断发展和完善，出现了众多网页制作与网站建设软件。目前使用较多的软件是Photoshop、Dreamweaver，它们已经成为网页制作的梦幻工具组合，以其强大的功能和易学易用的特性赢得了广大网页制作与网站建设人员的青睐。这两款软件的功能相当强大，使用起来非常方便。但是对于高级的网页制作人员来讲，仍需了解HTML、CSS、JavaScript等网页设计语言和技术的使用，这样才能充分发挥自己丰富的想象力，更加随心所欲地设计符合标准的网页，以实现网页设计软件不能实现的许多重要功能。

本书主要内容

第1部分　Dreamweaver CC网页制作篇：包括使用Dreamweaver CC创建基本文本网页、使用图像和多媒体创建丰富多彩的网页、使用表格布局排版网页、使用行为创建特效网页、使用模板和库批量制作风格统一的网页、使用jQuery Mobile和jQuery特效制作网页。

第2部分　CSS美化布局网页篇：包括使用CSS样式表美化网页、使用CSS+DIV布局网页。

第3部分　Photoshop CC图像处理篇：包括初识Photoshop CC、使用绘图工具绘制图像、文字、图层与图层样式的使用、设计制作网页中的图像元素。

第4部分　JavaScript网页特效和HTML5篇：包括JavaScript脚本基础、HTML5基础。

第5部分　网站综合案例篇：从综合应用的方面讲解了一个完整企业网站的建设过程，包括网站前期规划、设计网站首页、排版制作网页等。

本书主要特色

系统全面

本书不仅介绍了Photoshop、Dreamweaver的使用方法和技巧，还介绍了网页制作的核心语言HTML、CSS、JavaScript，以及网站建设与网页设计相关的知识，能够帮助读者完成由入门到精通的转变。

技巧提示

作者在编写时，将平时工作中总结的创建模型的实战技巧与设计经验分享给读者，不仅大大丰富了本书的内容、提高了本书的含金量，而且方便读者提升自己的实战技巧与经验，让读者能够举一反三，从而学到更多的方法。

● **实例丰富**

全书由不同行业中的实例组成，各实例均经过精心设计，操作步骤清晰简明，技术分析深入浅出，实例效果精美实用。

● **以图解方式讲解**

在正文中，每一个操作步骤后均附有对应的操作截图，便于读者直观、清晰地看到操作效果，仔细观察操作的各个细节。

● **配备电子课件**

本书还精心配备了PPT电子课件，便于老师课堂教学和学生把握知识要点。

本书读者对象

本书适合网页设计与制作人员、网站建设与开发人员、大中专院校相关专业师生、网页制作培训班学员和个人网站爱好者阅读。

结构展示

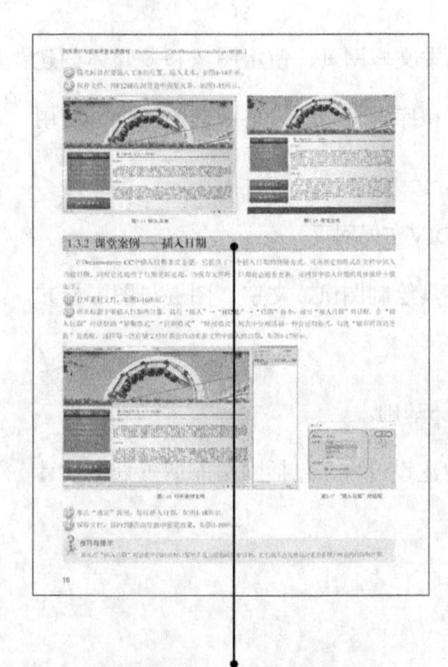
1.3.2 课堂案例——插入日期

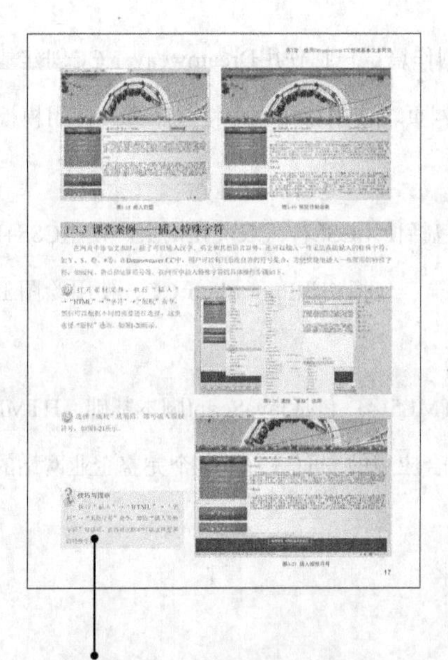
1.3.3 课堂案例——插入特殊字符

1.6 课后习题

1.7 本章总结

课堂案例：包含大量的案例详解，使读者能够深入掌握软件的基础知识以及各种功能的应用。

技巧与提示：针对软件的实用技巧及制作过程中的难点进行重点提示。

课后习题：安排重要的习题，让读者在学完相应内容以后继续强化所学知识和技术。

RESOURCES AND SUPPORT 资源与支持

本书由“数艺设”出品，“数艺设”社区平台（www.shuyishe.com）为您提供后续服务。

配套资源

源文件：书中课堂案例、课堂练习和课后习题的源文件。

视频教程：书中典型案例的在线教学视频。

教师资源：PPT教学课件、教学参考规划、教学大纲。

资源获取请扫码

“数艺设”社区平台，为艺术设计从业者提供专业的教育产品。

与我们联系

我们的联系邮箱是 szys@ptpress.com.cn。如果您对本书有任何疑问或建议，请您发邮件给我们，并请在邮件标题中注明本书书名及ISBN，以便我们更高效地做出反馈。

如果您有兴趣出版图书、录制教学课程，或者参与技术审校等工作，可以发邮件给我们；有意出版图书的作者也可以到“数艺设”社区平台在线投稿（直接访问 www.shuyishe.com 即可）。如果学校、培训机构或企业想批量购买本书或“数艺设”出版的其他图书，也可以发邮件联系我们。

如果您在网上发现针对“数艺设”出品图书的各种形式的盗版行为，包括对图书全部或部分内容的非授权传播，请您将怀疑有侵权行为的链接通过邮件发给我们。您的这一举动是对作者权益的保护，也是我们持续为您提供有价值的内容的动力之源。

关于“数艺设”

人民邮电出版社有限公司旗下品牌“数艺设”，专注于专业艺术设计类图书出版，为艺术设计从业者提供专业的图书、U书、课程等教育产品。出版领域涉及平面、三维、影视、摄影与后期等数字艺术门类，字体设计、品牌设计、色彩设计等设计理论与应用门类，UI设计、电商设计、新媒体设计、游戏设计、交互设计、原型设计等互联网设计门类，环艺设计手绘、插画设计手绘、工业设计手绘等设计手绘门类。更多服务请访问“数艺设”社区平台www.shuyishe.com。我们将提供及时、准确、专业的学习服务。

目录 CONTENTS

CONTENTS 目录

目 录 CONTENTS

CONTENTS 目录

目 录 CONTENTS

第1章

使用Dreamweaver CC创建基本文本网页

Dreamweaver CC是业界领先的Web开发工具，该工具可以帮助设计师和开发者高效地设计、开发和维护网站。利用Dreamweaver CC中的可视化编辑功能，网页制作者可以快速创建网页而不需要编写任何代码，使工作变得很轻松。文本是网页中最基本和最常用的元素，是网页信息传播的重要载体。对于网页设计人员来说，学会在网页中使用文本和设置文本格式是至关重要的。

学习目标

- 了解Dreamweaver CC工作界面
- 学会创建本地站点
- 学会添加文本元素
- 学会编辑文本格式
- 学会创建基本文本网页

1.1 Dreamweaver CC工作界面

Dreamweaver CC的工作界面主要由菜单栏、文档窗口、“属性”面板以及多个浮动面板组成，如图1-1所示。

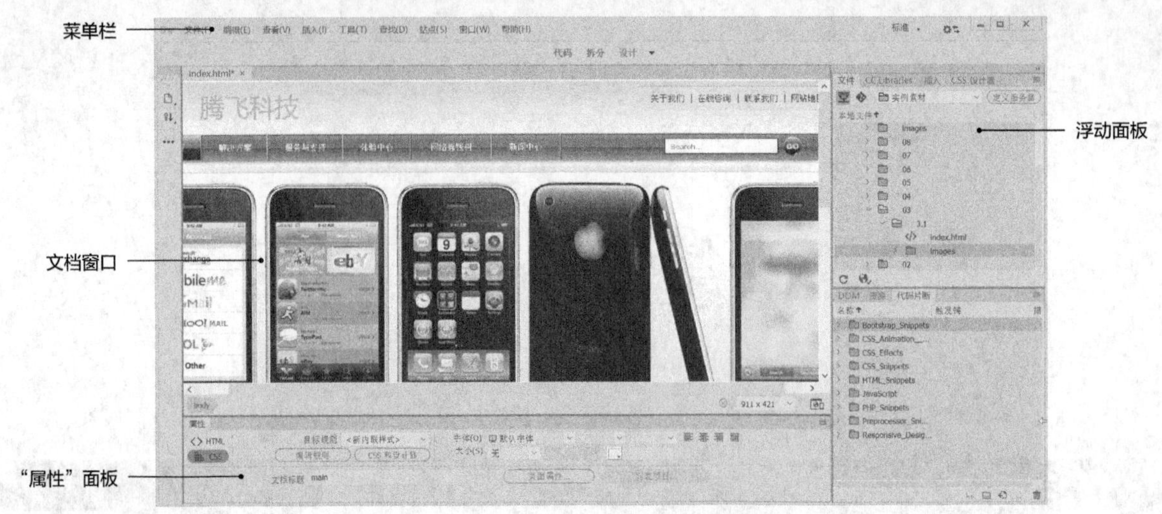

图1-1 Dreamweaver CC的工作界面

• 菜单栏：菜单栏由各种菜单构成。

• 文档窗口：文档窗口中的内容与浏览器中的画面内容相同，是进行实际操作的窗口。

• “属性”面板：用于设置文档窗口内元素的属性。

• 浮动面板：其他的面板可以统称为浮动面板，这主要是根据面板的特征进行命名的，因为这些面板都是浮动于文档窗口之外的。

1.1.1 菜单栏

菜单栏包括“文件”“编辑”“查看”“插入”“工具”“查找”“站点”“窗口”“帮助”共9个菜单，如图1-2所示。

文件(F) 编辑(E) 查看(V) 插入(I) 工具(T) 查找(D) 站点(S) 窗口(W) 帮助(H)

图1-2 菜单栏

• “文件”菜单：用来管理文件，包括创建和保存文件、导入与导出文件、浏览和打印文件等。

• “编辑”菜单：用来编辑文本，包括撤销与恢复、复制与粘贴、参数设置和快捷键设置等。

• “查看”菜单：用来查看对象，包括代码、拆分、查看模式、切换视图、实时代码、检查、刷新设计视图和相关文件等。

• “插入”菜单：用来插入网页元素，包括图像、表格、模板、表单、标题和HTML等。

• “工具”菜单：用来修改页面元素，包括清除页面HTML/Word HTML、CSS样式、快速标签编辑器、检查拼写、库和模板等。

• “查找”菜单：用来对文本进行操作，包括在当前文档中查找和替换、在文件中查找和替换、查找下一个、查找所选等。

• “站点”菜单：用来创建与管理站点，包括新建站点、管理站点、上传与存回和查看链接等。

• “窗口”菜单：用来打开和切换所有的面板和窗口，包括插入栏、“属性”面板、站点窗口和“CSS”面板等。

• “帮助”菜单：内含Dreamweaver教程、快速教程、Dreamweaver帮助、登录和更新等。

1.1.2 文档窗口

文档窗口主要用于文档的编辑，可同时打开多个文档进行编辑，可以在“代码”视图、“拆分”视图和“设计”视图中分别查看文档，如图1-3所示。

- “代码”视图：显示HTML源代码视图。
- “拆分”视图：同时显示HTML源代码视图和“设计”视图。
- “设计”视图：包含“实时”视图和“设计”视图，系统默认设置为“设计”视图。

图1-3 文档窗口

1.1.3 “属性”面板

“属性”面板主要用于查看和更改所选对象的各种属性，每种对象都具有不同的属性。在“属性”面板中有两种选项，一种是“HTML”选项，该选项将默认显示文本的格式、样式和对齐方式等属性；另一种是“CSS”选项，单击“属性”面板中的“CSS”选项后，便可以在“CSS”选项中设置各种属性，如图1-4所示。

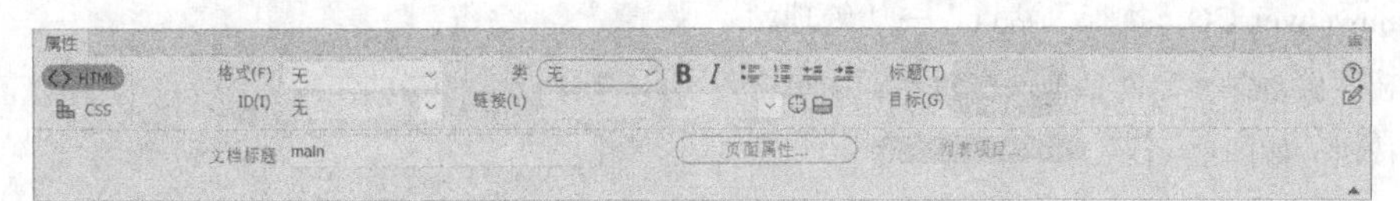

图1-4 “属性”面板

1.1.4 面板组

在Dreamweaver CC工作界面的右侧排列着一些浮动面板，这些面板集中了网页编辑和站点管理过程中非常常用的一些工具按钮。这些面板被集合到面板组中，每个面板组都可以展开或折叠，并且可以和其他面板组停靠在一起。面板组还可以停靠到集成的应用程序窗口中，这样就能够很容易地访问所需的面板，而不会使工作区变得混乱。面板组如图1-5所示。

1.1.5 “插入”栏

“插入”栏有两种显示方式：一种是以菜单方式显示，另一种是以制表符方式显示。“插入”栏中放置的是制作网页的过程中经常用到的对象和工具，通过“插入”栏可以很方便地插入网页对象。“插入”栏中包含了用于创建和插入对象（如表格、图像和链接）的按钮。这些按钮按几个类别进行组织，可以在顶部的下拉菜单中选择所需类别来进行切换，如图1-6所示。

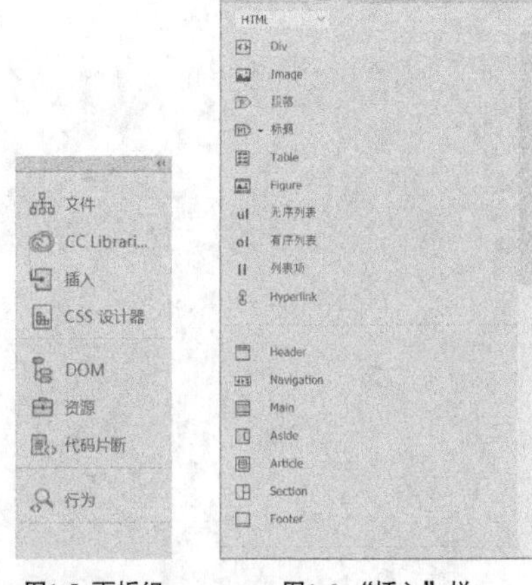

图1-5 面板组　　图1-6 “插入”栏

1.2 创建本地站点

Web站点是一组具有相关主题、类似设计、链接文档和资源等相似属性的站点。Dreamweaver CC是一个站点创建和管理工具，不仅可以创建单独的文档，还可以创建完整的Web站点。为了达到更好的效果，在创建Web站点页面之前，应对站点的结构进行设计和规划。

1.2.1 创建站点的好处

在使用Dreamweaver CC制作网页之前，可以先定义一个新站点，这是为了更好地利用站点对文件进行管理，也可以尽可能地减少错误，如路径、链接出错。新手做网页时，条理性和结构性不强，往往一个文件放这里，另一个文件放那里，或所有文件都放在同一个文件夹内，这样显得很乱。建议先建立一个文件夹用于存放网站的所有文件，再在文件内建立几个文件夹，将文件分类，如将图片文件放在images文件夹内，将HTML文件放在根目录下。如果站点比较大，文件比较多，可以先按栏目分类，再在栏目里分类。

1.2.2 课堂案例——使用向导创建站点

使用“站点定义向导”快速创建本地站点的具体操作步骤如下。

01 启动Dreamweaver CC，执行“站点”→“管理站点”命令，弹出“管理站点”对话框。在对话框中单击“新建站点”按钮，如图1-7所示。

图1-7 “管理站点”对话框

02 弹出“站点设置对象 实例素材”对话框，在对话框中选择“站点”，在“站点名称”文本框中输入名称，如图1-8所示。

03 单击“本地站点文件夹”文本框右边的“浏览文件夹”按钮，弹出“选择根文件夹”对话框，选择站点文件夹，如图1-9所示。

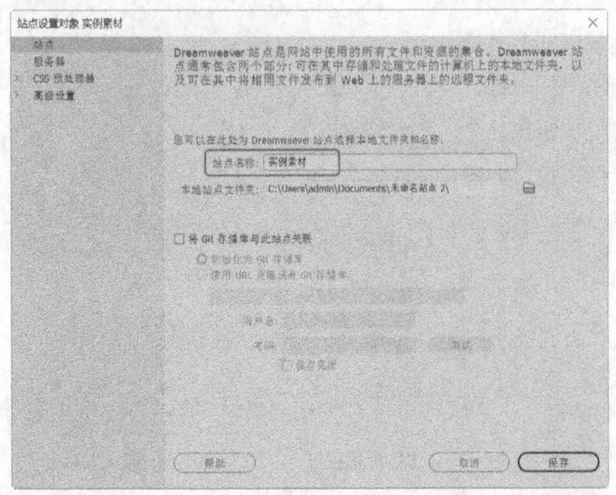

图1-8 “站点设置对象 实例素材”对话框

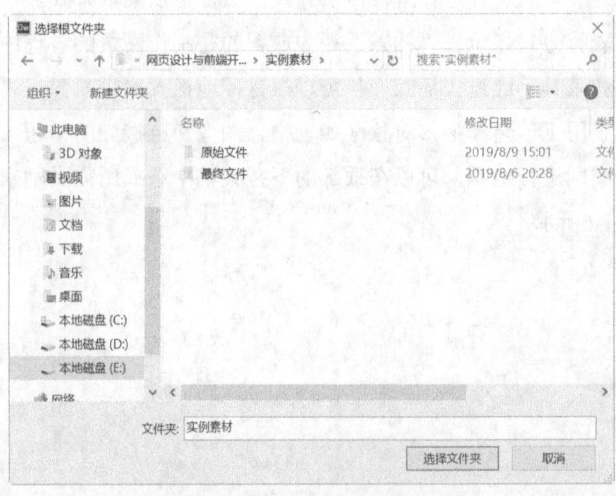

图1-9 “选择根文件夹”对话框

04 选择站点文件夹后，单击“选择文件夹”按钮，回到“站点设置对象 实例素材”对话框，如图1-10所示。

05 单击“保存”按钮，更新站点缓存，出现“管理站点”对话框，其中显示了新建的站点，如图1-11所示。

06 单击“完成”按钮，即可创建一个站点，如图1-12所示。

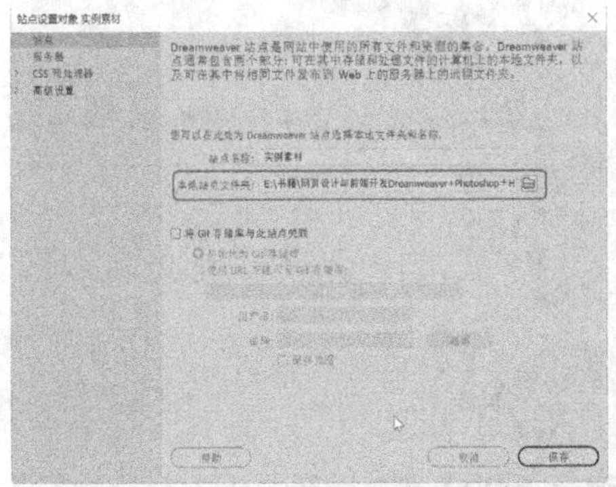

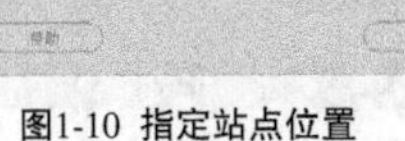

图1-10 指定站点位置

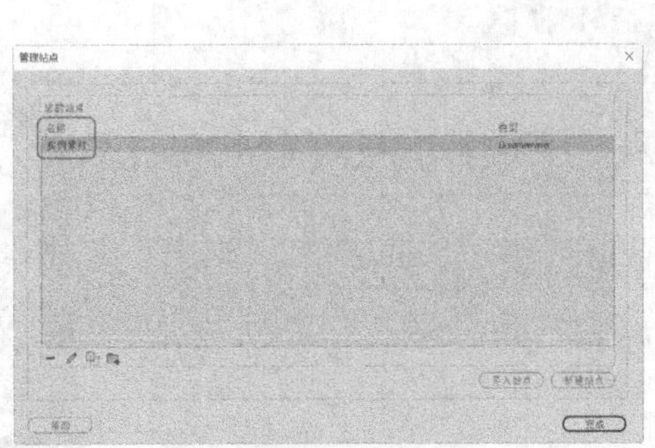

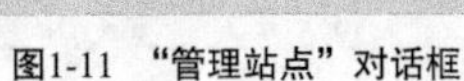

图1-11 “管理站点”对话框

图1-12 创建的站点

1.3 添加文本元素

文本是信息传递的基础，用户在浏览网页内容时，大部分时间是浏览网页中的文本，所以学会在网页中添加文本至关重要。在Dreamweaver CC中可以很方便地添加所需的文本，还可以对添加的文本进行段落格式的排版。

1.3.1 课堂案例——添加文本

Dreamweaver CC提供了多种在网页中添加文本和设置文本格式的方法，网页制作者可以插入文本，设置字体类型、文本大小、文本颜色和对齐属性等。可直接在网页中输入文本，也可以将其他应用程序中的文本直接粘贴到网页中，此外还可以导入已有的Word文档。在网页中添加文本的具体操作步骤如下。

01 打开素材文件，如图1-13所示。

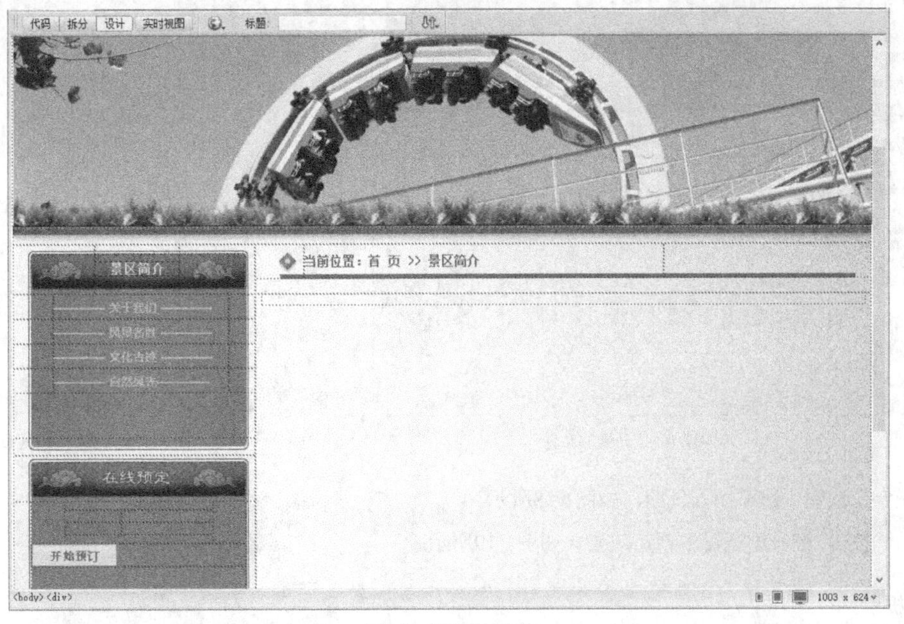

图1-13 打开素材文件

02 将光标放在要输入文本的位置，输入文本，如图1-14所示。

03 保存文档，按F12键在浏览器中预览效果，如图1-15所示。

图1-14 输入文本

图1-15 预览效果

1.3.2 课堂案例——插入日期

在Dreamweaver CC中插入日期非常方便，它提供了一个插入日期的快捷方式，可用指定的格式在文档中插入当前日期。同时它还提供了日期更新选项，当保存文件时，日期也会随着更新。在网页中插入日期的具体操作步骤如下。

01 打开素材文件，如图1-16所示。

02 将光标置于要插入日期的位置，执行“插入”→“HTML”→“日期”命令，弹出“插入日期”对话框，在“插入日期”对话框的“星期格式”“日期格式”“时间格式”列表中分别选择一种合适的格式，勾选“储存时自动更新”复选框，这样每一次存储文档时都会自动更新文档中插入的日期，如图1-17所示。

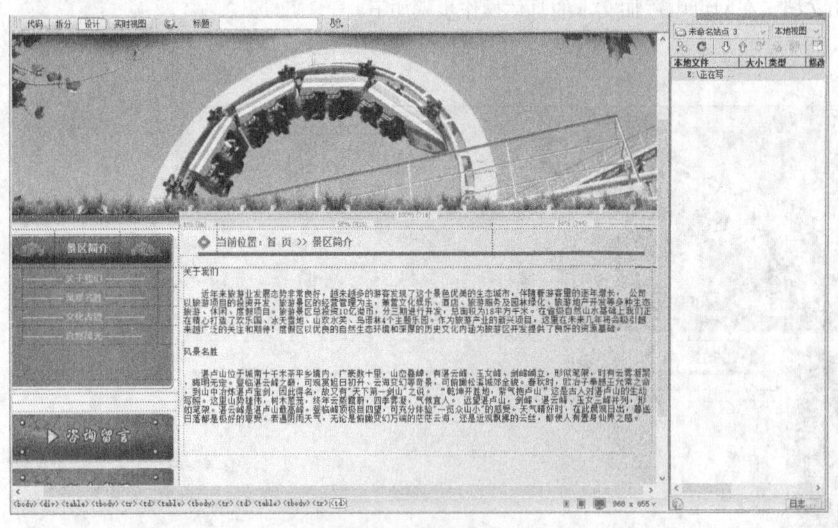

图1-16 打开素材文件

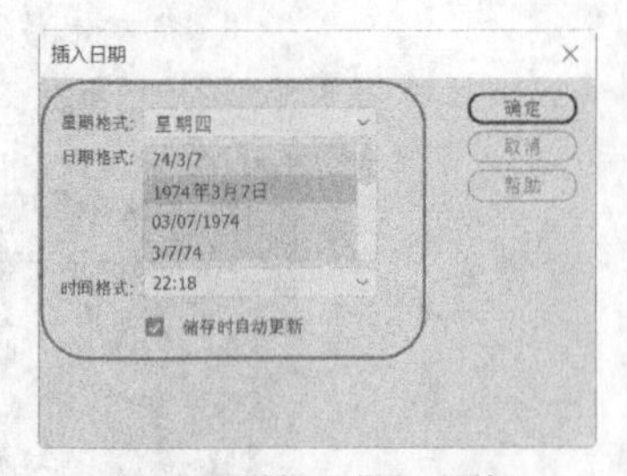

图1-17 “插入日期”对话框

03 单击“确定”按钮，即可插入日期，如图1-18所示。

04 保存文档，按F12键在浏览器中预览效果，如图1-19所示。

技巧与提示

显示在“插入日期”对话框中的时间和日期并不是当前的时间和日期，它们也不会反映访问者查看用户网站的时间和日期。

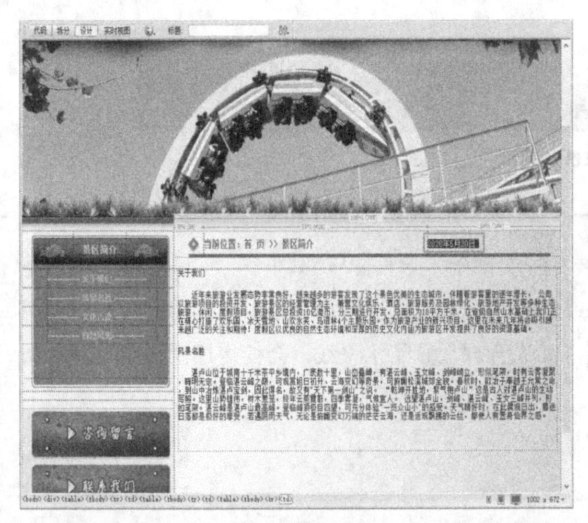

图1-18 插入日期

图1-19 预览日期效果

1.3.3 课堂案例——插入特殊字符

在网页中添加文本时，除了可以输入汉字、英文和其他语言以外，还可以输入一些无法直接输入的特殊字符，如￥、$、◎、#等。在Dreamweaver CC中，用户可以利用系统自带的符号集合，方便快捷地插入一些常用的特殊字符，如版权、货币和运算符号等。在网页中插入特殊字符的具体操作步骤如下。

01 打开素材文件，执行“插入”→“HTML”→“字符”→“版权”命令，然后可以根据不同的需要进行选择，这里选择“版权”选项，如图1-20所示。

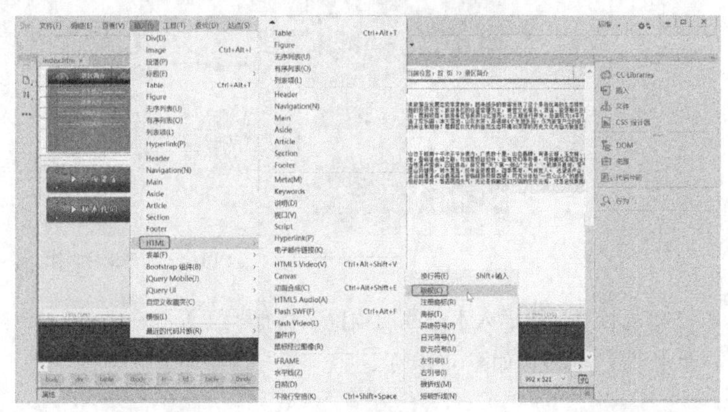

图1-20 选择“版权”选项

02 选择“版权”选项后，即可插入版权符号，如图1-21所示。

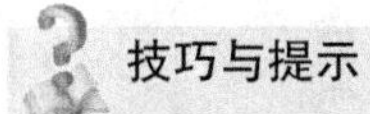

技巧与提示

执行“插入”→“HTML”→“字符”→“其他字符”命令，弹出“插入其他字符”对话框，在该对话框中可以选择更多的特殊字符。

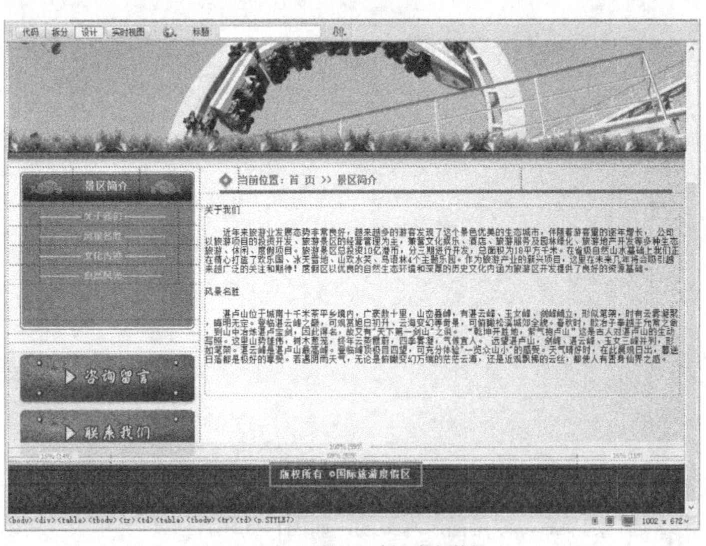

图1-21 插入版权符号

03 保存文档，按F12键在浏览器中预览效果，如图1-22所示。

图1-22 预览效果

1.3.4 课堂案例——插入水平线

除了可以在网页中插入文字和日期外，还可以插入水平线或注释等。水平线在网页文档中经常用到，它主要用于分隔文档内容，使文档结构清晰明了。一篇内容繁杂的文档，如果合理放置了水平线，会变得层次分明、易于阅读。在网页中插入水平线的具体操作步骤如下。

01 打开素材文件，如图1-23所示。

图1-23 打开素材文件

02 将光标置于要插入水平线的位置，执行“插入”→“HTML”→“水平线”命令，如图1-24所示。

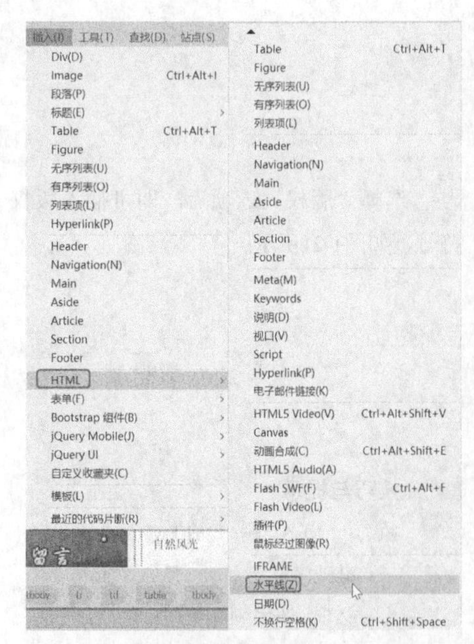

图1-24 选择“水平线”选项

03 选择选项后，即可插入水平线，如图1-25所示。

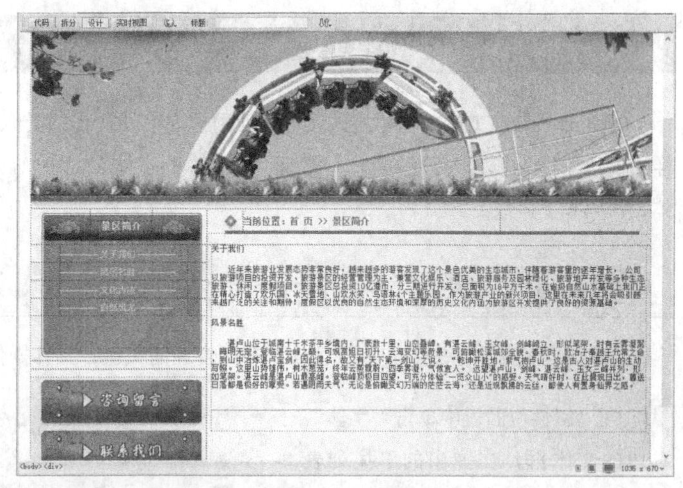

图1-25 插入水平线

技巧与提示

将光标放置在插入水平线的位置，单击“HTML”插入栏中的“水平线”按钮 ，也可插入水平线。

04 选中水平线，打开“属性”面板，可以在“属性”面板中设置水平线的高、宽、对齐方式和阴影，如图1-26所示。

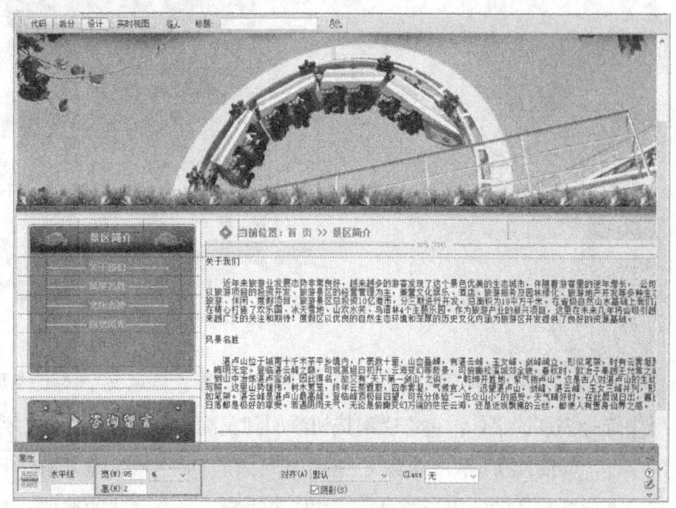

图1-26 设置水平线的属性

在水平线“属性”面板中可以设置以下参数。

- “宽”和“高”：以像素为单位或以页面尺寸百分比的形式设置水平线的宽度和高度。
- “对齐”：设置水平线的对齐方式，包括“默认”“左对齐”“居中对齐”“右对齐”这4个选项。只有当水平线的宽度小于浏览器窗口的宽度时，该设置才能应用。
- “阴影”：设置绘制的水平线是否带阴影，取消勾选该复选框后将使用纯色绘制水平线。

05 保存文档，按F12键在浏览器中预览效果，如图1-27所示。

图1-27 预览效果

技巧与提示

设置水平线颜色：在“属性”面板中并没有提供关于水平线颜色的设置选项，如果需要改变水平线的颜色，直接进入源代码更改〈hr color=“对应颜色的代码”〉即可。

1.4 编辑文本格式

Dreamweaver CC中的文本格式设置与使用标准字处理程序类似。网页制作者可以在Dreamweaver中为文本块设置样式（段落、标题1、标题2等）、更改所选文本的字体、大小、颜色和对齐方式，或者应用文本样式（如粗体、斜体、代码和下画线）。

1.4.1 课堂案例——设置文本字体

一款合适的字体，是决定网页美观、布局合理的关键。具体操作步骤如下。

01 在“属性”面板中单击“字体”右边的文本框，在弹出的下拉列表中选择“管理字体”选项，如图1-28所示。

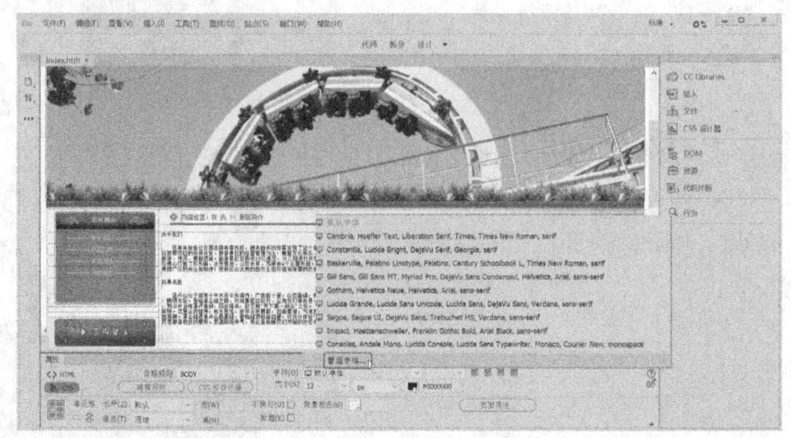

图1-28 选择“管理字体”选项

02 弹出“管理字体”对话框，在对话框中选择“自定义字体堆栈”选项，在“自定义字体堆栈”的“可用字体”列表框中选择添加的字体，单击按钮添加到左侧的“选择的字体”列表框中，在“字体列表”列表框中也会显示新添加的字体，如图1-29所示。重复以上操作即可添加多种字体。若要删除已添加的字体，可以选中该字体并单击按钮。完成一个字体样式的编辑后，单击+按钮可进行下一个样式的编辑。若要删除某个已经编辑的字体样式，可选中该样式并单击-按钮。

03 完成字体样式的编辑后，单击“完成”按钮，关闭“管理字体”对话框。返回到文档窗口中，可以看到添加的字体，如图1-30所示。

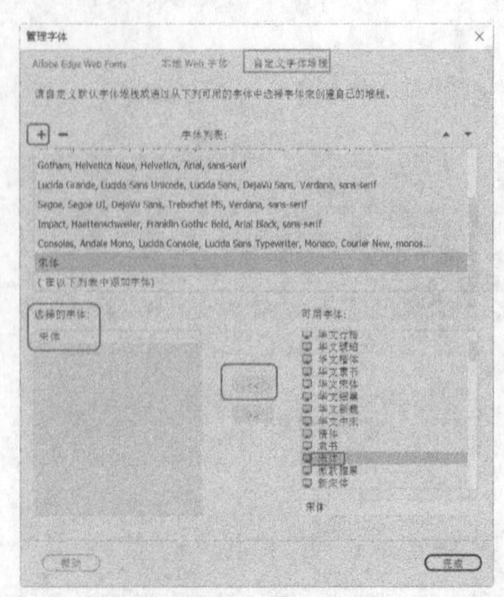

图1-29 “管理字体”对话框

图1-30 添加字体成功

1.4.2 设置文本大小

选中要设置字号的文本，在“属性”面板中的“大小”下拉列表中选择字号的大小，或者直接在“大小”文本框中输入相应大小的字号，如图1-31所示。

图1-31 设置文本的字号

1.4.3 设置文本颜色

设置文本颜色的具体操作步骤如下。

01 选中要设置颜色的文本，在“属性”面板中单击“文本颜色”按钮，打开图1-32所示的调色板。

02 在调色板中选中所需的颜色，当鼠标指针变为形状时，单击即可选取该颜色。设置文本颜色，如图1-33所示。

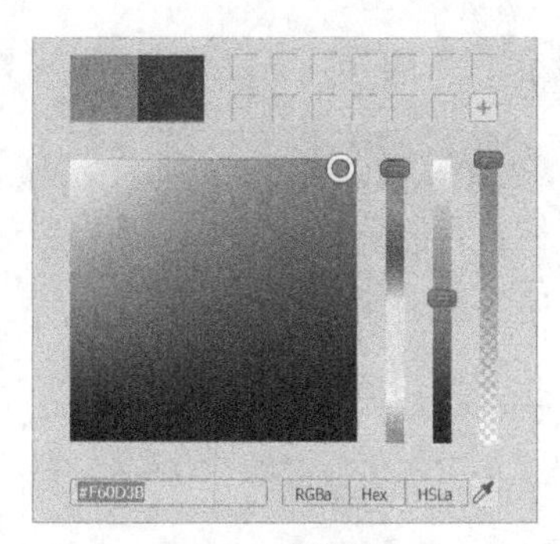

图1-32 调色板

图1-33 设置文本颜色

1.5 课堂练习——创建基本文本网页

前面讲解了Dreamweaver CC的基本知识，以及在网页中插入文本和设置文本属性的操作。下面利用一个实例来讲解如何创建基本文本网页，具体操作步骤如下。

01 打开素材文件，如图1-34所示。

02 将光标放置在要输入文字的位置，输入文字，如图1-35所示。

图1-34 打开素材文件

图1-35 输入文字

03 选中输入的文字，在“属性”面板中单击“大小”文本框右边的按钮，在弹出的列表中选择12，设置文本大小如图1-36所示。

04 单击“颜色”按钮，打开调色板，在调色板中选择#F50004，如图1-37所示。

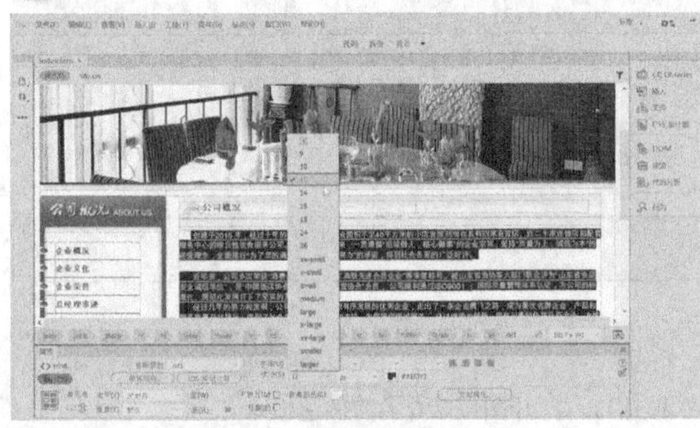

图1-36 设置文本大小

图1-37 在调色板中选择颜色

05 单击“字体”右边的文本框，在弹出的下拉列表中选择要设置的字体，在这里设置字体为“宋体”，如图1-38所示。

06 将光标置于要插入特殊字符的位置，执行“插入”→“HTML”→“字符”→“版权”命令，如图1-39所示。

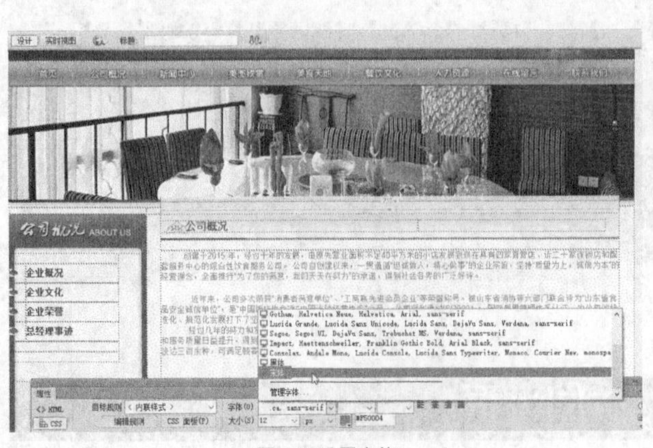

图1-38 设置字体

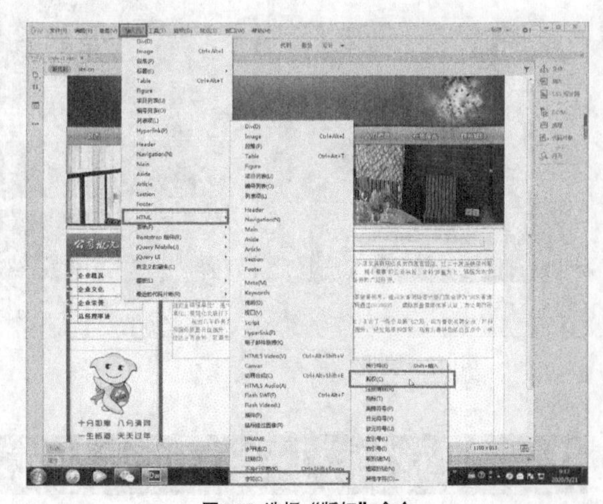

图1-39 选择“版权”命令

07 执行命令后，即可插入版权符号，如图1-40所示。

08 保存文档，按F12键即可在浏览器中预览效果，如图1-41所示。

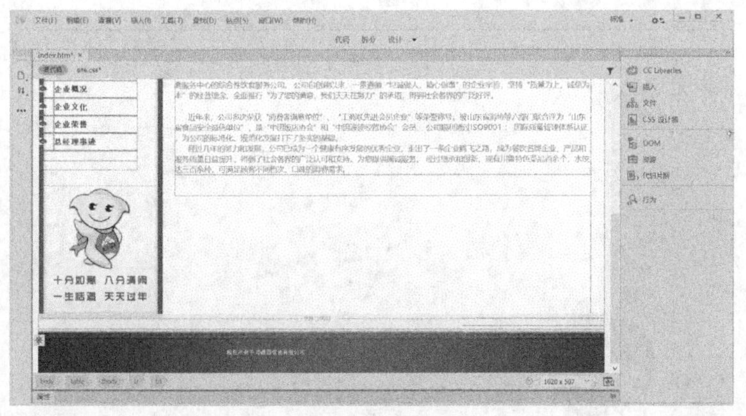

图1-40　插入版权符号

图1-41　预览效果

1.6 课后习题

1. 填空题

（1）Dreamweaver CC的工作界面主要由________、________、________以及多个________组成。

（2）文档窗口主要用于文档的编辑，可同时打开多个文档进行编辑，可以在________视图、________视图和________视图中分别查看文档。

（3）________主要用于查看和更改所选对象的各种属性，每种对象都具有不同的属性。在________中有两种选项，一种是________选项，另一种是________选项。

（4）________在网页文档中经常用到，它主要用于分隔文档内容，使文档结构清晰明了，合理使用可以获得非常好的效果。

2. 操作题

在网页中添加文本，如图1-42和图1-43所示。

图1-42　原始文件

图1-43　添加文本的效果

1.7 本章总结

学习完本章，相信读者对网页文本的基本操作没有什么问题了。在这里，读者还要明确一点，就是文本内容在一个网站中具有很重要的地位。有些读者可能会问为什么，其实这个“重要”并不是指它在制作上有什么难度，而是指文本内容相对于网站本身一定要丰富、充实，丰富的文字内容才是浏览者光临一个网站的主要原因。因此读者在实际制作自己的网站前一定要规划好文本方面的内容，之后再力求制作一个拥有华丽视觉效果的页面，二者搭配，才是制作一个成功网站的正确方向。

第2章

使用图像和多媒体创建丰富多彩的网页

在网络上随意浏览网页时，会发现除了文本以外还有各种各样的其他元素，如图像、动画和声音等。图像或多媒体是文本的解释和说明。在文档的适当位置放置一些图像或多媒体文件，不仅可以使文本更容易阅读，而且还可以使文档更具吸引力。本章主要讲解图像、动画和音乐的插入操作。

学习目标

- 了解网页中图像的格式
- 学会插入其他网页图像
- 学会创建翻转图像导航
- 学会在网页中插入图像
- 学会在网页中插入动画和音乐
- 学会创建图文混排网页

2.1 网页中图像的格式

网页中图像的格式通常有3种，即GIF、JPEG和PNG。目前GIF和JPEG文件格式的支持情况比较好，大多数浏览器都可以查看它们。因为PNG文件具有较大的灵活性并且文件较小，所以它对几乎任何类型的网页图形都是比较适合的。但是Internet Explorer和Netscape Navigator只能支持部分PNG图像的显示，因此建议使用GIF或JPEG格式以满足更多人的需求。

GIF是Graphic Interchange Format的缩写，即图像交换格式，文件最多能使用256种颜色，最适合显示色调不连续或具有大面积单一颜色的图像，例如导航条、按钮、图标或其他具有统一色彩和色调的图像。

GIF格式的最大优点是可以制作动态图像，将数张静态文件帧串联起来作为动画，转换成一个动画文件。

GIF格式的另一优点是可以将图像以交错的方式在网页中呈现。所谓交错显示，就是当图像尚未下载完成时，浏览器会先以马赛克的形式将图像慢慢显示出来，让浏览者可以提前看到下载图像的雏形。

JPEG是Joint Photographic Experts Group的缩写，即联合图像专家组，专门用来处理照片图像。JPEG格式的图像为每一个像素提供了24位可用的颜色信息，从而提供了上百万种颜色。为了使JPEG格式便于应用，大量的颜色信息必须压缩，即删除那些运算法则认为的多余信息。JPEG格式通常被归类为有损压缩，图像的压缩是以降低图像的质量为代价减小图像文件大小的。

PNG是Portable Network Graphic的缩写，即便携网络图像，它支持索引色、灰度、真彩色图像以及alpha通道。PNG格式是Macromedia Fireworks固有的文件格式。PNG文件可保留所有原始层、矢量、颜色和效果信息，并且在任何时候所有元素都是可以完全编辑的。文件必须具有.png文件扩展名才能被Dreamweaver CC识别为PNG文件。

2.2 在网页中插入图像

图像是网页中非常重要的元素，不但能美化网页，而且与文本相比能够更直观地说明问题，使所表达的意思一目了然。图像能为网站增添生命力，同时也能加深用户对网站的印象。

2.2.1 课堂案例——插入普通图像

前面介绍了网页中常见的3种图像格式，下面就来学习如何在网页中插入图像。在插入图像前，一定要有目的地选择图像，最好先使用图像处理软件美化图像，否则插入的图像可能会不美观。在网页中插入图像的具体操作步骤如下。

01 打开素材文件，如图2-1所示。

图2-1 打开素材文件

02 将光标放在要插入图像的位置，执行“插入”→“Image”命令，如图2-2所示。

03 选择命令后，弹出“选择图像源文件”对话框，在对话框中选择图像文件，如图2-3所示。

图2-2 选择“Image”选项

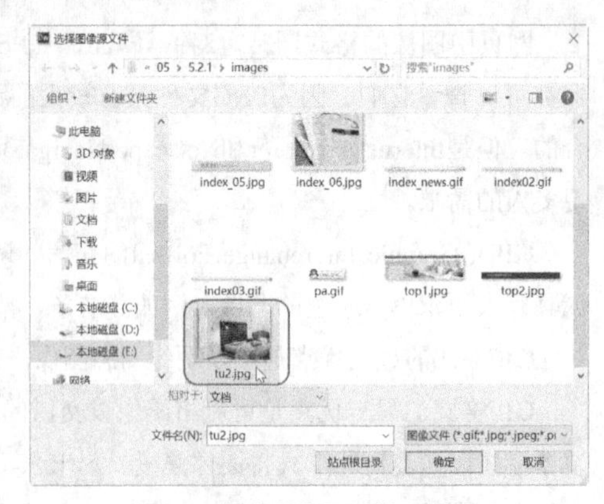

图2-3 “选择图像源文件”对话框

技巧与提示

使用以下方法也可以插入图像。

- 执行“窗口”→“资源”命令，打开“资源”面板，在“资源”面板中单击按钮，展开图像文件夹，选定图像文件，然后用鼠标将其拖动到网页中合适的位置。
- 单击“HTML”插入栏中的按钮，弹出“选择图像源文件”对话框，从中选择需要的图像文件。

04 单击“确定”按钮，图像就插入到网页中了，如图2-4所示。

05 保存文档，在浏览器中浏览效果，如图2-5所示。

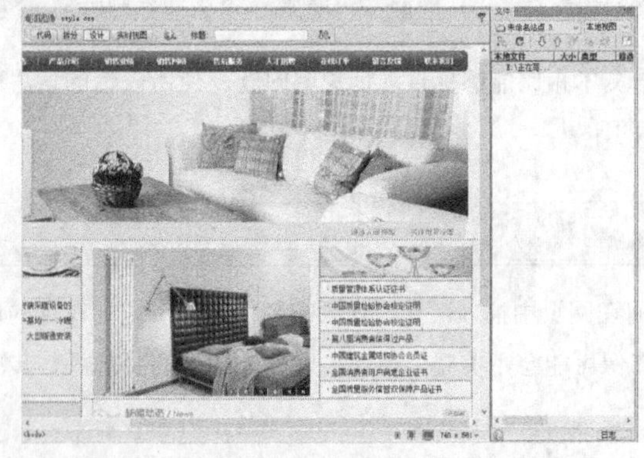

图2-4 插入图像

图2-5 浏览效果

2.2.2 课堂案例——设置图像的属性

插入图像后，如果图像的大小和位置并不合适，还需要对图像的属性进行具体的调整，如大小、位置和对齐方式等，具体操作步骤如下。

01 打开素材文件，如图2-6所示。

图2-6 打开素材文件

02 选中插入的图像，打开“属性”面板，在面板中进行图像属性的设置，如图2-7所示。

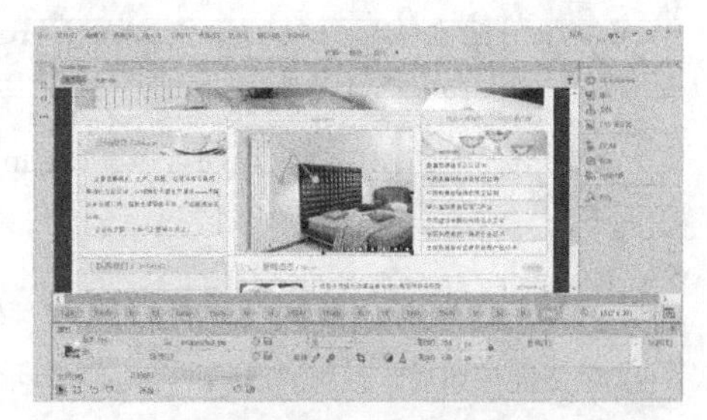

图2-7 图像的“属性”面板

在图像“属性”面板中可以进行以下设置。

• “宽”和“高”：以px为单位设定图像的宽度和高度。当在网页中插入图像时，Dreamweaver会自动使用图像的原始尺寸。可以使用以下单位指定图像大小：px和%。在HTML源代码中，Dreamweaver会将这些值转换为以px为单位的值。

• Src：指定图像的具体路径。

• 链接：为图像设置超链接。可以单击按钮浏览选择要链接的文件，或直接输入URL路径。

• 目标：链接时的目标窗口或框架。在其下拉列表中包括4个选项。

_blank：将链接的对象在一个未命名的新浏览器窗口中打开。

_parent：将链接的对象在含有该链接的框架的父框架集或父窗口中打开。

_self：将链接的对象在该链接所在的同一框架或窗口中打开。“_self”是默认选项，通常不需要指定它。

_top：将链接的对象在整个浏览器窗口中打开，因而会替代所有框架。

• 替换：图片的注释。当浏览器不能正常显示图像时，便在图像的位置用这个注释代替图像。

• 编辑：启动“外部编辑器”首选参数中指定的图像编辑器，并使用该图像编辑器打开选定的图像。

编辑按钮：启动外部图像编辑器编辑选中的图像。

编辑图像设置按钮：弹出“图像浏览”对话框，在对话框中可以对图像进行设置。

重新取样按钮：将“宽”和“高”的值重新设置为图像的原始大小。调整所选图像大小后，此按钮将显示在“宽”和“高”文本框的右侧。如果没有调整过图像的大小，该按钮将不会显示。

裁剪按钮：修剪图像的大小，从所选图像中删除不需要的区域。

亮度和对比度按钮：调整图像的亮度和对比度。

锐化按钮：调整图像的清晰度。

• 地图：名称和“热点工具”标注以及创建客户端图像地图。

• 原始：指定在载入主图像之前应该载入的图像。

03 选中插入的图像，单击鼠标右键，在弹出的下拉菜单中选择“对齐”→“右对齐”命令，如图2-8所示。

04 保存文档，在浏览器中浏览效果，如图2-9所示。

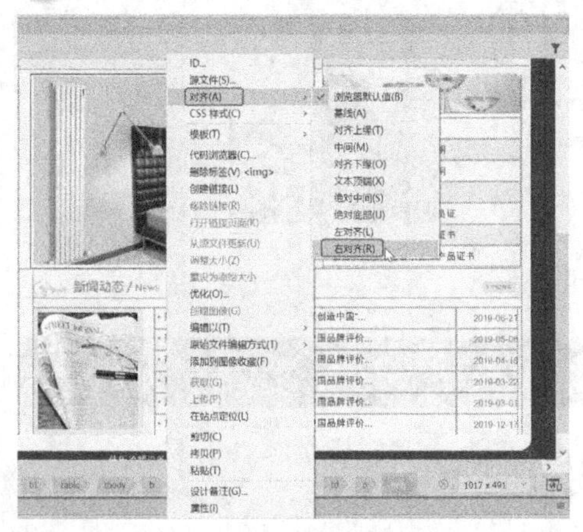

图2-8 选择“右对齐”选项

图2-9 浏览效果

2.2.3 课堂案例——裁剪图像

如果所插入的图像太大，还可以在Dreamweaver CC中单击“裁剪”按钮来裁剪图像，裁剪图像的具体操作步骤如下。

01 打开素材文件，选中图像，在图像“属性”面板中单击“编辑”右边的“裁剪”按钮，如图2-10所示。

02 单击此按钮后，弹出“Dreamweaver”提示对话框，如图2-11所示。

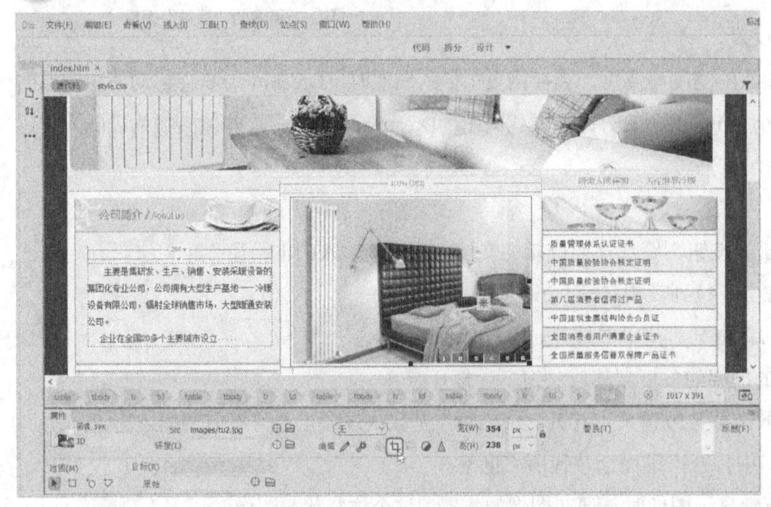

图2-10 单击“裁剪”按钮

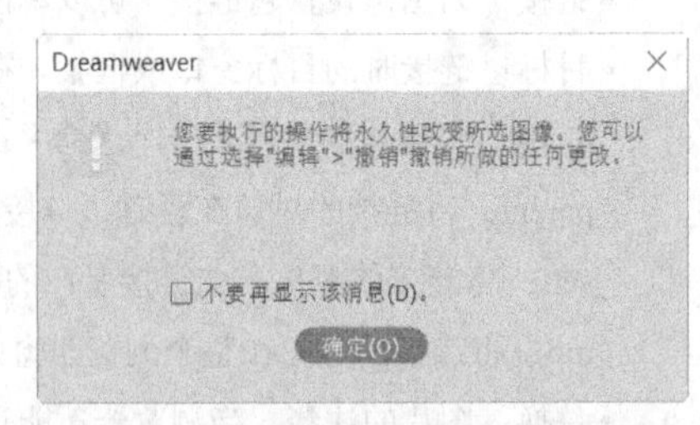

图2-11 “Dreamweaver”提示对话框

技巧与提示

当使用Dreamweaver裁剪图像时，会直接更改磁盘上的源图像文件，因此需要备份图像文件，以便在需要恢复到原始图像时使用。

03 单击“确定”按钮，在图像上会显示裁剪的范围，如图2-12所示。调整裁剪图像范围的大小后，按Enter键即可裁剪图像。

04 保存文档，在浏览器中浏览效果，如图2-13所示。

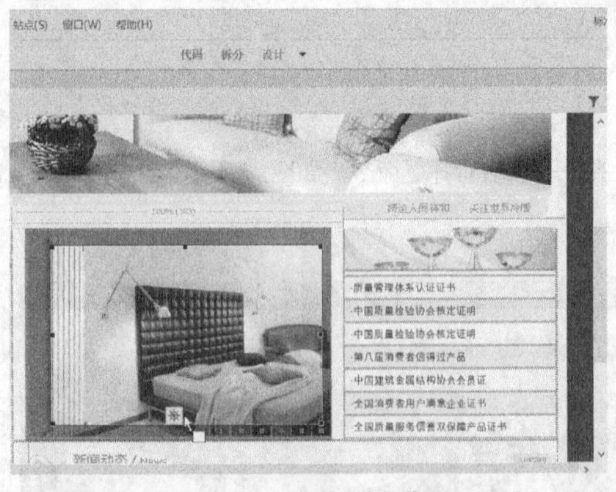

图2-12 显示裁剪图像的范围

图2-13 浏览效果

2.3 插入其他网页图像

下面讲解在网页中插入其他图像的方法，如插入背景图像、插入鼠标经过图像。

2.3.1 课堂案例——插入背景图像

在网页中，可以把图像设置为网页的背景，这个图像就是背景图像。插入背景图像的具体操作步骤如下。

01 打开素材文件，如图2-14所示。

02 执行“文件”→“页面属性”命令，打开“页面属性”对话框，在对话框中单击“背景图像”文本框右边的“浏览”按钮，打开“选择图像源文件”对话框，如图2-15所示。

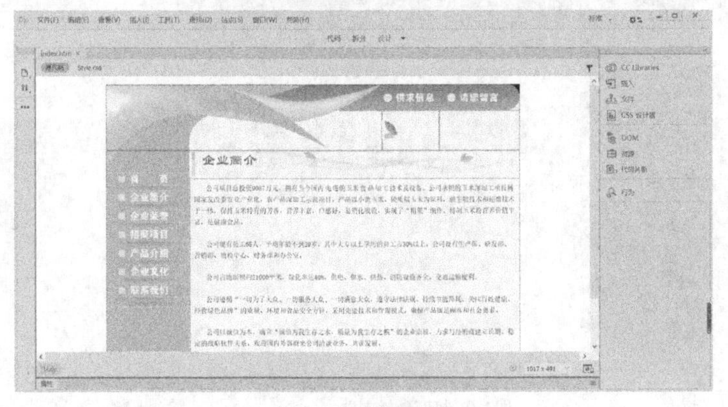

图2-14 打开素材文件

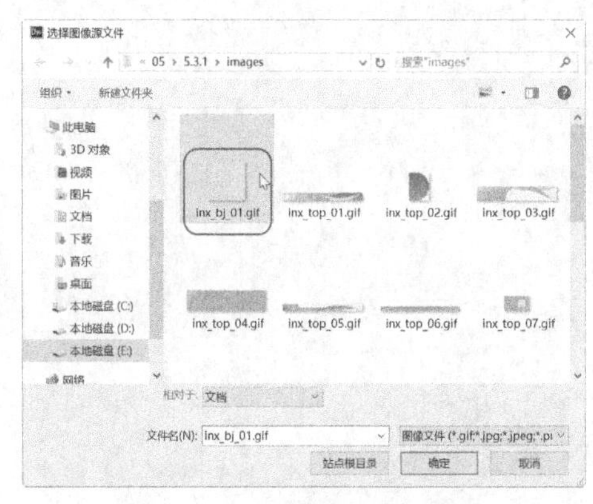

图2-15 “选择图像源文件”对话框

03 在对话框中选择图像images/inx_bj_01.gif，单击“确定”按钮，添加到文本框中，回到“页面属性”对话框，如图2-16所示。

技巧与提示

背景图像要能体现出网站的整体风格和特色，与网页内容和谐统一。一般来说，背景图像的颜色与前景文字的颜色要有一个较强的对比。

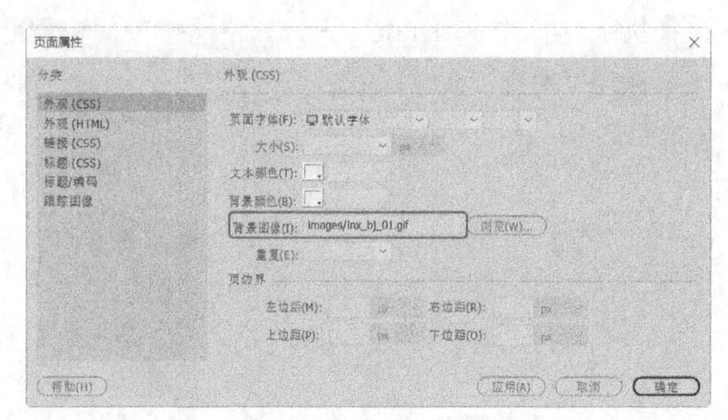

图2-16 “页面属性”对话框

04 单击“确定”按钮，插入背景图像，如图2-17所示。

05 保存文档，在浏览器中浏览效果，如图2-18所示。

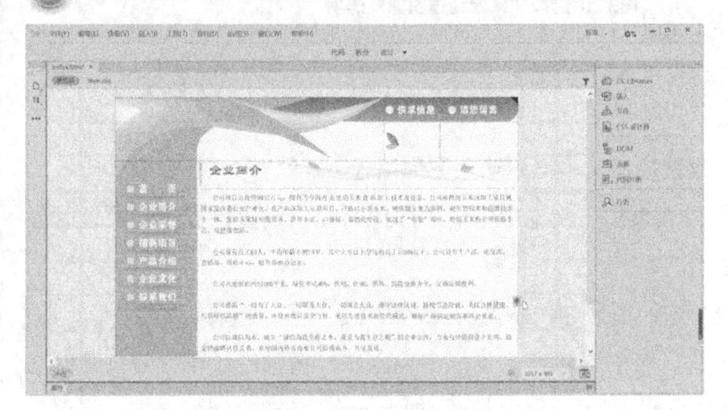

图2-17 插入背景图像

图2-18 浏览效果

2.3.2 课堂案例——插入鼠标经过图像

鼠标经过图像就是指当鼠标指针经过图像时，原图像会变成另外一张图像。鼠标经过图像其实是由原始图像和鼠标经过图像两张图像组成的。组成鼠标经过图像的两张图像必须大小相同，如果两张图像的大小不同，Dreamweaver会自动将第二张图像大小调整成第一张图像的大小。

插入鼠标经过图像的具体操作步骤如下。

01 打开素材文件，将光标置于要插入鼠标经过图像的位置，如图2-19所示。

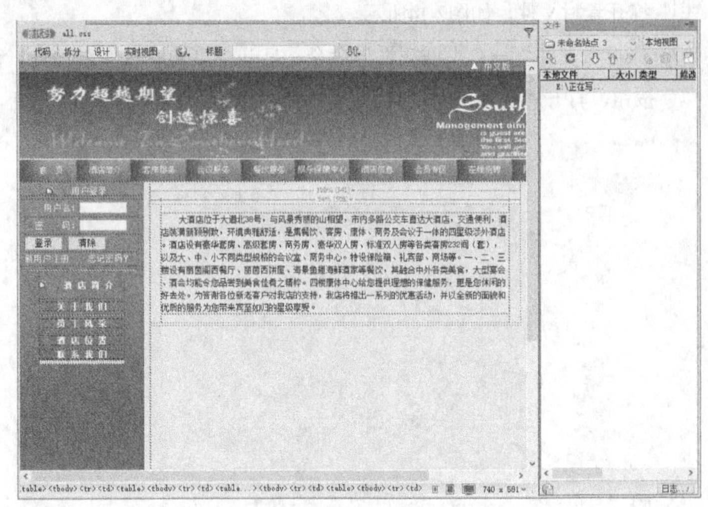

图2-19 打开素材文件

02 执行“插入”→“HTML”→“鼠标经过图像”命令，如图2-20所示。

图2-20 选择“鼠标经过图像”选项

在“插入鼠标经过图像”对话框中可以设置以下参数。

- 图像名称：在文本框中输入图像名称。
- 原始图像：单击“浏览”按钮，选择图像源文件，或直接在文本框中输入图像路径。
- 鼠标经过图像：单击“浏览”按钮，选择图像文件，或直接在文本框中输入图像路径。设置鼠标指针经过时显示的图像。
- 预载鼠标经过图像：让图像预先加载到浏览器的缓存中，以便加快图像的显示速度。
- 按下时，前往的URL：单击“浏览”按钮，选择文件，或者直接在文本框中输入鼠标指针经过图像时打开的文件路径。如果没有设置链接，Dreamweaver会自动在HTML代码中为鼠标经过图像加上一个空链接（#）。如果将这个空链接除去，鼠标经过图像就无法应用。

03 选择命令后，弹出图2-21所示的“插入鼠标经过图像”对话框，在对话框中单击“原始图像”文本框右边的“浏览”按钮。

04 弹出“原始图像：”对话框，在对话框中选择图像文件，单击“确定”按钮，添加原始图像，如图2-22所示。

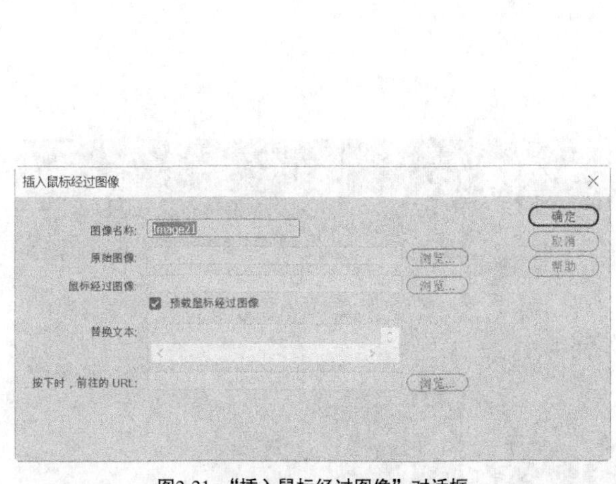

图2-21　“插入鼠标经过图像”对话框

图2-22　“原始图像：”对话框

05 单击“鼠标经过图像”文本框右边的“浏览”按钮，弹出“鼠标经过图像：”对话框，在对话框中选择图像文件，单击“确定”按钮，如图2-23所示。

06 此时。“插入鼠标经过图像”对话框中会显示添加的图像文件，如图2-24所示。

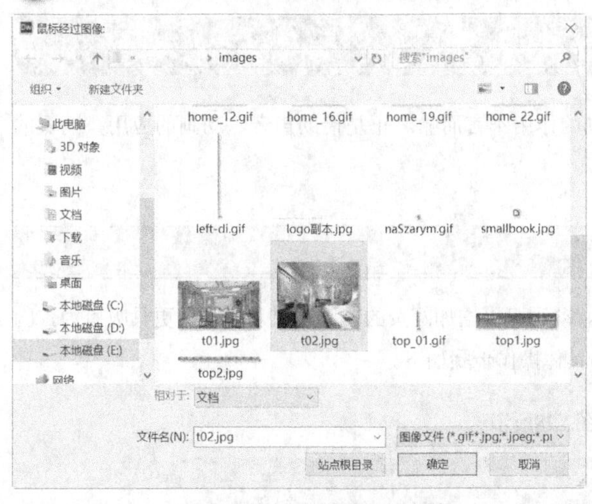

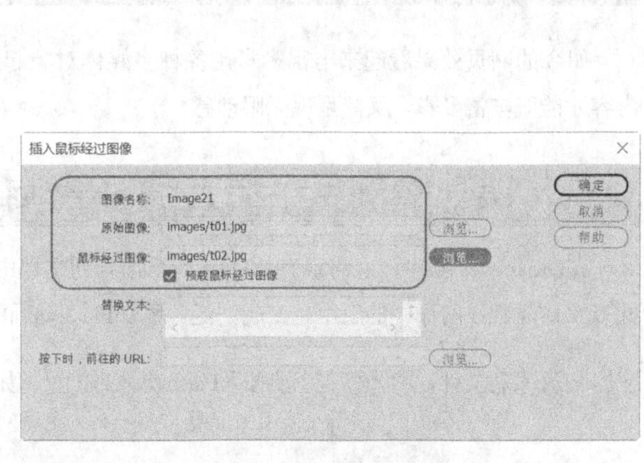

图2-23　“鼠标经过图像：”对话框

图2-24 显示添加的图像文件

07 单击“确定”按钮，插入鼠标经过图像，如图2-25所示。

图2-25 插入鼠标经过图像

08 保存文档，即可在浏览器中浏览效果。当鼠标指针没有经过图像时的效果如图2-26所示，当鼠标指针经过图像时的效果如图2-27所示。

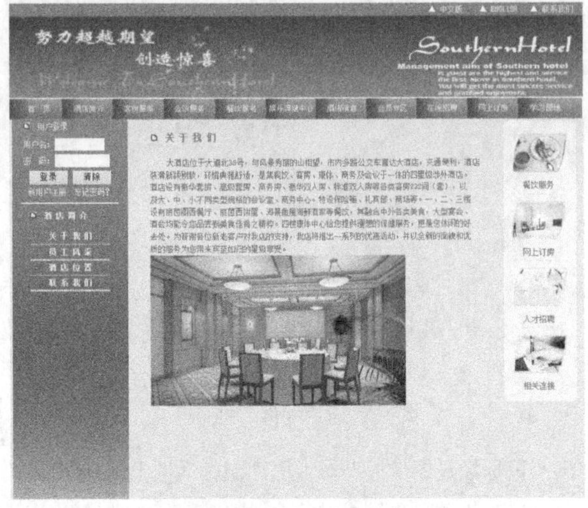

图2-26 鼠标指针经过图像前的效果

图2-27 鼠标指针经过图像时的效果

2.4 在网页中插入动画和音乐

如今的网页效果看起来丰富多彩，各种多媒体对象起到的作用不言而喻。正是借助声音、动画的应用，网页的内容才能既丰富多彩，又能呈现无限动感。

2.4.1 课堂案例——插入Flash动画

在Dreamweaver中，能将现有的Flash动画插入到文档中。动画可以增加网页的动感效果，使网页更具吸引力，因此多媒体元素在网页中的应用越来越广泛。添加Flash动画的具体操作步骤如下。

01 打开素材文件，将光标置于要插入Flash动画的位置，如图2-28所示。

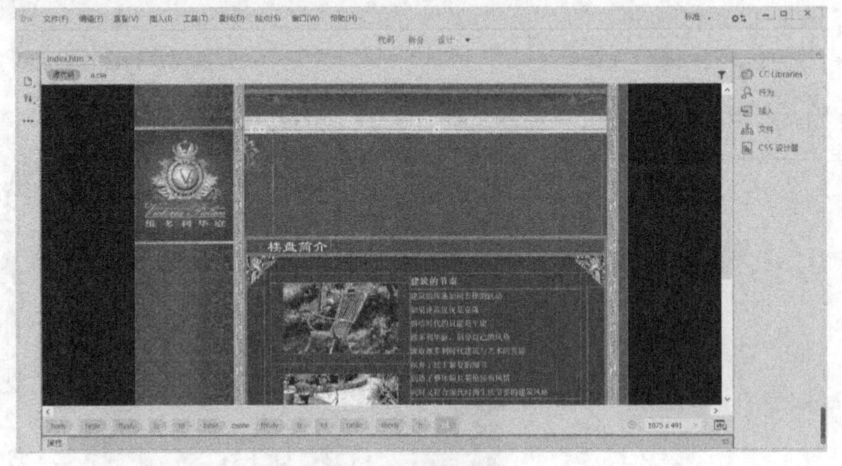

图2-28 打开素材文件

02 执行“插入”→“HTML”→“Flash SWF”命令，如图2-29所示。

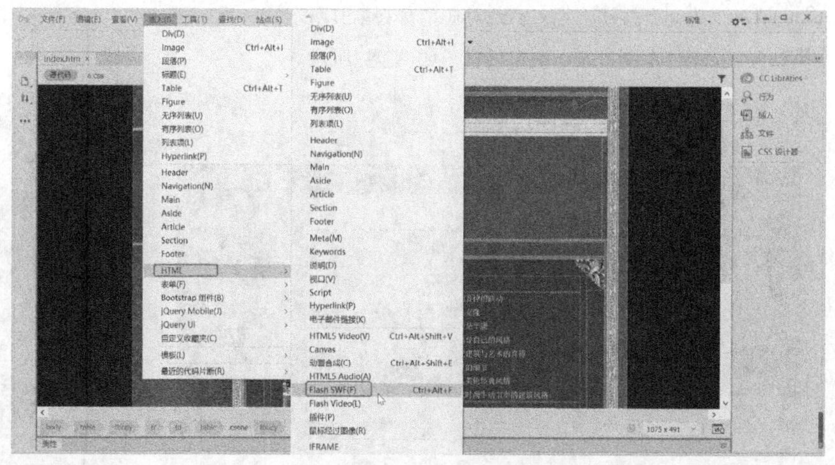

图2-29 选择“Flash SWF”命令

03 弹出“选择SWF”对话框，在对话框中选择文件，如图2-30所示。

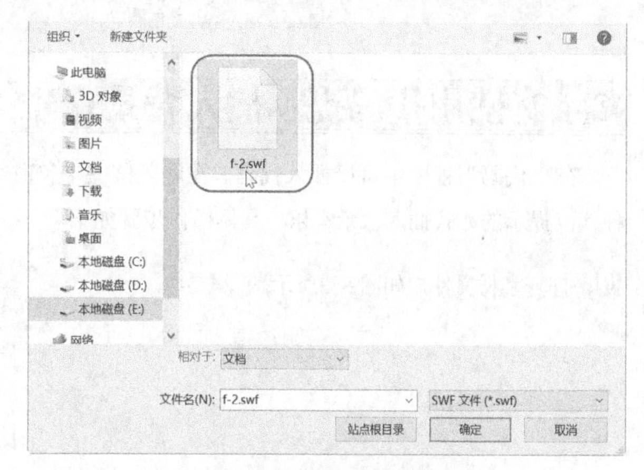

图2-30 “选择SWF”对话框

技巧与提示

单击“HTML”插入栏中的媒体按钮，在弹出的菜单中选择“SWF”命令，弹出“选择SWF”对话框，也可插入SWF动画。

SWF的“属性”面板包含以下各项设置。

- SWF文本框。输入SWF动画的名称。
- “宽”和“高”。设置文档中SWF动画的尺寸，可以输入数值改变其大小，也可以在文档中拖动缩放手柄来改变其大小。
- “文件”。指定SWF文件的路径。
- “背景颜色”。指定影片区域的背景颜色。在不播放影片时（在加载时和在播放完成后）也显示此颜色。
- “Class”。可用于对影片应用CSS类。
- “循环”。勾选此复选框可以重复播放SWF动画。
- “自动播放”。勾选此复选框后，当在浏览器中载入网页文档时，会自动播放 SWF动画。
- “垂直边距和水平边距”。指定动画边框与网页上边界和左边界的距离。
- “品质”。设置SWF动画在浏览器中的播放质量，包括“低品质”“自动低品质”“自动高品质”“高品质”4个选项。
- “比例”。设置显示比例，包括“全部显示”“无边框”“严格匹配”3个选项。
- “对齐”。设置SWF动画在页面中的对齐方式。
- “Wmode”。为SWF文件设置Wmode参数以避免与DHTML元素（例如Spry构件）相冲突。默认值是“不透明”，这样在浏览器中，DHTML元素就可以显示在SWF文件的上面。如果SWF文件包括透明度，并且希望DHTML元素显示在它们的后面，则选择“透明”选项。
- “参数”。将打开一个对话框，可在其中输入传递给影片的附加参数。影片只有已设计好，才可以接收这些附加参数。

04 单击“确定”按钮，插入SWF动画，如图2-31所示。

05 保存文档，在浏览器中浏览效果，如图2-32所示。

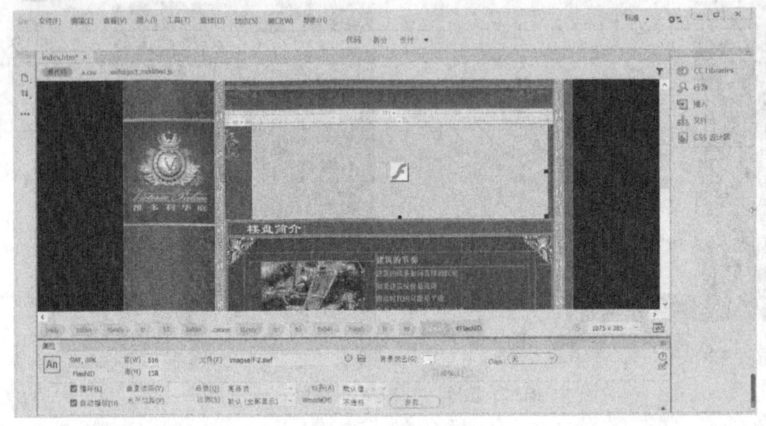

图2-31 插入SWF动画

图2-32 浏览效果

2.4.2 使用代码提示插入背景音乐

在“代码”视图中可以插入代码，在输入某些字符时会显示一个列表，列出此时能执行的操作。下面就通过这种代码提示的方式插入背景音乐，具体操作步骤如下。

01 打开素材文件，如图2-33所示。

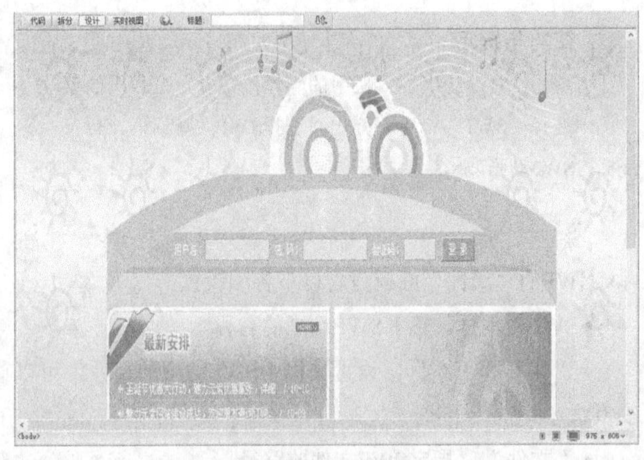

图2-33 打开素材文件

02 切换到“代码”视图，在“代码”视图中找到标签<body>，并在其后面输入“<”以显示标签列表，如图2-34所示。

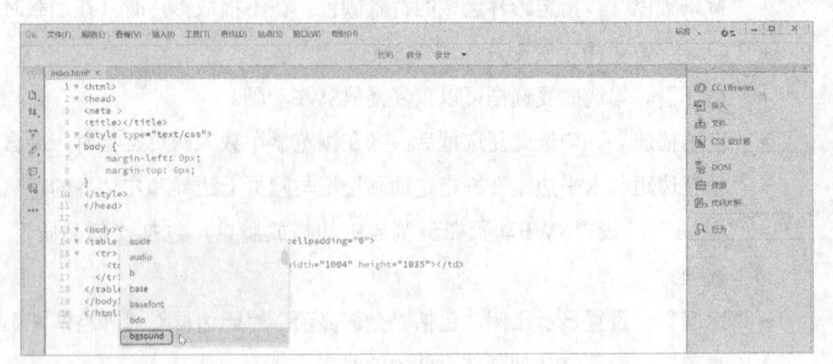

图2-34 显示标签列表

03 在标签列表中双击“bgsound”标签，即可插入该标签。如果该标签支持属性，则可以按空格键以显示该标签允许的属性列表，这里选择属性“src”，这个属性用来设置背景音乐文件的路径，如图2-35所示。

04 双击后出现“浏览”字样，打开“选择文件”对话框，从对话框中选择音乐文件，如图2-36所示。

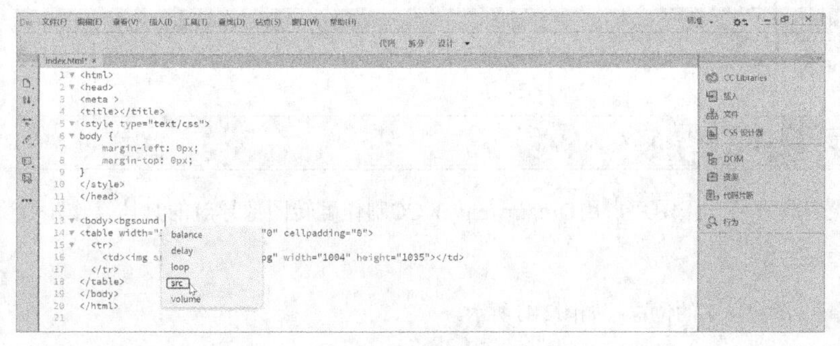

图2-35 选择属性“src”

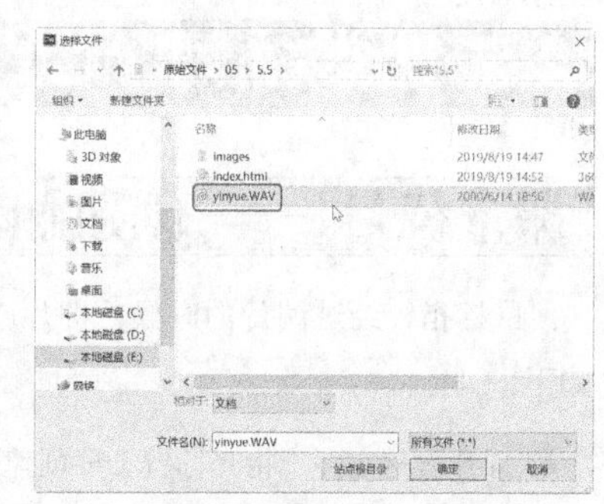

图2-36 “选择文件”对话框

05 选择音乐文件后，单击“确定”按钮，插入音乐文件，回到“代码”视图，如图2-37所示。

```
1  <html>
2  <head>
3  <meta >
4  <title></title>
5  <style type="text/css">
6  body {
7      margin-left: 0px;
8      margin-top: 0px;
9  }
10 </style>
11 </head>
12
13 <body><bgsound src="yinyue.WAV"
14 <table width="1004" cellspacing="0" cellpadding="0">
15   <tr>
16     <td><img src="images/index.jpg" width="1004" height="1035"></td>
17   </tr>
18 </table>
19 </body>
20 </html>
21
```

图2-37 插入音乐文件

06 在插入的音乐文件后面按空格键，在属性列表中选择属性“loop”，如图2-38所示。

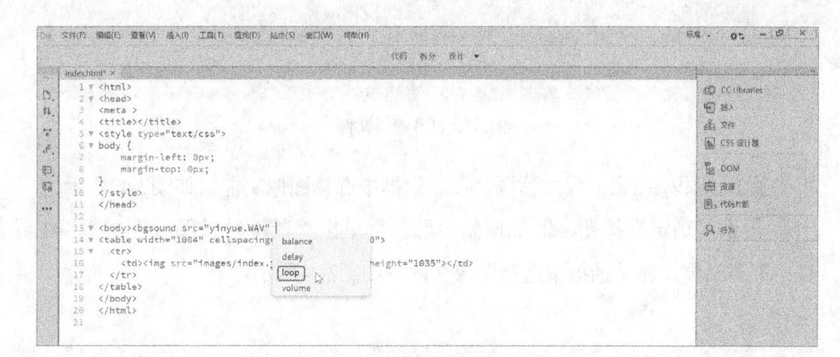

图2-38 选择属性“loop”

07 然后出现“-1”并将其选中，在属性值后面输入“>”，如图2-39所示。

08 保存文档，即可在浏览器中浏览网页，当打开图2-40所示的网页时就能听到音乐。

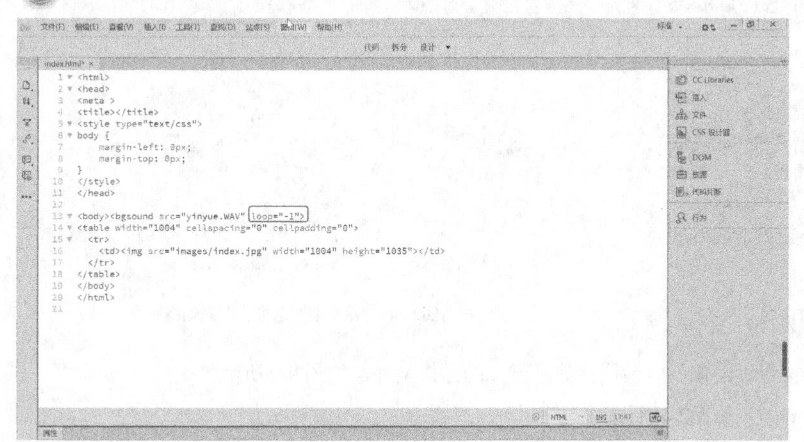

图2-39 输入“>”

图2-40 浏览效果

2.5 课堂练习

课堂练习1——创建翻转图像导航

鼠标指针经过图片的时候，图片就变成了另一张图片，用Dreamweaver CC制作翻转图像导航的具体操作步骤如下。

01 打开素材文件，将光标置于要创建翻转图像导航的位置，如图2-41所示。

02 执行“插入”→“HTML”→“鼠标经过图像”命令，弹出图2-42所示的“插入鼠标经过图像”对话框，在对话框中单击“原始图像”文本框右边的“浏览”按钮。

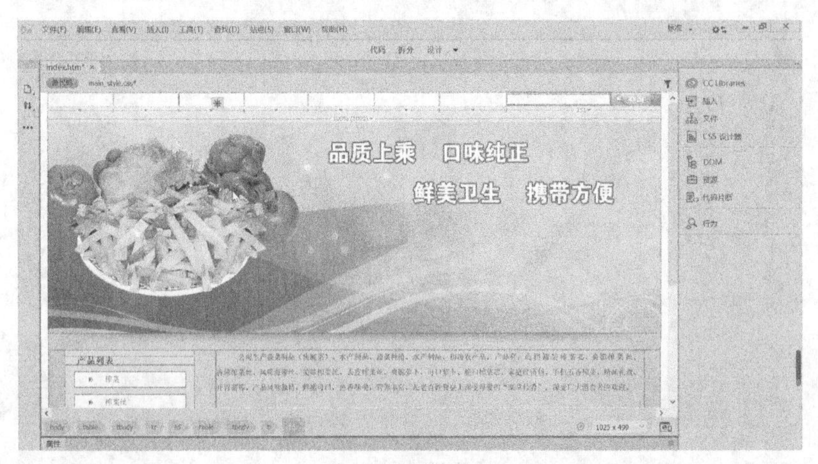

图2-41 打开素材文件

图2-42 “插入鼠标经过图像”对话框

03 弹出“原始图像：”对话框，在对话框中选择图像文件，如图2-43所示。

04 单击“确定”按钮，添加原始图像。再单击“鼠标经过图像”文本框右边的“浏览”按钮，弹出“鼠标经过图像：”对话框，在对话框中选择图像文件，如图2-44所示。

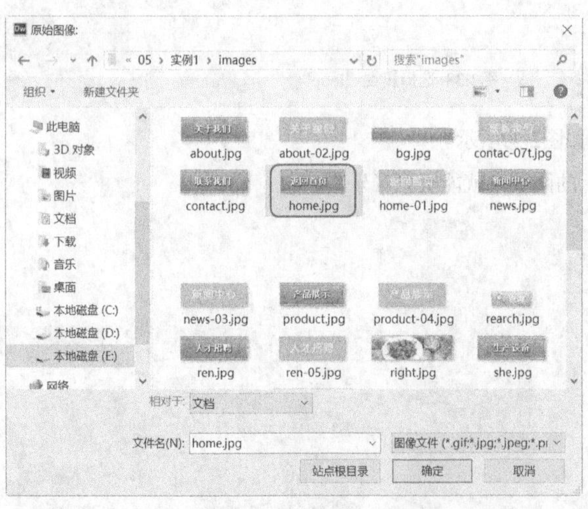

图2-43 “原始图像：”对话框

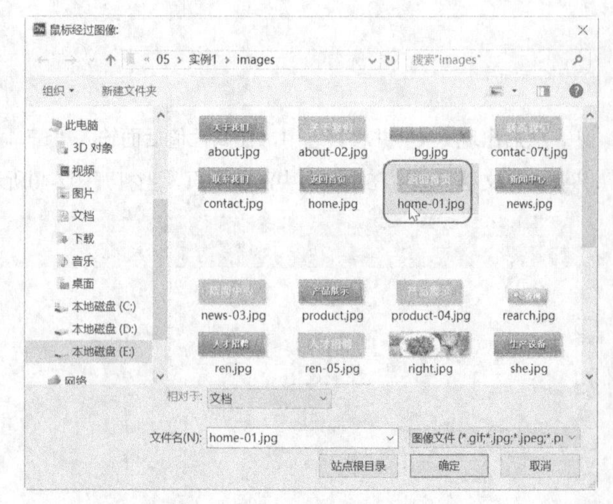

图2-44 “鼠标经过图像：”对话框

05 单击“确定”按钮，此时“插入鼠标经过图像”对话框会显示添加的图像文件，如图2-45所示。

06 单击“确定”按钮，创建翻转图像导航，如图2-46所示。

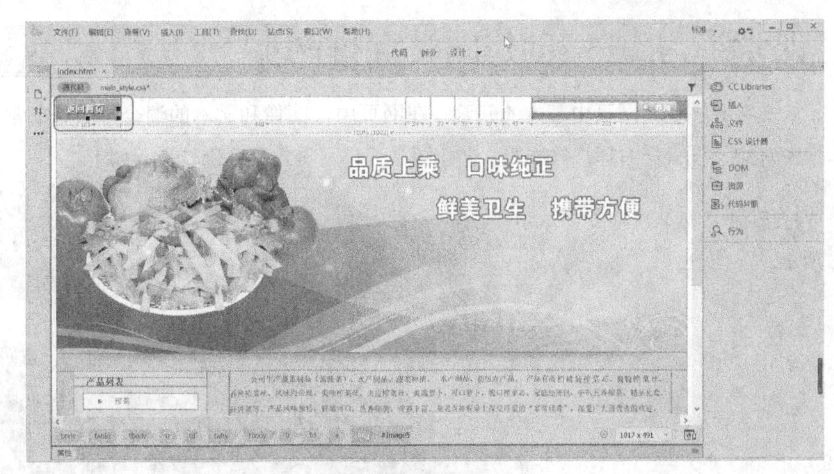

图2-45 显示添加的图像文件

图2-46 创建翻转图像导航

07 重复步骤3～步骤6创建其他的翻转图像导航，如图2-47所示。

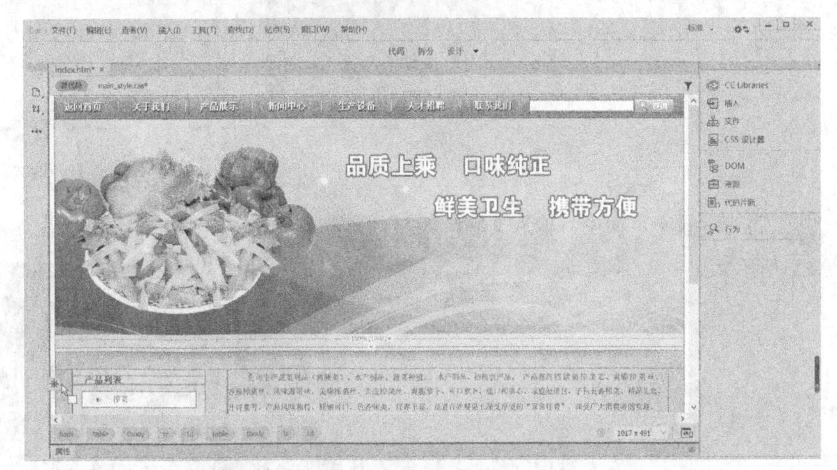

图2-47 创建其他的翻转图像导航

08 保存文档，即可在浏览器中浏览效果。鼠标指针没有经过图像时的效果如图2-48所示，鼠标指针经过图像时的效果如图2-49所示。

图2-48 鼠标指针经过图像前的效果

图2-49 鼠标指针经过图像时的效果

课堂练习2——创建图文混排网页

文字和图像是网页中基本的元素。在网页中，图像和文本的混合排版是非常常见的，图文混排的方式包括图像居左环绕、图像居右环绕等方式，创建图文混排网页的具体操作步骤如下。

01 打开素材文件，如图2-50所示。

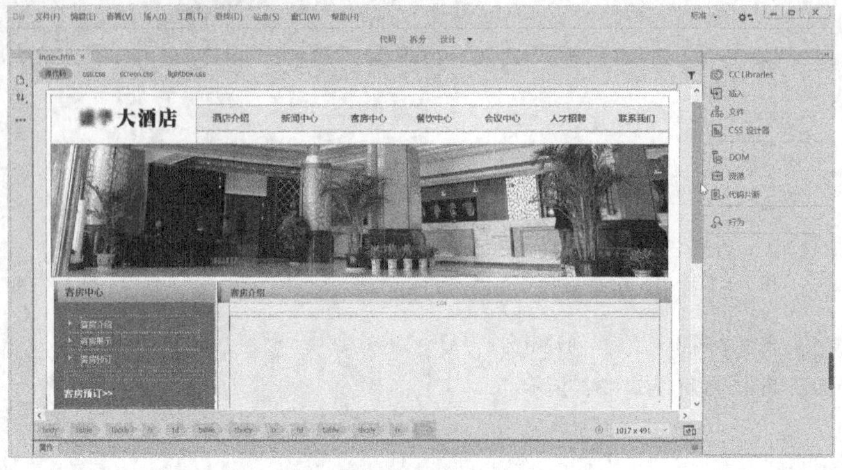

图2-50 打开素材文件

02 将光标置于页面中，输入文字，如图2-51所示。

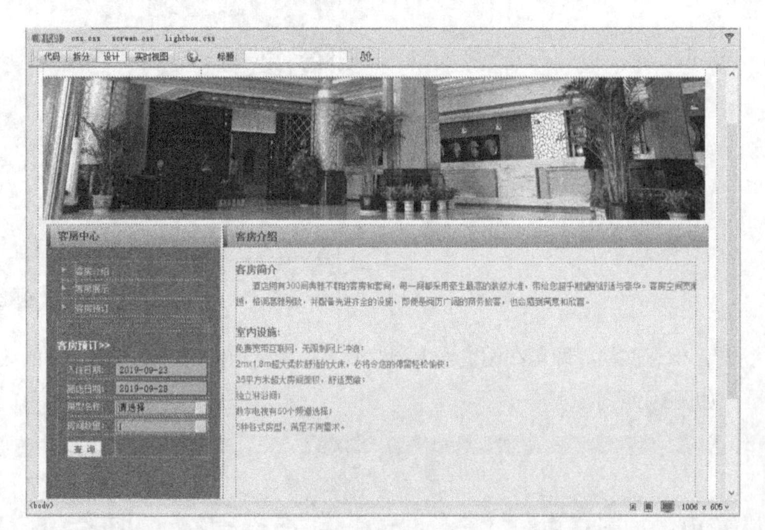

图2-51 输入文字

03 选中文本，在“属性”面板中单击“大小”文本框右边的按钮，在弹出的列表中选择12，如图2-52所示。

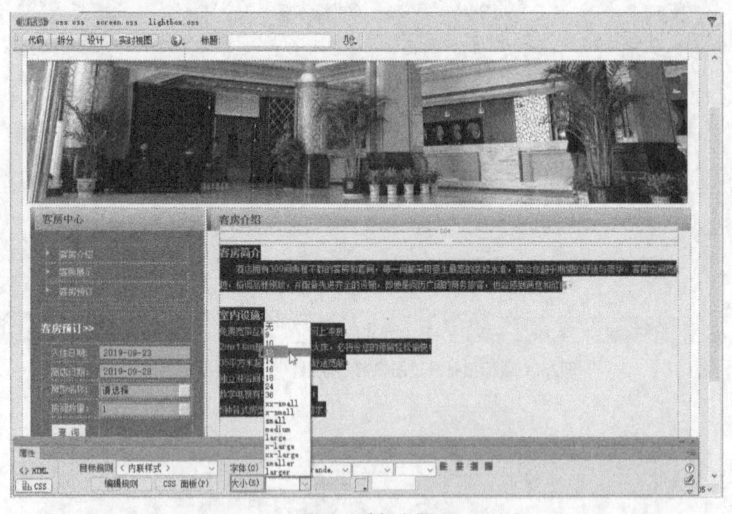

图2-52 选择字号

04 选中文本，在“属性”面板中单击“字体”文本框右边的按钮，在弹出的列表中选择字体，这里选择“宋体”，如图2-53所示。

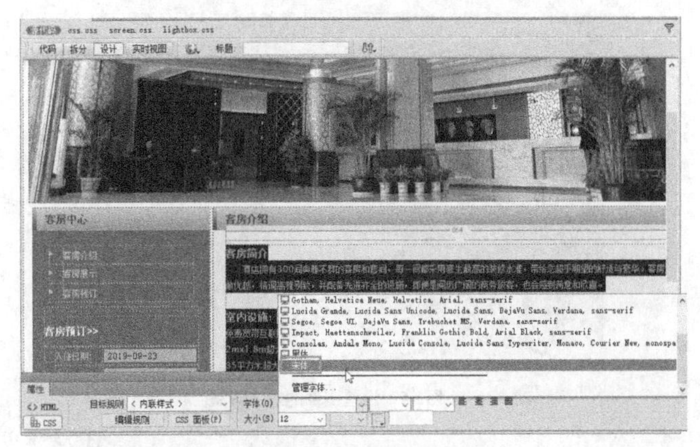

图2-53 选择字体

05 选中文本，在“属性”面板中单击颜色按钮，在弹出的颜色拾色器中选择相应的颜色，如图2-54所示。

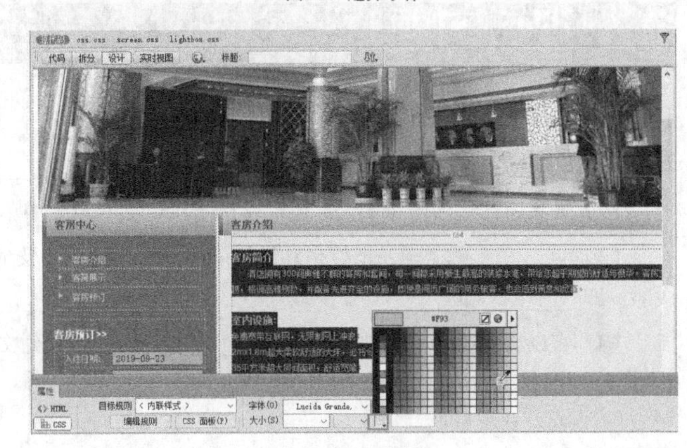

图2-54 选择文本颜色

06 将光标置于要插入图像的位置，执行“插入”→“Image”命令，弹出“选择图像源文件”对话框，在对话框中选择相应的图像文件，如图2-55所示。

07 单击“确定”按钮，插入图像images/tu.jpg，如图2-56所示。

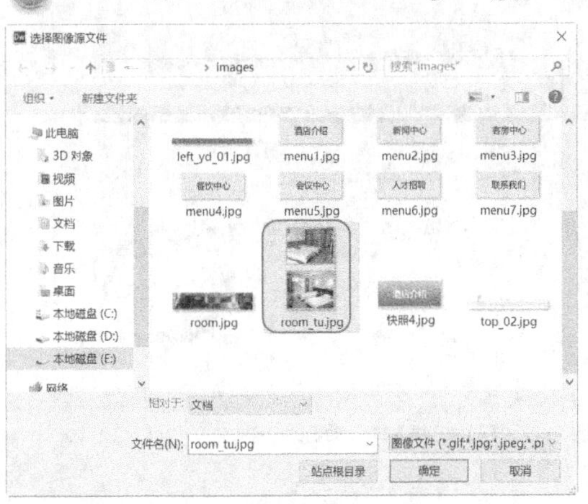

图2-55 “选择图像源文件”对话框

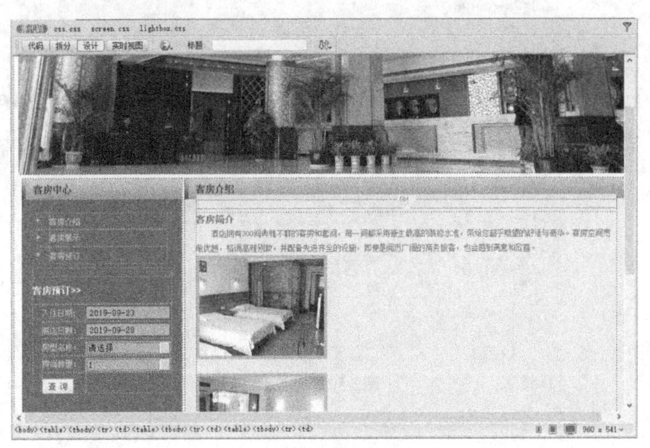

图2-56 插入图像

08 选中插入的图像，单击鼠标右键，在弹出的下拉菜单中选择“对齐”→“右对齐”命令，如图2-57所示。

09 保存文档，在浏览器中浏览网页效果，如图2-58所示。

图2-57 设置图像的对齐方式

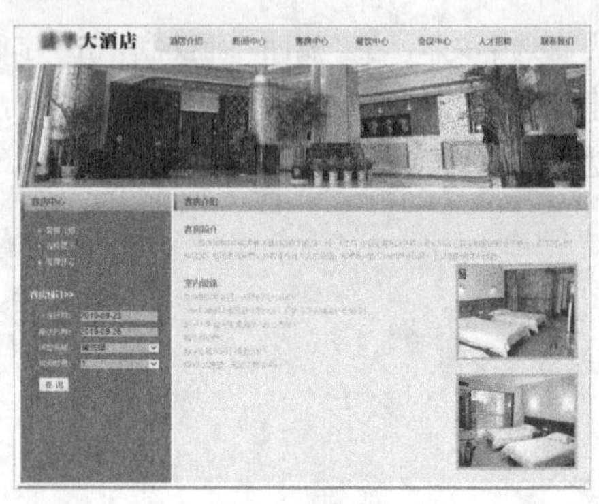

图2-58 浏览效果

2.6 课后习题

1. 填空题

（1）网页中图像的格式通常有3种，即________、________和________。

（2）如果所插入的图像太大，还可以在Dreamweaver CC中单击________按钮 来裁剪图像。

（3）________就是指当鼠标指针经过图像时，原图像会变成另外一张图像。鼠标经过图像其实是由两张图像组成的，即________和________。

（4）在Dreamweaver中，能将现有的________动画插入到文档中。动画可以增加网页的动感效果，使网页更具吸引力，因此多媒体元素在网页中的应用越来越广泛。

2. 操作题

给图2-59所示的网页插入Flash动画，效果如图2-60所示。

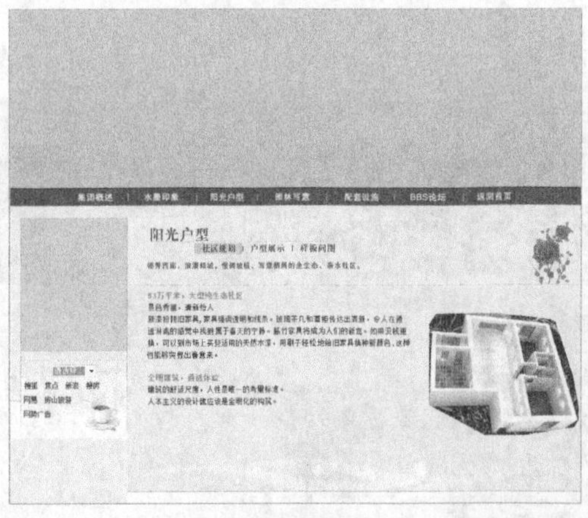

图2-59 原始文件

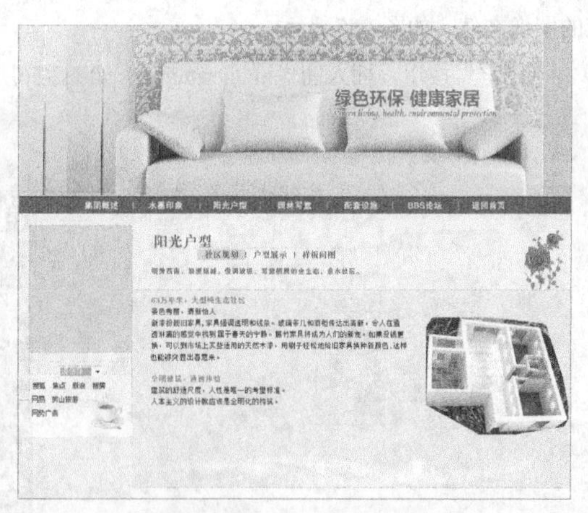

图2-60 插入Flash动画的效果

2.7 本章总结

在网页中使用图像和多媒体，可以使网页显得更加生动和美观。现在几乎在所有的网页中，都可以看到大量的精美图像和多媒体。通过本章的学习，读者应能掌握网页中图像多媒体的应用方法，以便在制作自己的网页时，利用这些元素为网页添色。

第3章

使用表格布局排版网页

表格是制作设计网页时不可或缺的重要元素。无论是用于排列数据，还是在页面上对文本进行排版，表格都表现出了强大的功能。它以简洁明了和高效快捷的方式，将数据、文本、图像、表单等元素有序地显示在页面上，从而呈现出漂亮的网页版式。表格最基本的作用就是让复杂的数据变得有条理，让人容易看懂。在设计页面时，往往要利用表格来布局定位网页元素。通过对本章的学习，读者应掌握插入表格、设置表格属性、编辑表格的方法。

学习目标

- 学会插入表格
- 学会设置表格的各项属性
- 学会选择表格
- 学会表格的基本操作
- 学会排序及整理表格内容
- 学会创建细线表格
- 学会创建圆角表格

3.1 插入表格

在Dreamweaver中，表格不仅可以用于制作简单的图表，还可以用于安排网页文档的整体布局，有着非常重要的作用。利用表格设计页面布局时，可以不受分辨率的限制。

3.1.1 表格的基本概念

表格可以随着添加正文或图像而扩展的。表格由行、列和单元格这3部分组成。行贯穿表格的左右，列则是上下排列的。单元格是行和列交汇的部分，它是输入信息的地方。单元格会自动扩展到与输入信息相适应的尺寸。如果设置了表格边框，则浏览器会显示表格边框和其中包含的所有单元格。图3-1所示为表格的结构。

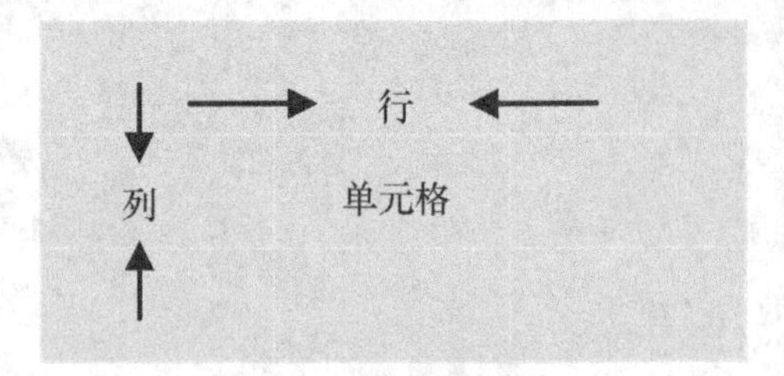

图3-1 表格的结构

- “行”：表格中的水平间隔。
- “列”：表格中的垂直间隔。
- “单元格”：表格中行与列相交所产生的区域。

3.1.2 课堂案例——插入表格

在Dreamweaver中插入表格非常简单，具体操作步骤如下。

01 打开素材文件，将光标放置在要插入表格的位置，如图3-2所示。

02 执行“插入”→“Table”命令，弹出“Table”对话框，在对话框中将“行数”设置为3，“列”设置为4，“表格宽度”值设置为95，单位为百分比，其他保持默认设置，如图3-3所示。

图3-2 打开素材文件

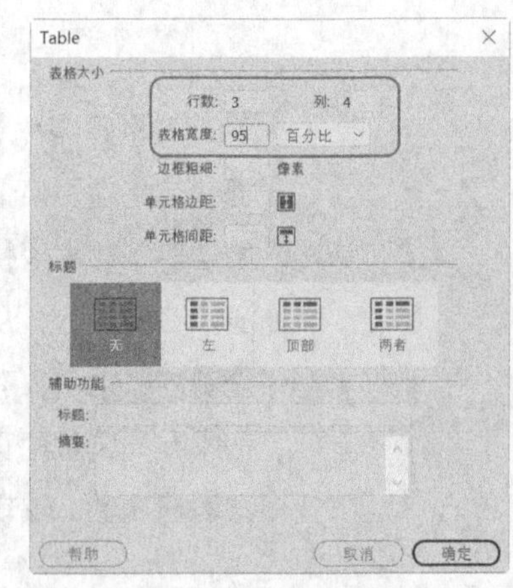

图3-3 “Table”对话框

在“Table”对话框中可以进行以下设置。

- 行数：在文本框中输入新建表格的行数。
- 列数：在文本框中输入新建表格的列数。
- 表格宽度：用于设置表格的宽度，其中右边的下拉列表中包含百分比和像素两个单位。
- 边框粗细：用于设置表格边框的宽度，如果设置为0，在浏览时则看不到表格的边框。
- 单元格边距：用于设置单元格内容和单元格边界之间的像素数。
- 单元格间距：用于设置单元格之间的像素数。
- 标题：可以定义表头样式，4种样式可以任选一种。

- 辅助功能：用于定义表格的标题。
- 对齐标题：用来设置表格标题的对齐方式。
- 摘要：用来对表格进行注释。

03 单击“确定”按钮，即可插入表格，如图3-4所示。

图3-4 插入表格

> **技巧与提示**
>
> 还可以用以下任一方法插入表格。
>
> - 单击“HTML”插入栏中的“插入Table”按钮，弹出“Table”对话框，在弹出的对话框中设置表格尺寸即可。
> - 拖曳“HTML”插入栏中的表格按钮，弹出“Table”对话框，在弹出的对话框中设置表格尺寸即可。
> - 按Ctrl+Alt+T组合键，同样也可以弹出“Table”对话框，在弹出的对话框中设置表格尺寸即可。

3.2 设置表格的各项属性

直接插入的表格有时并不能让人满意，在Dreamweaver中，通过设置表格或单元格的属性，可以很方便地修改表格的外观。

3.2.1 设置表格的属性

为了使创建的表格更加美观、醒目，需要对表格的属性（如表格的颜色、单元格的背景图像及背景颜色等）进行设置。要设置表格的属性，首先要选定整个表格，然后利用“属性”面板进行设置，具体操作步骤如下。

01 打开素材文件，单击表格边框以选中表格，如图3-5所示。

图3-5 选中表格

02 在“属性”面板中，将“Cellpad”设置为10，“CellSpace”设置为3，“Border”设置为1，“Align”设置为“居中对齐”，如图3-6所示。

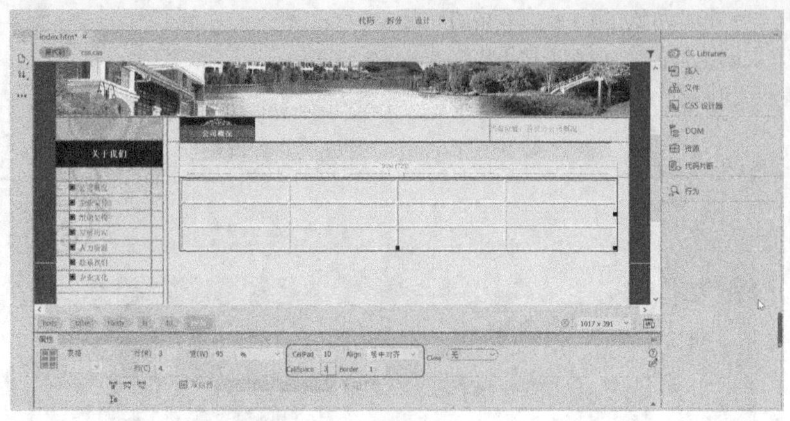

图3-6 设置表格的属性

在表格的“属性”面板中可以设置以下参数。

- 表格文本框：输入表格的ID。
- “行”和“列”：表格中行和列的数量。
- 宽：以像素为单位或表示为占浏览器窗口宽度的百分比。
- Cellpad：单元格内容和单元格边界之间的像素数。
- CellSpace：相邻的表格单元格之间的像素数。
- Align：设置表格的对齐方式，该下拉列表框中共包含4个选项，即“默认”、“左对齐”、“居中对齐”和“右对齐”。
- Border：用来设置表格边框的宽度。
- Class：对该表格设置一个CSS类。
- 按钮：用于清除列宽。
- 按钮：用于清除行高。
- 按钮：将表格的宽度单位由百分比转换为像素。
- 按钮：将表格的宽度单位由像素转换为百分比。

3.2.2 设置单元格的属性

将光标置于要设置属性的单元格中，打开“属性”面板，进行相应的设置即可，如图3-7所示。

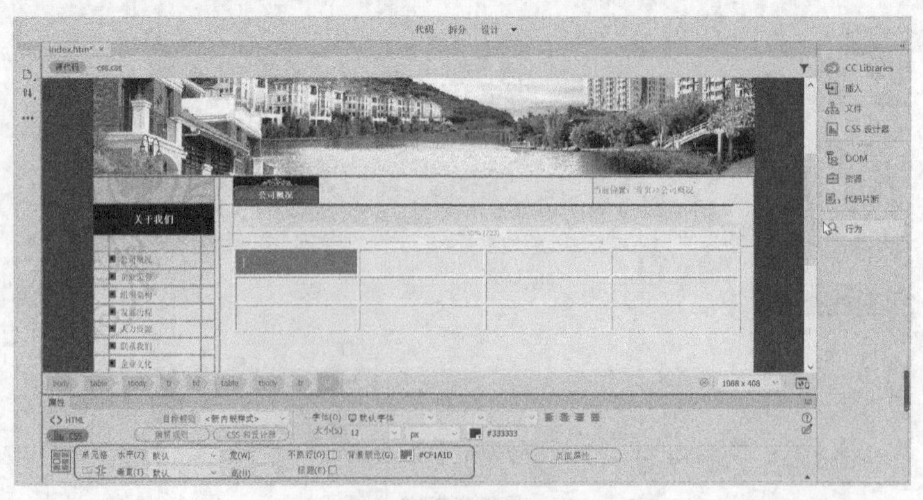

图3-7 单元格的“属性”面板

在单元格的“属性”面板中可以设置以下参数。

• “水平”：设置单元格中对象的对齐方式，“水平”下拉列表框中包含“默认”、“左对齐”、“居中对齐”和“右对齐”4个选项。

• “垂直”：也是设置单元格中对象的对齐方式，“垂直”下拉列表框中包含“默认”、“顶端”、“居中”、“底部”和“基线”5个选项。

• “宽”和“高”：用于设置单元格的宽度与高度。

• “不换行”：表示单元格的宽度将随文字长度的增加而增加。

• “标题”：将当前单元格设置为标题行。

• “背景颜色”：用于设置单元格的颜色。

• “页面属性”：设置单元格的页面属性。

• ▭按钮：用于将所选择的单元格、行或列合并为一个单元格，只有当所选择的区域为矩形时才可以合并这些单元格。

• ╪按钮：可以将一个单元格拆分成两个或者更多的单元格，一次只能对一个单元格进行拆分，如果选择的单元格多于一个，则此按钮将被禁用。

3.3 选择表格

用户可以一次选择整个表格、行或列，也可以选择一个或多个单独的单元格。当鼠标指针移动到表格、行、列或单元格上时，Dreamweaver将以高亮显示选择区域中的所有单元格，以便用户确切地了解选中了哪些单元格。

3.3.1 选择整个表格

可以使用以下方法选择整个表格。

• 单击表格线的任意位置，选择表格。

• 将光标置于表格内的任意位置，执行“编辑”→“表格”→“选择表格”命令，选择表格。

• 将鼠标指针放置到表格的左上角，按住鼠标左键不放并拖曳指针到表格的右下角，将整个表格选中，单击鼠标右键，从弹出的菜单中选择“表格”→“选择表格”命令，选择表格。

• 将光标放置到表格的任意位置，单击文档窗口左下角的标签选择器中的<table>标签，选择表格后，选项控柄就出现在表格的四周，如图3-8所示。

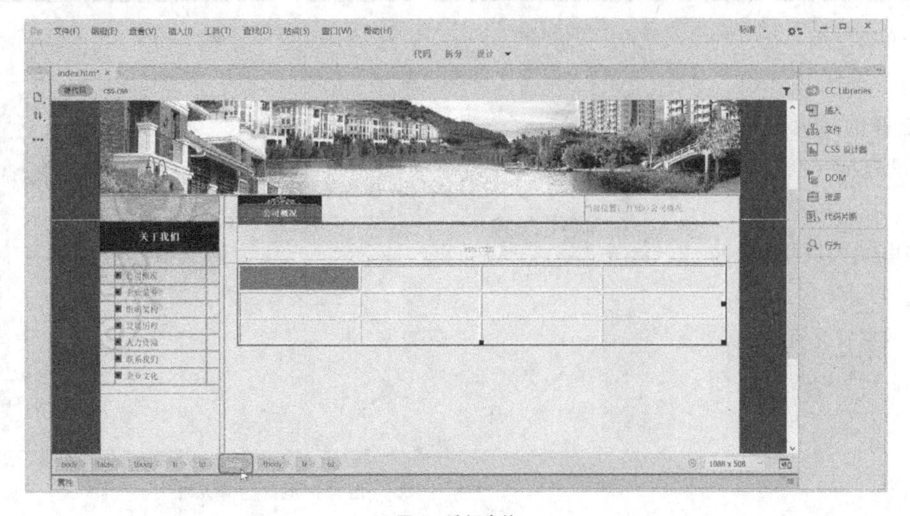

图3-8　选择表格

3.3.2 选择行或列

选择表格的行或列有以下两种方法。

• 将鼠标指针置于要选择的行首或列顶，当鼠标指针变成→箭头形状或↓箭头形状时，单击即可选中该行或该列，图3-9所示为选择行。

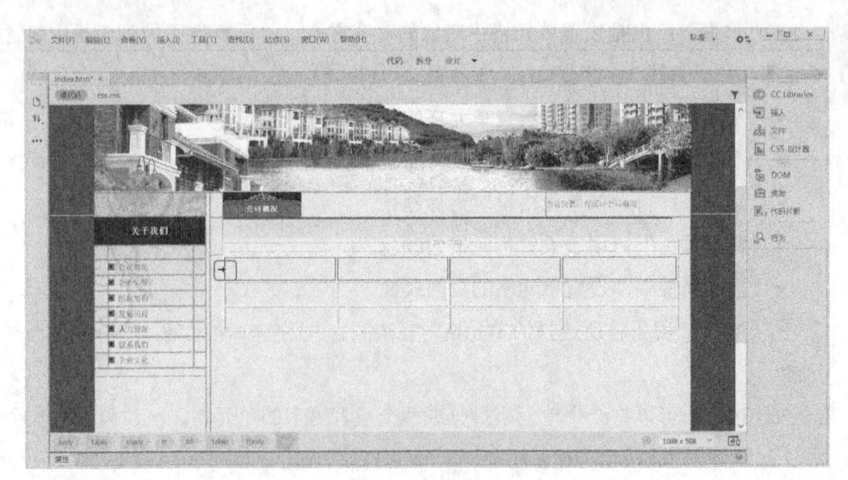

图3-9 选择行

技巧与提示

有一种方法可以只选中行。将光标放置在要选中的行中，然后单击文档窗口左下角的<tr>标签。这种方法只能选择行，而不能选择列。

• 按住鼠标左键不放并从左至右或者从上至下拖曳指针，即可选中该行或该列，图3-10所示为选择列。

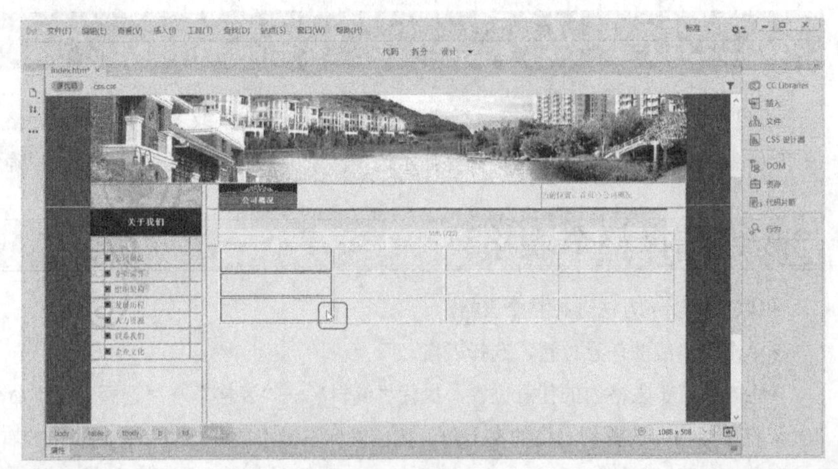

图3-10 选择列

3.3.3 选择单元格

选择一个单元格有以下几种方法。

• 在要选择的单元格中单击，并拖曳鼠标指针至单元格末尾。

• 按住Ctrl键，然后单击单元格即可将其选中。

• 将光标放置在单元格中，单击文档窗口左下角的<td>标签，如图3-11所示。

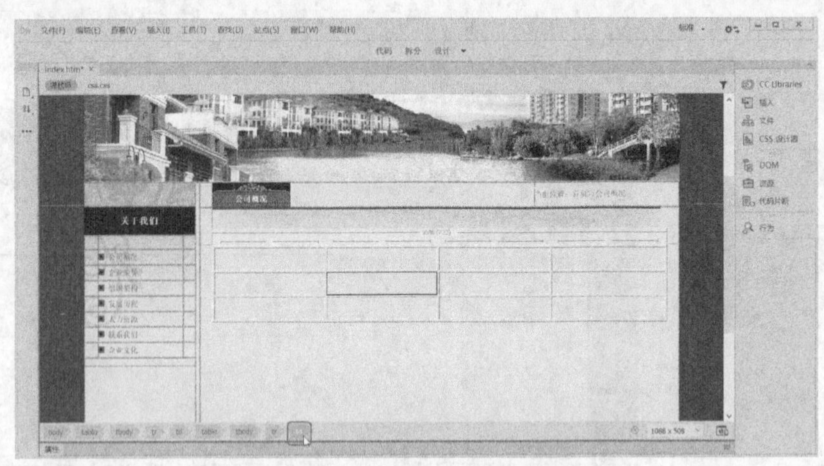

图3-11 选择一个单元格

技巧与提示

若要选择不相邻的单元格、行或列，则可以在按住Ctrl键的同时选择需要的单元格、行或列。

3.4 表格的基本操作

选择了表格后，便可以通过剪切、复制和粘贴等一系列的操作实现对表格的编辑操作。表格的行数、列数可以通过增加、删除行和列及拆分、合并单元格来改变。

3.4.1 调整表格的高度和宽度

调整表格的高度和宽度时，表格中所有单元格将按比例相应改变大小。选中表格，此时会出现3个控制点，将鼠标指针放在3个不同的控制点上时，鼠标指针会变成图3-12所示的形状，按住鼠标左键拖动控制点即可改变表格的高度和宽度。

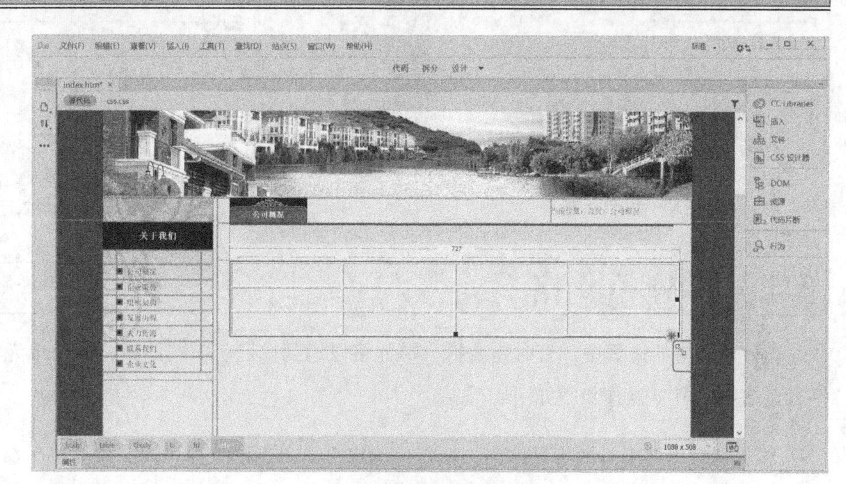

图3-12 同时调整表格的宽度和高度

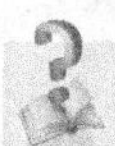

技巧与提示

还可以在“属性”面板中改变表格的“宽”和“高”。

3.4.2 添加、删除行或列

在网页文档中添加行或列的具体操作步骤如下。

01 将光标置于要插入行的行单元格中，执行“编辑”→“表格”→“插入行”命令，即可插入行。

02 将光标置于要插入列的单元格中，执行“编辑”→“表格”→“插入列”命令，即可插入列。

03 将光标置于第2行第1列单元格中，执行“编辑”→“表格”→“插入行或列”命令，弹出“插入行或列”对话框，如图3-13所示。

04 在对话框的“插入”单选按钮中选择“行”，“行数”设置为1，“位置”选择“所选之下”，单击“确定”按钮，插入行，如图3-14所示。

技巧与提示

将光标置于插入行或列的位置，单击鼠标右键，在弹出的菜单中选择“表格”→“插入行或列”命令，也可以弹出“插入行或列”对话框。

在网页文档中删除行或列的具体操作步骤如下。

01 将光标置于要删除行中的任意一个单元格，执行“编辑”→“表格”→“删除行”命令，就可以删除当前行。

02 将光标置于要删除列中的任意一个单元格，执行“编辑”→“表格”→“删除列”命令，就可以删除当前列。

技巧与提示

将光标置于要删除的行或列中，单击鼠标右键，在弹出的菜单中选择“表格”→“删除行”或“删除列”命令，也可以删除行或列。

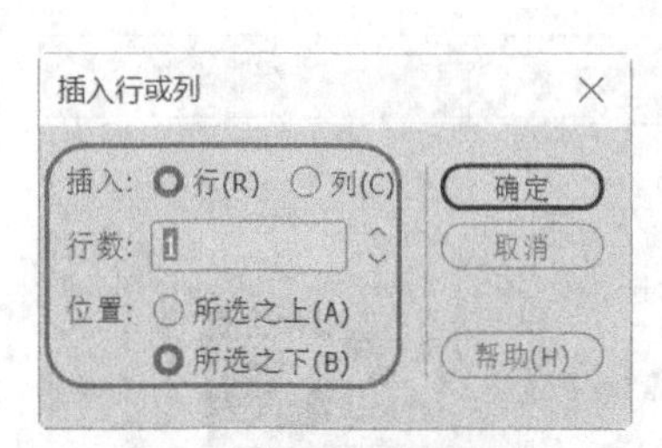

图3-13 “插入行或列”对话框

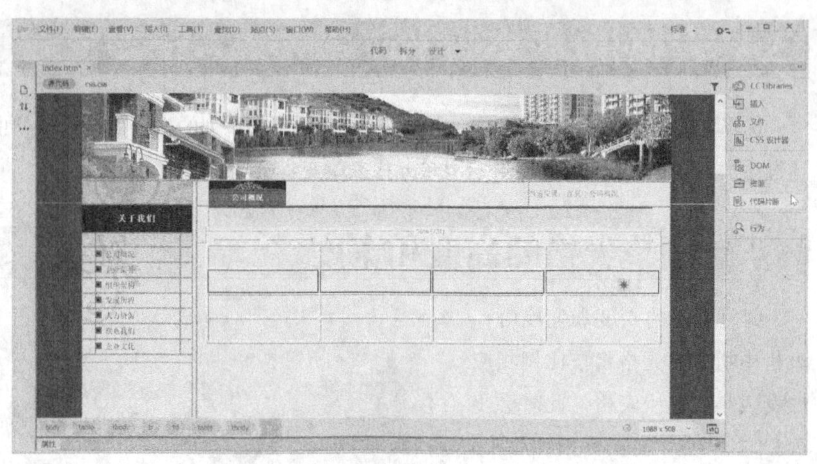

图3-14 插入行

3.4.3 拆分单元格

在使用表格的过程中，有时需要拆分单元格以达到自己所需的效果。拆分单元格就是将选中的表格单元格拆分为多行或多列，具体操作步骤如下。

01 将光标置于要拆分的单元格中，执行“编辑”→“表格”→“拆分单元格”命令，弹出“拆分单元格”对话框，如图3-15所示。

02 在对话框中的“把单元格拆分成”单选按钮中选择“列”，将“列数”设置为2，单击“确定”按钮，即可将单元格拆分，如图3-16所示。

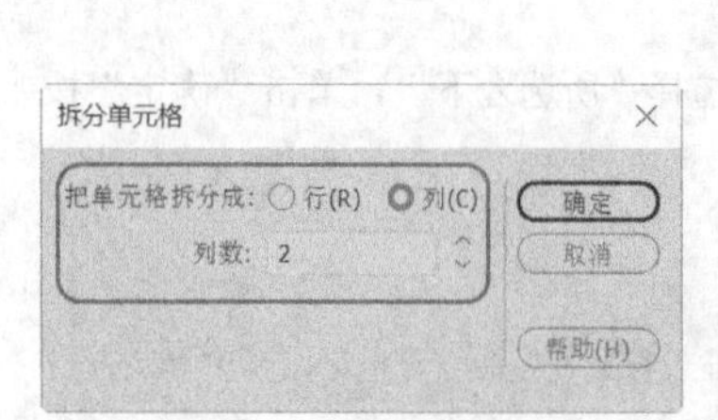

图3-15 “拆分单元格”对话框

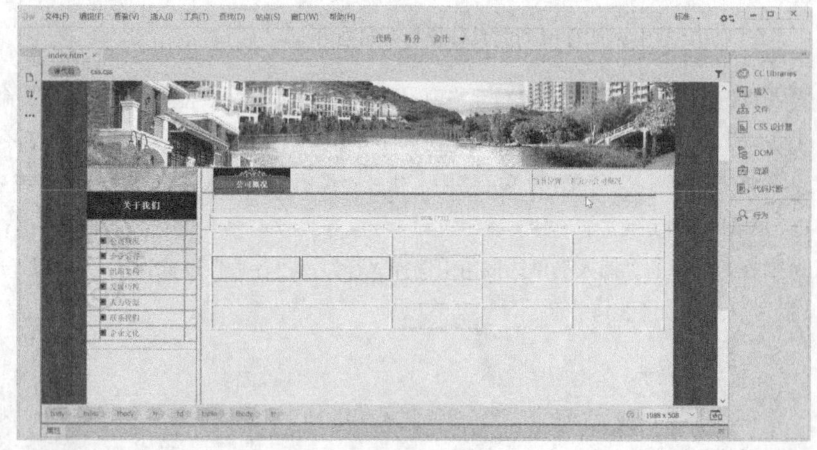

图3-16 拆分单元格

技巧与提示

拆分单元格还有以下两种方法。

- 将光标置于拆分的单元格中，单击鼠标右键，执行“表格”→“拆分单元格”命令，弹出“拆分单元格”对话框，然后进行相应的设置。
- 单击“属性”面板中的“拆分单元格”按钮，弹出“拆分单元格”对话框，然后进行相应的设置。

3.4.4 合并单元格

只要选择的单元格形成了一个矩形，便可以合并任意数目的相邻单元格，以生成一个跨多个列或行的单元格。

合并单元格的具体操作步骤如下。

01 将光标置于第1行第1列单元格中，按住鼠标左键向右拖动至第4行第2列单元格中，选中要合并的单元格，如图3-17所示。

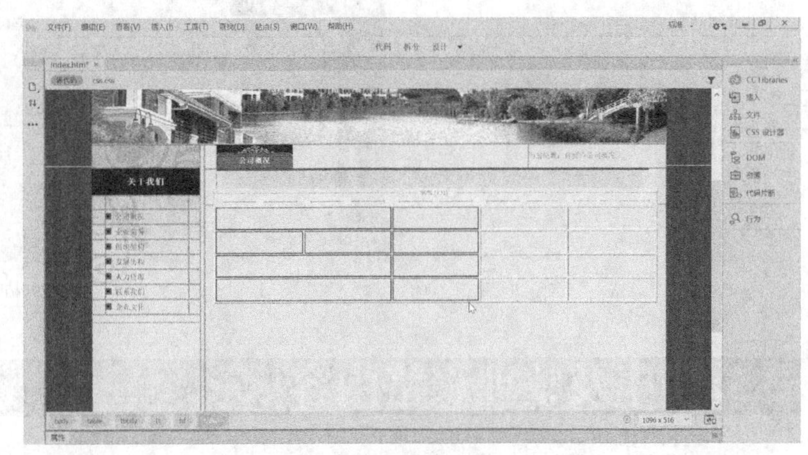

图3-17 选中单元格

02 单击“属性”面板中的（合并所选单元格，使用跨度）图标□，就可以将单元格合并，如图3-18所示。

技巧与提示

执行“编辑”→“表格”→“合并单元格”命令，可以将单元格合并。还可以在要合并的单元格中单击鼠标右键，在弹出的菜单中执行“表格”→“合并单元格”命令，将单元格合并。

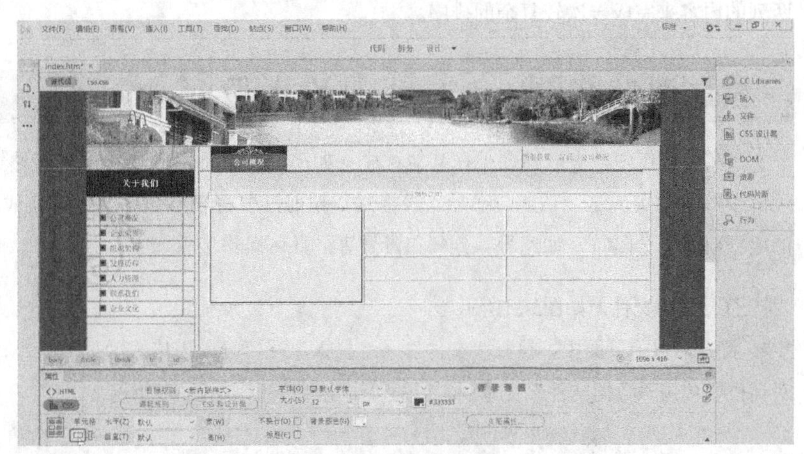

图3-18 合并所选单元格

3.4.5 剪切、复制、粘贴表格

下面讲解如何剪切、复制和粘贴表格，具体操作步骤如下。

01 选择要进行操作的表格，执行“编辑”→“剪切”或“拷贝”命令，这里选择“拷贝”命令，如图3-19所示。

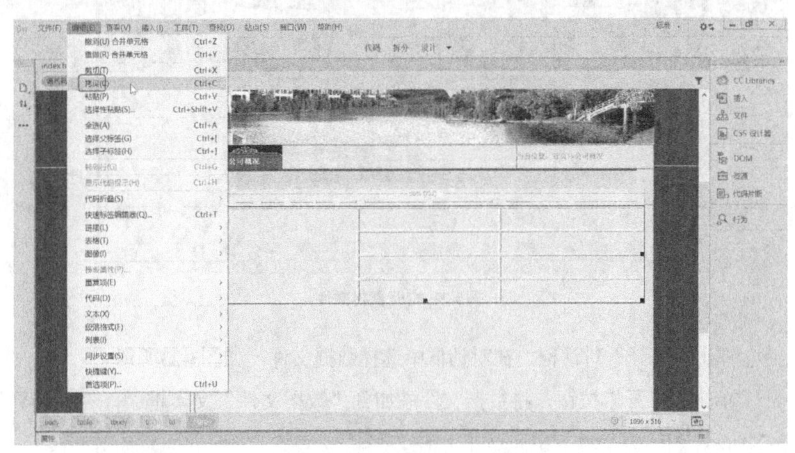

图3-19 选择“拷贝”命令

02 将光标置于表格中，执行“编辑”→“粘贴”命令，粘贴表格后的效果如图3-20所示。

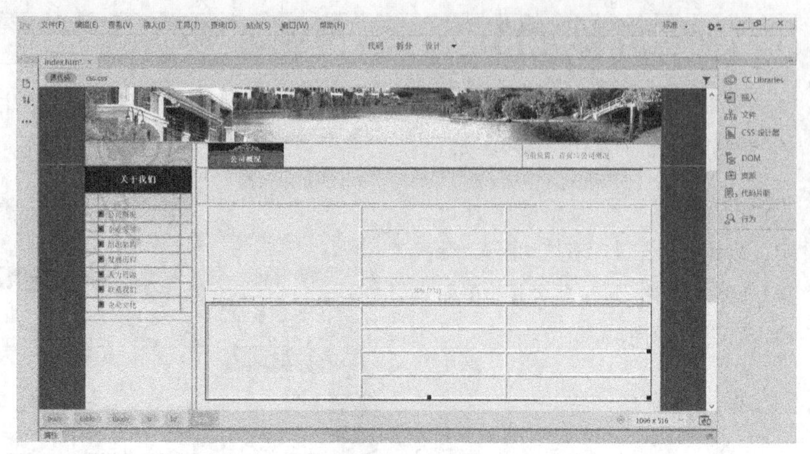

图3-20 粘贴表格

3.5 排序及整理表格内容

Dreamweaver CC提供了对表格进行排序的功能，可以根据一列的内容来完成一次简单的表格排序，也可以根据两列的内容来完成一次较复杂的排序。

3.5.1 课堂案例——导入表格式数据

在实际工作中，有时需要把在其他程序（如Excel和Access）中建立的表格数据导入到网页中，使用Dreamweaver可以很容易地实现这一功能。在导入表格式数据前，要将表格数据文件转换成.txt（文本文件）格式，并且该文件中的数据要带有分隔符，如逗号、分号和冒号等，具体操作步骤如下。

01 打开素材文件，如图3-21所示。

02 将光标置于页面中，执行“文件”→“导入”→“导入表格式数据”命令，弹出“导入表格式数据”对话框，在对话框中单击“数据文件”文本框右边的“浏览”按钮，如图3-22所示。

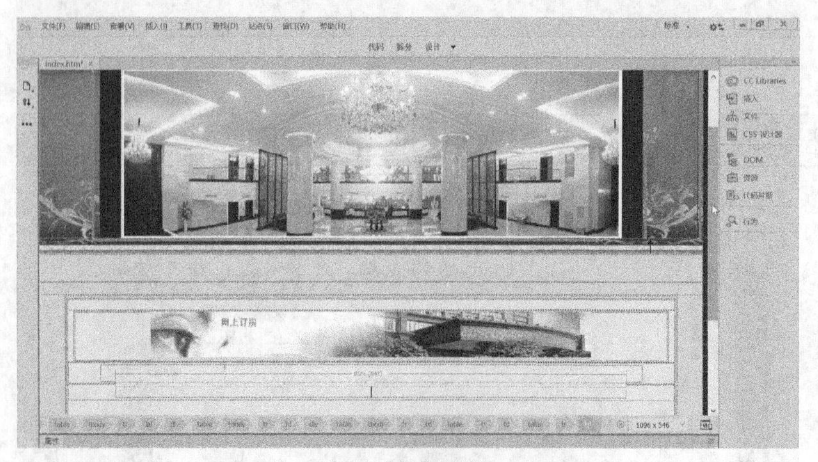

图3-21 打开素材文件

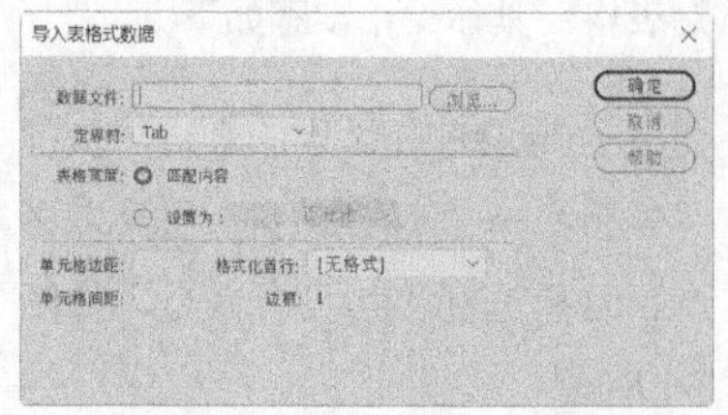

图3-22 “导入表格式数据”对话框

03 弹出“打开”对话框，在对话框中选择数据文件，如图3-23所示。

04 单击“打开”按钮，将数据文件添加到“数据文件”文本框中，在“定界符”的下拉列表中选择“逗点”，如图3-24所示。

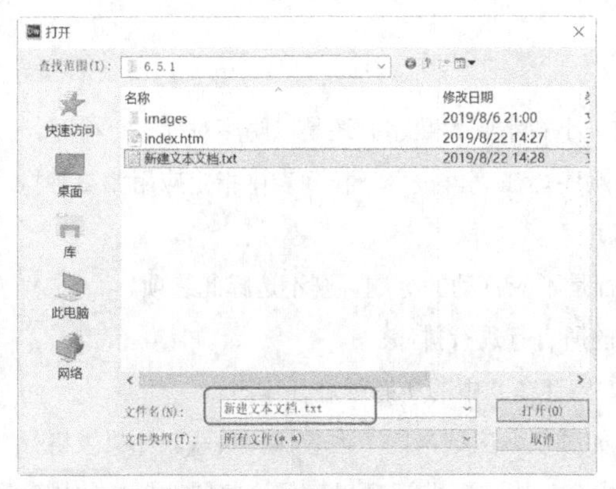

图3-23 “打开”对话框

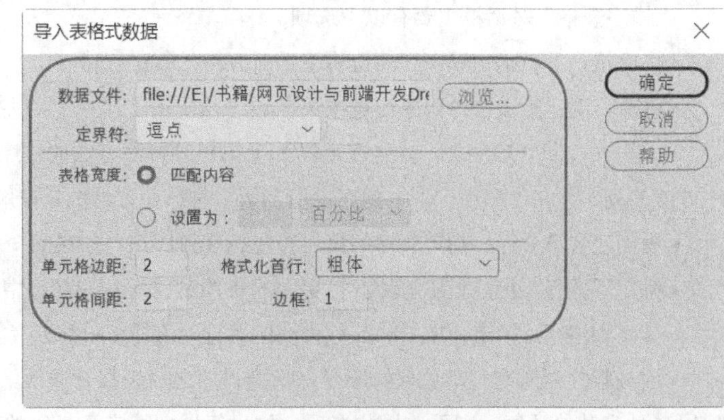

图3-24 “导入表格式数据”对话框

05 单击“确定”按钮，导入表格式数据，如图3-25所示。

06 保存文档，在浏览器中浏览效果，如图3-26所示。

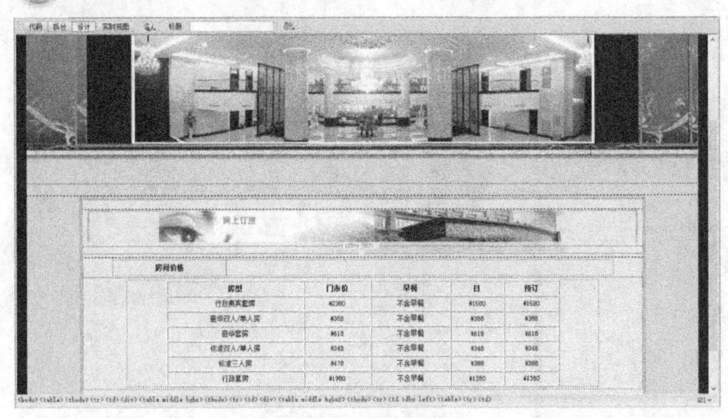

图3-25 导入表格式数据

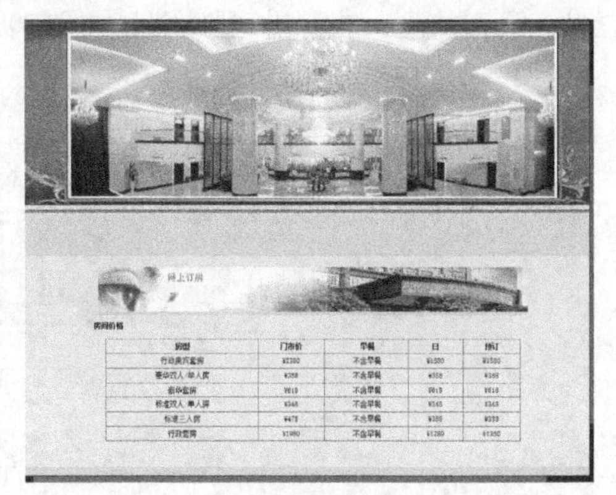

图3-26 浏览效果

3.5.2 排序表格

在实际工作中，有时需要把用应用程序（如Excel）建立的表格数据发布到网上。Dreamweaver提供了一种类似邮政编码排序的分类工具——“排序表格”，对表格中的数据进行排序，具体操作步骤如下。

01 打开素材文件，选中要排序的表格，如图3-27所示。

02 执行“编辑”→“表格”→“排序表格”命令，弹出“排序表格”对话框，在对话框中进行相应的设置，如图3-28所示。

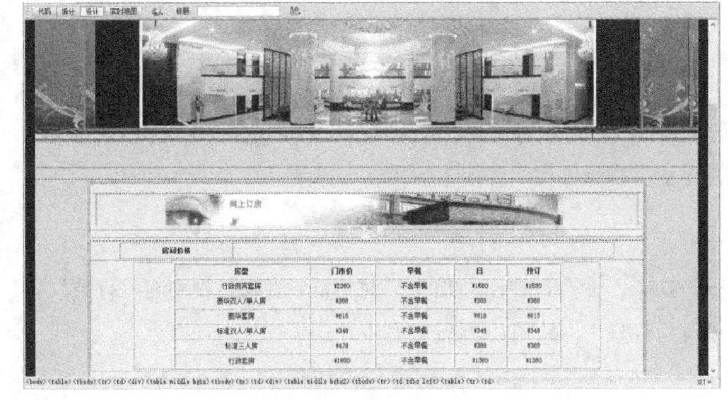

图3-27 打开素材文件

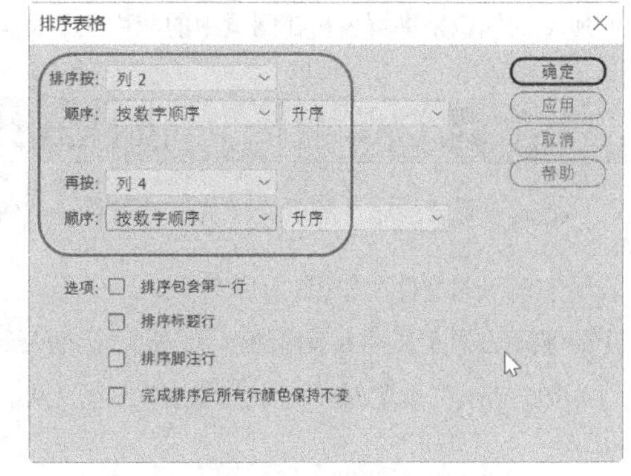

图3-28 “排序表格”对话框

“排序表格”对话框主要有以下选项。

- 排序按：可以确定哪个列的值将用于对表格的行进行排序。
- 顺序：确定是按字母顺序还是按数字顺序以及是以升序（A到Z，小数字到大数字）还是以降序对列进行排序。
- “再按”和“顺序”：确定在不同列上第二种排序方法的排序顺序。在“再按”下拉列表中指定应用第二种排序方法的列，并在“顺序”下拉列表中指定第二种排序方法的排序顺序。
- 排序包含第一行：指定表格的第一行包括在排序中。如果第一行是不应移动的标题，则不选择此选项。
- 排序标题行：指定使用与body行相同的条件对表格thead部分中的所有行进行排序。
- 排序脚注行：指定使用与body行相同的条件对表格tfoot部分（如果存在）中的所有行进行排序。
- 完成排序后所有行颜色保持不变：指定排序之后表格行属性（如颜色）应该与同一内容保持关联。如果表格行使用多种交替的颜色，则不选择此选项。如果行属性特定于每行的内容，则选择此选项以确保这些属性保持与排序后表格中正确的行关联在一起。

03 单击“确定”按钮，即可将表格内的数据进行排列，如图3-29所示。

04 保存文档，在浏览器中浏览效果，如图3-30所示。

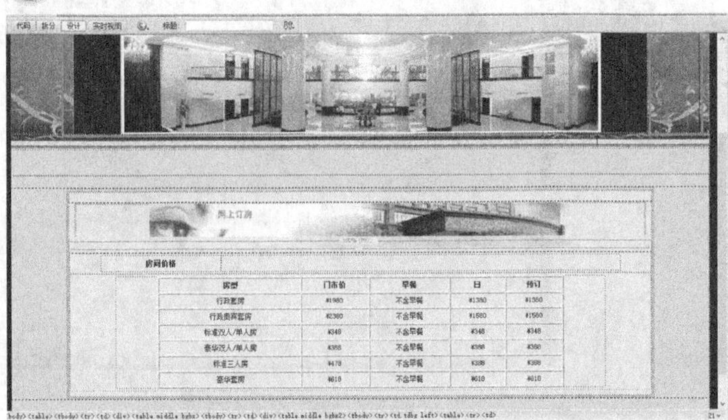

图3-29 排序表格

图3-30 浏览效果

技巧与提示

如果表格中含有合并单元格或拆分单元格，则无法使用表格排序功能。

3.6 课堂练习

本章主要讲解了如何创建表格、设置表格及其元素属性、表格的基本操作以及表格的其他功能等。下面利用前面所学的知识来讲解表格在网页中的应用实例。

3.6.1 课堂练习1——创建细线表格

通过设置表格属性和单元格的属性可以创建细线表格，具体操作步骤如下。

01 打开素材文件，如图3-31所示。

02 将光标置于要插入表格的位置，执行“插入”→“Table”命令，弹出“Table”对话框，在对话框中将“行数”设置为10，“列”设置为5，“表格宽度”设置为95，单位为百分比，如图3-32所示。

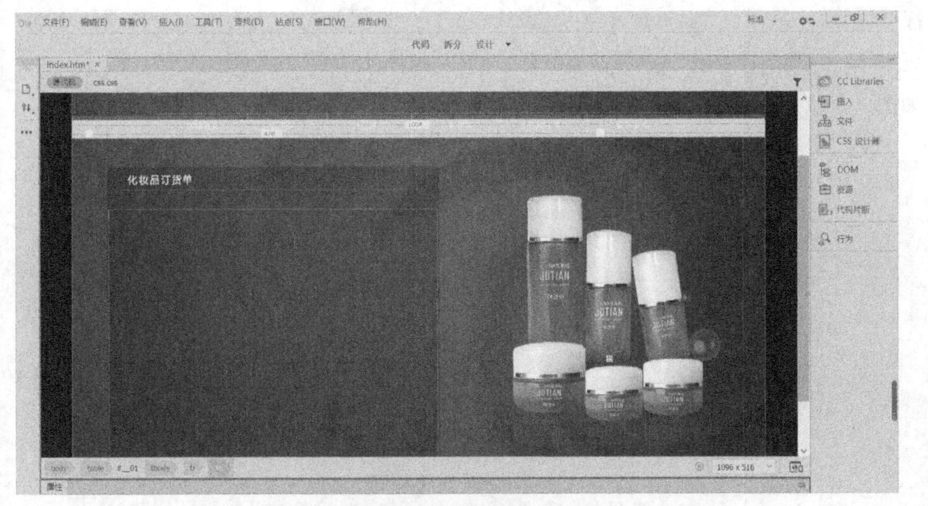

图3-31 打开素材文件

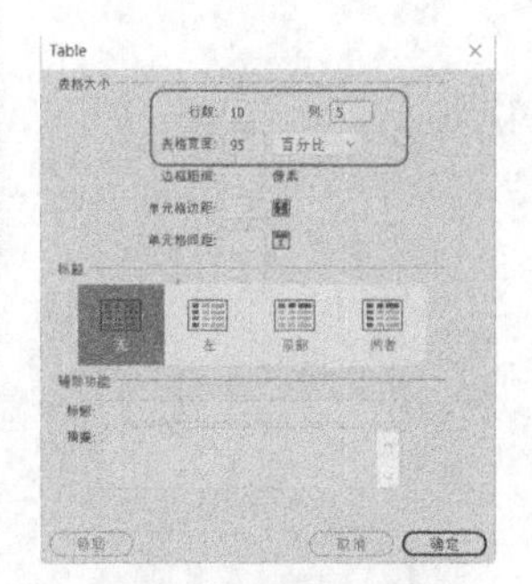

图3-32 “Table”对话框

03 单击“确定”按钮，插入表格，如图3-33所示。

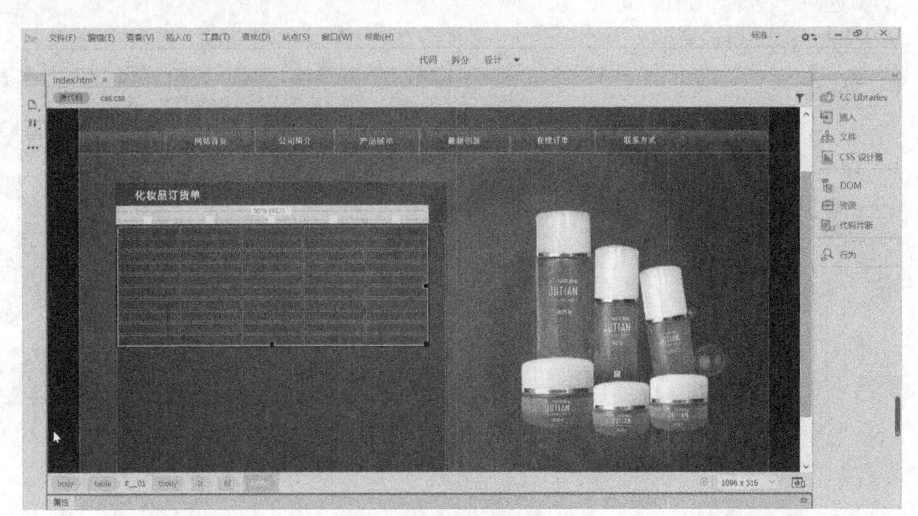

图3-33 插入表格

04 选中插入的表格，打开“属性”面板，在面板中将“Cellpad”设置为3，“CellSpace”设置为1，“Ailgn”设置为“居中对齐”，如图3-34所示。

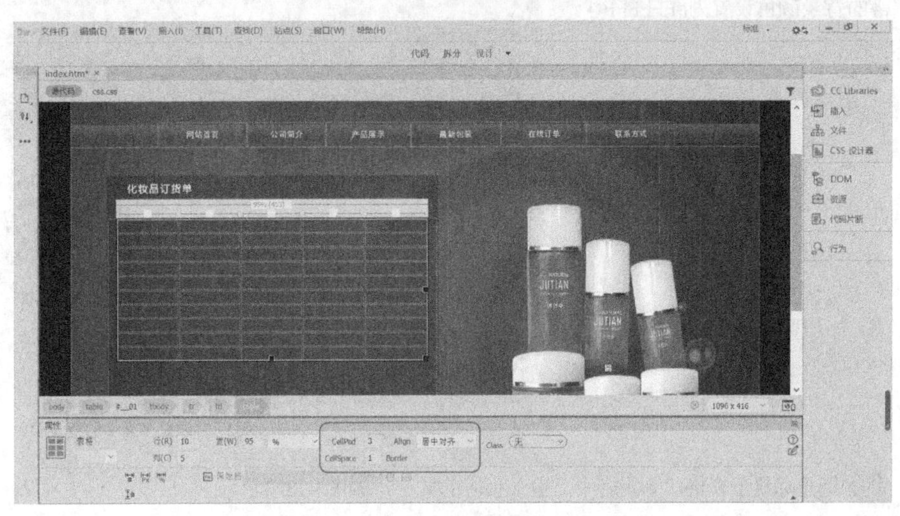

图3-34 设置表格属性

05 选中插入的表格，打开“代码”视图，在表格代码中输入bgcolor="#FF5900"，如图3-35所示。

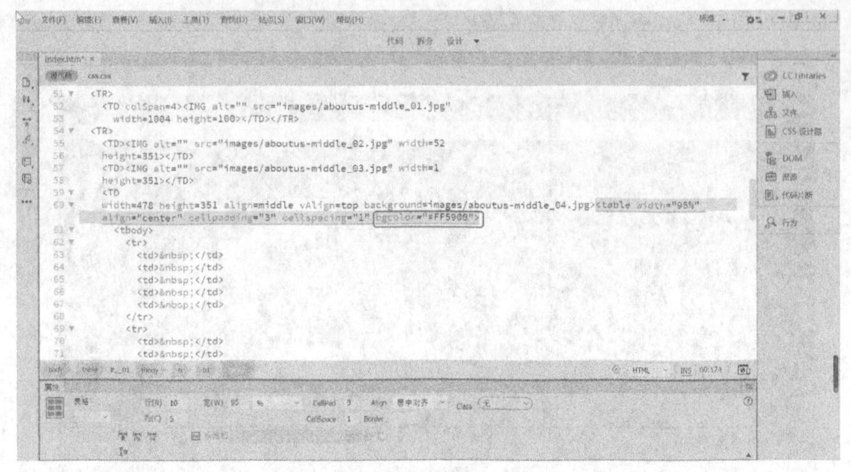

图3-35 输入代码

06 返回“设计”视图，可以看到设置的表格背景颜色，如图3-36所示。

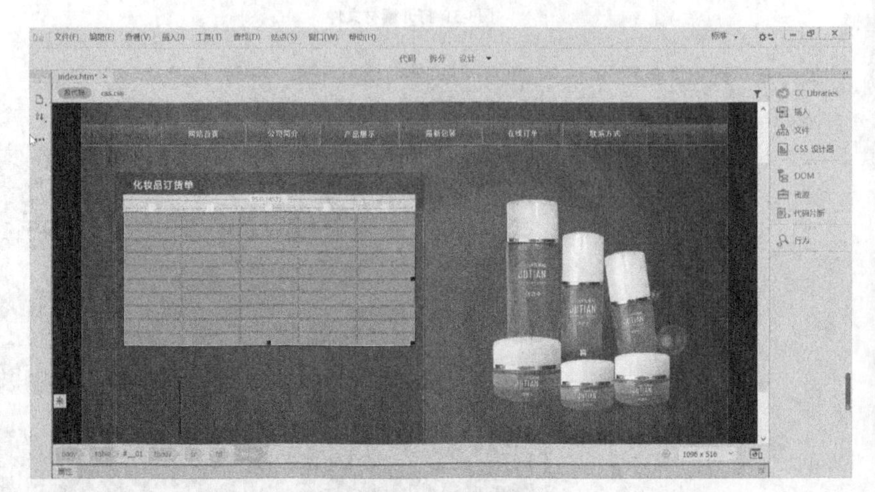

图3-36 设置表格背景颜色

07 选中所有的单元格，将单元格的背景颜色设置为#FFFFFF，如图3-37所示。

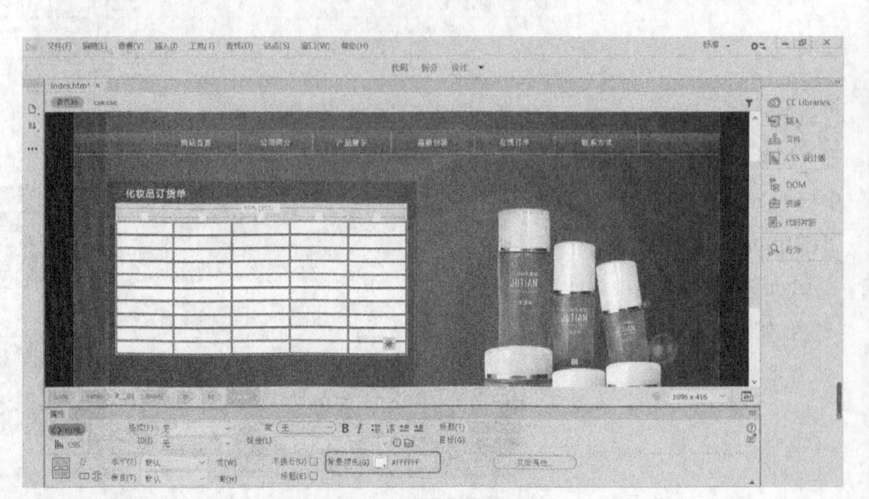

图3-37 设置单元格的背景颜色

08 将光标置于表格的单元格中，输入相应的文字，如图3-38所示。

09 保存文档，在浏览器中浏览效果，如图3-39所示。

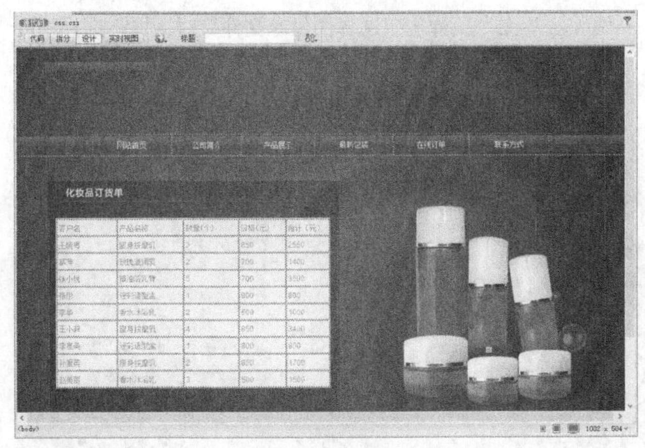
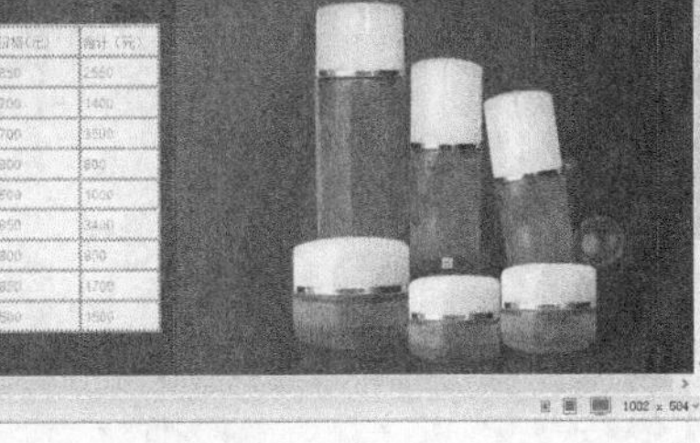

图3-38　输入文字

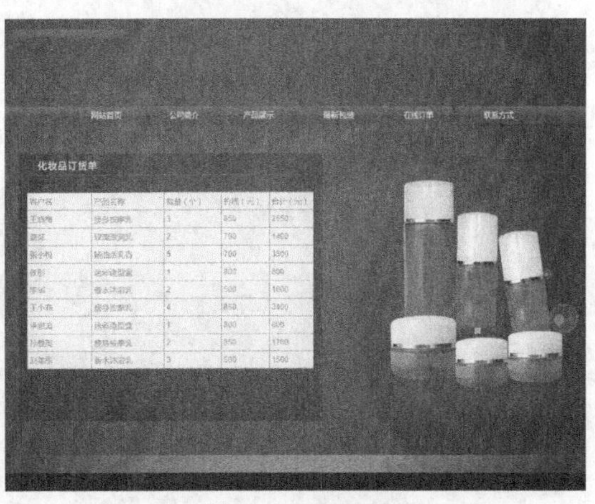

图3-39　浏览效果

3.6.2　课堂练习2——创建圆角表格

做网页的时候，有时为了美化网页，会把表格边框的拐角处做成圆角，这样可以避免直接使用直角表格的生硬，使得网页整体更加美观。下面就给大家介绍创建圆角表格的常用办法。具体操作步骤如下。

01 打开素材文件，如图3-40所示。

02 将光标置于页面中，执行“插入”→“Table”命令，弹出“Table”对话框，在对话框中将“行”设置为3，“列”设置为1，“表格宽度”设置为100，单位为百分比，如图3-41所示。

图3-40 打开素材文件

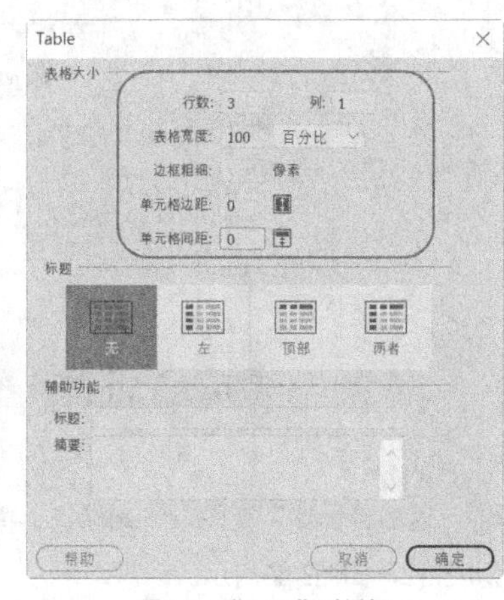

图3-41　“Table”对话框

03 单击“确定”按钮，插入表格，此表格记为表格1，如图3-42所示。

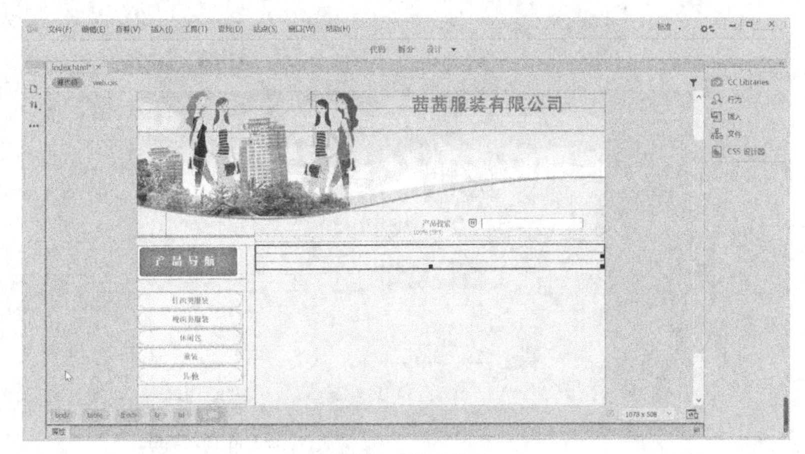

图3-42　插入表格1

04 将光标置于表格1的第1行单元格中，执行“插入”→“Image”命令，弹出“选择图像源文件”对话框，选择相应的圆角图像文件images/b1.jpg，如图3-43所示。

05 单击“确定”按钮，插入圆角图像1，如图3-44所示。

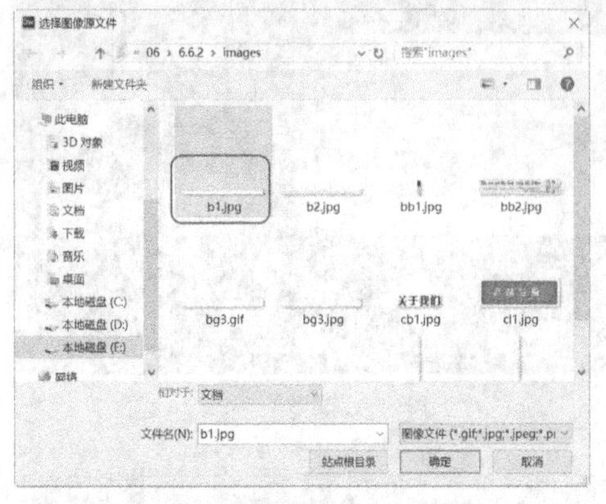

图3-43 “选择图像源文件”对话框

图3-44 插入圆角图像1

06 将光标置于表格1的第2行单元格中，打开“代码”视图，在代码中输入背景图像代码background=images/bg3.gif，如图3-45所示。

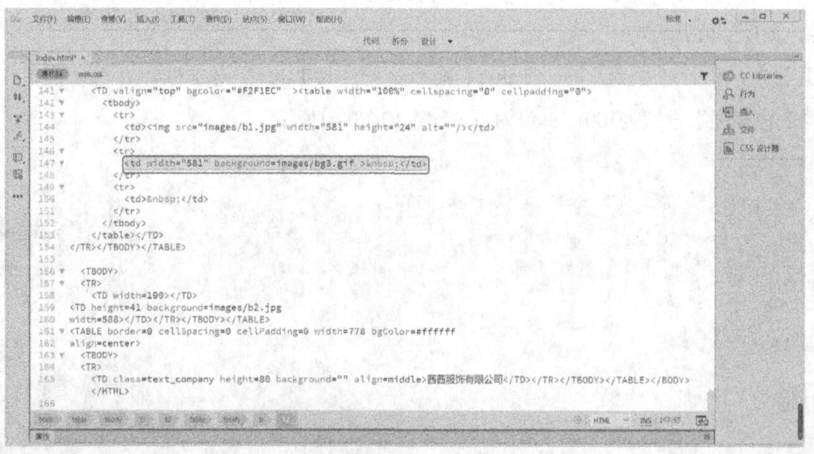

图3-45 输入代码

07 返回“设计”视图，将光标置于背景图像上，执行“插入”→“Table”命令，插入一个2行1列的表格，此表格记为表格2，如图3-46所示。

图3-46 插入表格2

08 将光标置于表格2的第1行单元格中，执行“插入”→“Image”命令，插入图像文件images/gy.jpg，如图3-47所示。

图3-47 插入图像

09 将光标置于表格2的第2行单元格中，输入相应的文字，如图3-48所示。

图3-48 输入文字

10 将光标放置在表格1的第3行单元格中，执行“插入”→“Image”命令，插入圆角图像文件images/bg2.gif，如图3-49所示。

11 保存文档，在浏览器中浏览效果，如图3-50所示。

图3-49 插入圆角图像2

图3-50 浏览效果

3.7 课后习题

1. 填空题

（1）表格可以随着添加正文或图像而扩展的。表格由________、________和________这3部分组成。

（2）选择了表格后，便可以通过________、________和________等一系列的操作实现对表格的编辑操作。

（3）________就是将选中的表格单元格拆分为多行或多列。

（4）Dreamweaver提供了一种类似邮政编码排序的分类工具——________，对表格中的数据进行排序。

2. 操作题

利用图3-51所示的原始文件，创建图3-52所示的圆角表格效果。

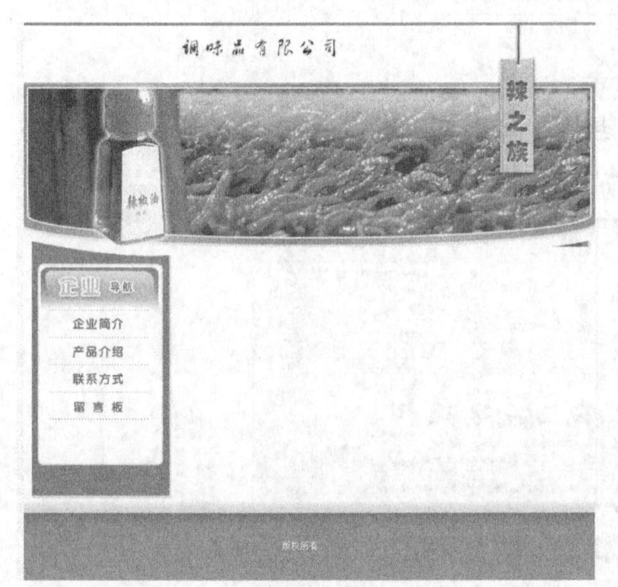

图3-51 原始文件

图3-52 圆角表格效果

3.8 本章总结

表格在网页设计中的地位非常重要，可以说如果表格使用得不好的话，就不可能设计出出色的网页。Dreamweaver提供的表格工具，不但可以实现一般功能的数据组织，还可以用于定位网页中的各种元素和规划页面的布局。本章主要讲解了表格的基本知识和操作，在最后的几个综合实例中，通过一步一步详细的讲解，读者可以学习到如何利用表格来进行网页的排版布局，并且还可以学到一些表格的高级应用和制作时的注意事项等。

第4章

使用行为创建特效网页

行为是Dreamweaver预置的JavaScript程序库，是为了响应某一具体事件而采取的一个或多个动作。行为由对象、事件和动作构成，当指定的事件被触发时，将运行相应的JavaScript程序，执行相应的动作。所以在创建行为时，必须先指定一个动作，再指定触发动作的事件。行为是Dreamweaver CC中最有特色的功能之一，用户不用编写JavaScript代码即可快速制作具有多种动感特效的网页。

学习目标

- 了解行为的概念
- 学会调用JavaScript
- 学会对图像设置动作
- 学会转到URL的方法
- 学会设置浏览器环境
- 学会设置状态栏文本
- 学会制作指定大小的弹出窗口

4.1 行为的概述

为了更好地理解行为的概念，下面分别解释与行为相关的3个重要的概念："对象"、"事件"和"动作"。

"对象"是产生行为的主体，很多网页元素都可以成为对象，如图片、文字或多媒体文件等。此外，网页本身有时也可作为对象。

"事件"是触发动态效果的原因，它可以附加到各种页面元素上，也可以附加到HTML标记中。一个事件总是针对页面元素或标记而言的，例如将鼠标指针移到图片上、把鼠标指针移到图片之外和单击，这些是与鼠标有关的3个非常常见的事件（即onMouseOver、onMouseOut和onClick）。不同的浏览器支持的事件的种类和数量是不一样的，通常高版本的浏览器能够支持更多的事件。

"动作"是指最终需完成的动态效果，交换图像、弹出信息、打开浏览器窗口及播放声音等都是动作。动作通常是一段JavaScript代码。在Dreamweaver CC中使用内置的动作时，系统会自动向页面中添加JavaScript代码，用户完全不必自己编写。

将事件和动作组合起来就构成了行为。例如，将onMouseOver行为事件与一段JavaScript代码相关联，当鼠标指针放在对象上时就可以执行相应的JavaScript代码（即动作）。一个事件可以同多个动作相关联，即发生事件时可以执行多个动作。为了实现需要的效果，用户还可以指定和修改动作发生的顺序。

4.1.1 常见的动作

所谓的动作就是设置交换图像、弹出信息等特殊的JavaScript效果。在设定的事件发生时会运行动作。表4-1所示为一些Dreamweaver中默认提供的动作。

表4-1 Dreamweaver中常见的动作

动　作	说　明
弹出消息	设置的事件发生之后，显示警告信息
交换图像	发生设置的事件后，用其他图片来取代选定的图片
恢复交换图像	在运用交换图像动作之后，显示原来的图片
打开浏览器窗口	在新窗口中打开
拖动AP元素	允许在浏览器中自由拖动AP元素
转到URL	可以转到特定的站点或者网页文档上
检查表单	检查表单文档有效性的时候使用
调用JavaScript	调用JavaScript特定函数
改变属性	改变选定对象的属性
跳转菜单	可以建立若干个链接的跳转菜单
跳转菜单开始	在跳转菜单中选定要移动的站点之后，只有单击按钮才可以跳转到链接的站点上
预先载入图像	为了在浏览器中快速显示图片，事先下载图片之后显示出来
设置框架文本	在选定的框架上显示指定的内容
设置文本域文字	在文本字段区域显示指定的内容
设置容器中的文本	在选定的容器上显示指定的内容
设置状态栏文本	在状态栏中显示指定的内容
显示或隐藏AP元素	显示或隐藏特定的AP元素

4.1.2 常见的事件

事件就是选择在特定情况下发生选定行为动作的功能。例如，单击图片之后跳转到特定站点上的行为，是因为事件被指定了onClick，所以才会执行在单击图片之后跳转到其他站点的这一动作。表4-2所示的是Dreamweaver中常见的事件。

表4-2 Dreamweaver中常见的事件

事　件	说　明
onAbort	在浏览器窗口中停止加载网页文档的操作时发生的事件
onMove	移动窗口或者框架时发生的事件
onLoad	选定的对象出现在浏览器上时发生的事件
onResize	访问者改变窗口或帧的大小时发生的事件
onUnLoad	访问者退出网页文档时发生的事件
onClick	单击选定元素的一瞬间发生的事件
onBlur	鼠标指针移动到窗口或帧外部，即在这种非激活状态下发生的事件
onDragDrop	拖动并放置选定元素的那一瞬间发生的事件
onDragStart	拖动选定元素的那一瞬间发生的事件
onFocus	鼠标指针移动到窗口或帧上，即激活之后发生的事件
onMouseDown	单击鼠标右键一瞬间发生的事件
onMouseMove	鼠标指针指向字段并在字段内移动时发生的事件
onMouseOut	鼠标指针经过选定元素之外时发生的事件
onMouseOver	鼠标指针经过选定元素时发生的事件
onMouseUp	单击鼠标右键，然后释放时发生的事件
onScroll	访问者在浏览器上移动滚动条的时候发生的事件
onKeyDown	当访问者按下任意键时发生的事件
onKeyPress	当访问者按下和释放任意键时发生的事件
onKeyUp	在键盘上按下特定键并释放时发生的事件
onAfterUpdate	更新表单文档内容时发生的事件
onBeforeUpdate	改变表单文档项目时发生的事件
onChange	访问者修改表单文档的初始值时发生的事件
onReset	将表单文档重置为初始值时发生的事件
onSubmit	访问者传送表单文档时发生的事件
onSelect	访问者选定文本字段中的内容时发生的事件
onError	在加载文档的过程中，发生错误时发生的事件
onFilterChange	运用于选定元素的字段发生变化时发生的事件
Onfinish Marquee	用功能来显示的内容结束时发生的事件
Onstart Marquee	开始应用功能时发生的事件

4.2 调用JavaScript

JavaScript是非常流行的脚本语言，它存在于全世界所有Web浏览器中，用于增强用户与网站之间的交互。用户可以自己编写JavaScript代码，也可以使用JavaScript库中提供的代码。

4.2.1 课堂案例——利用JavaScript实现打印功能

下面讲解调用JavaScript打印当前页面的方法，操作时先定义一个打印当前页函数printPage()，然后在<body>中添加代码OnLoad="printPage()"，当打开网页时调用打印当前页函数printPage()，具体操作步骤如下。

01 打开素材文件，如图4-1所示。

02 切换到“代码”视图，在<body>和</body>之间输入相应的代码，如图4-2所示。

图4-1 打开素材文件

图4-2 输入代码

```
<script language=" javascript ">
function printpage() {
if (window.print) {
agree = confirm('本页将被自动打印. \n\n是否打印?');
if (agree) window.print(); }
}</script>
```

03 切换到"“拆分”视图，在<body>语句中输入代码OnLoad="printPage()"，如图4-3所示。

04 保存文档，在浏览器中浏览效果，如图4-4所示。

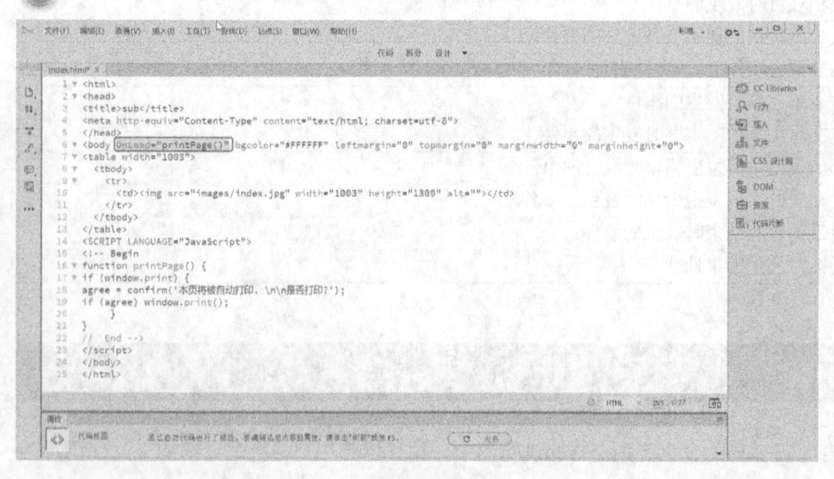

图4-3 输入代码

图4-4 浏览效果

4.2.2 课堂案例——利用JavaScript实现关闭网页

“调用JavaScript”动作允许使用“行为”面板指定一个自定义功能，或当发生某个事件时应该执行的一段JavaScript代码，具体操作步骤如下。

01 打开素材文件，如图4-5所示。

图4-5 打开素材文件

02 执行“窗口”→“行为”命令，打开“行为”面板，单击“行为”面板上的“添加行为”按钮 +，在弹出的菜单中选择“调用JavaScript”选项，如图4-6所示。

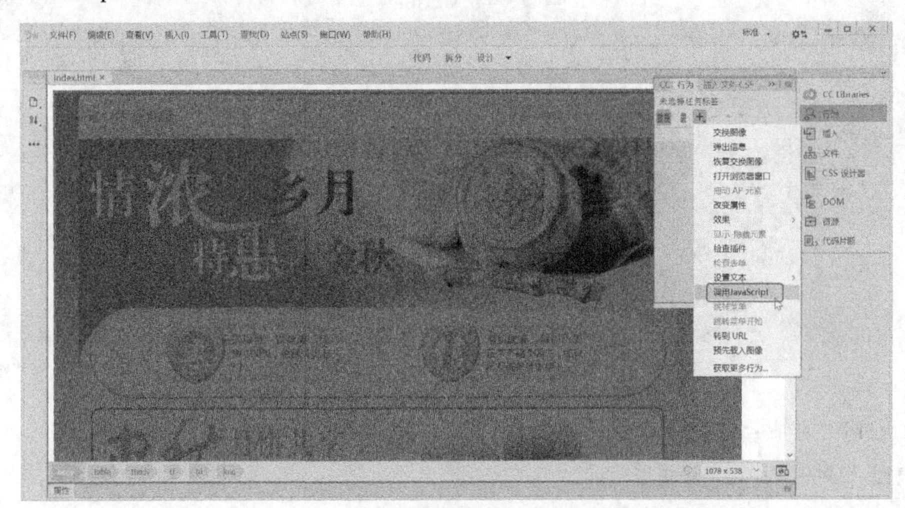

图4-6 选择“调用JavaScript”选项

03 弹出“调用JavaScript”对话框，在“JavaScript”文本框中输入window.close()，如图4-7所示。

04 单击“确定”按钮，添加行为，如图4-8所示。

05 保存文档，在浏览器中浏览效果，如图4-9所示。

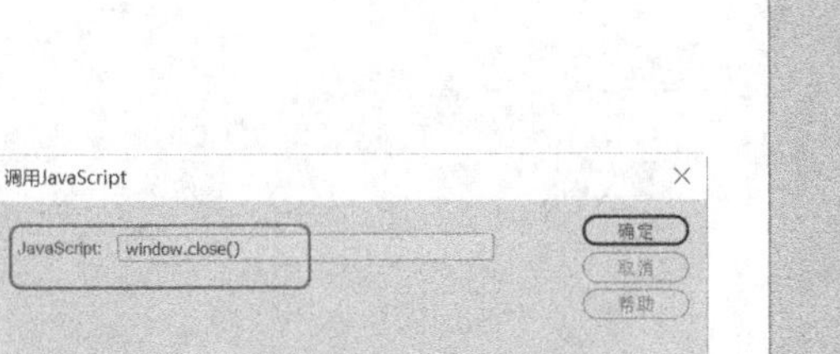

图4-7 “调用JavaScript”对话框

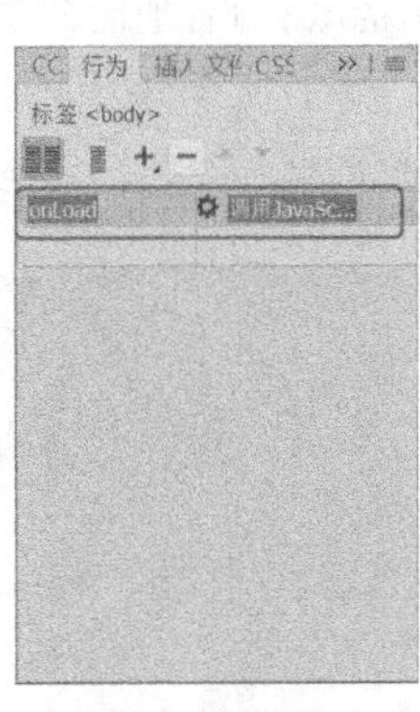

图4-8 添加行为

图4-9 浏览效果

4.3 设置浏览器环境

使用“检查表单”动作和“检查插件”动作可以设置浏览器环境，下面讲解这两个动作的使用方法。

4.3.1 课堂案例——检查表单

“检查表单”动作能够检查指定文本域的内容，以确保用户输入了正确的数据类型。使用onBlur事件将此动作分别附加到各文本域，可以实现在用户填写表单时对文本域进行检查；或使用onSubmit事件将其附加到表单，可以实现在用户单击“提交”按钮时同时对多个文本域进行检查。将此动作附加到表单，防止表单提交到服务器后任何指定的文本域包含无效的数据。具体操作步骤如下。

01 打开素材文件，选中表单，如图4-10所示。

02 选中文本域，打开“行为”面板，单击“行为”面板中的“添加行为”按钮 +，从弹出的菜单中选择“检查表单”选项，如图4-11所示。

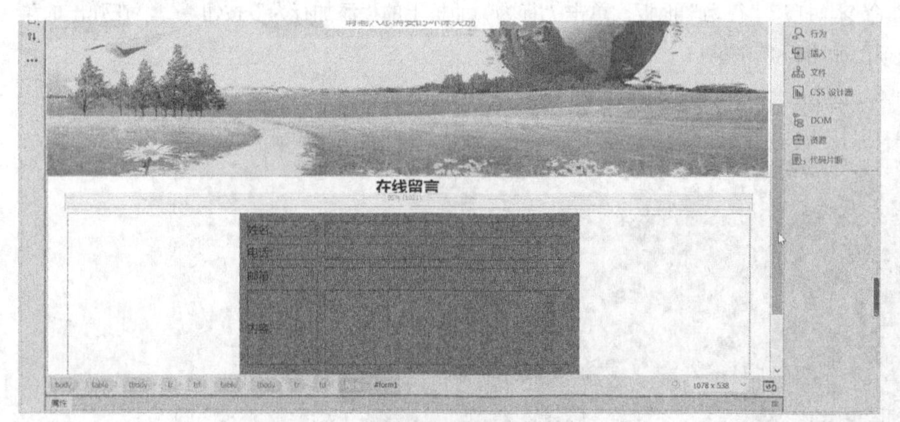

图4-10 打开素材文件

图4-11 选择“检查表单”选项

03 弹出“检查表单”对话框，如图4-12所示。

在“检查表单”对话框中可以设置以下参数。

- 在“域”中选择要检查的文本域对象。
- 在对话框中将“值”右边的“必需的”复选框勾选上。
- 可接受选区中有以下单选按钮。

任何东西：如果并没有指定任何特定数据类型（前提是“必需的”复选框没有被勾选），那么该单选按钮就没有意义了，也就是说等于表单没有应用“检查表单”动作。

电子邮件地址：检查文本域是否含有带@符号的电子邮件地址。

数字：检查文本域是否仅包含数字。

数字从 到：检查文本域是否仅包含特定数列的数字。

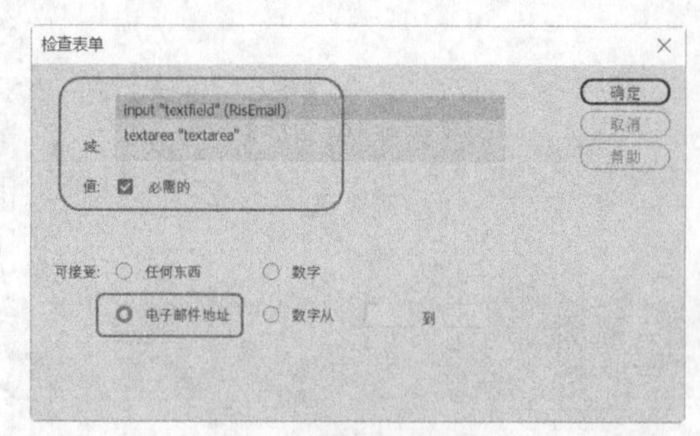

图4-12 “检查表单”对话框

04 单击“确定”按钮，添加行为，如图4-13所示。

05 保存文档，在浏览器浏览效果，如图4-14所示。

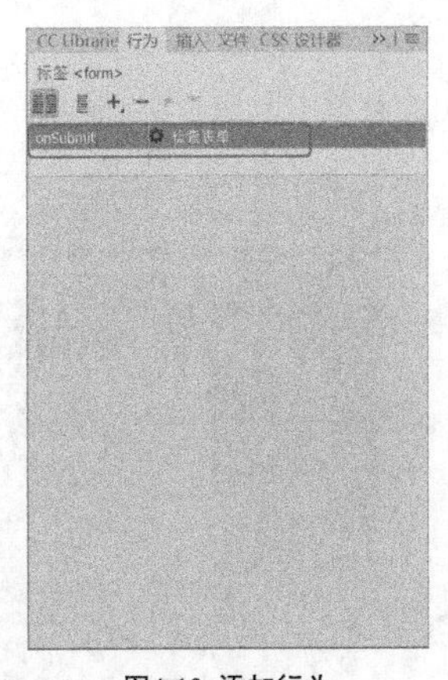

图4-13 添加行为

图4-14 浏览效果

4.3.2 检查插件

“检查插件”动作用来检查访问者的计算机中是否安装了特定的插件，从而决定是否将访问者带到对应的页面。“检查插件”动作具体使用方法如下。

01 打开“行为”面板，单击“行为”面板中的+按钮，在弹出的菜单中选择“检查插件”命令，弹出“检查插件”对话框，如图4-15所示。

在“检查插件”对话框中可以设置以下参数。

- 插件：在下拉列表中选择一个插件，或单击“输入”左边的单选按钮并在右边的文本框中输入插件的名称。
- 如果有，转到URL：为具有该插件的访问者指定一个URL。
- 否则，转到URL：为不具有该插件的访问者指定一个替代URL。

02 设置完成后，单击“确定”按钮。

技巧与提示

如果指定了一个远程的URL，则必须在地址中包括http://前缀；若要让具有该插件的访问者留在同一页上，文本框内不必填写任何内容。

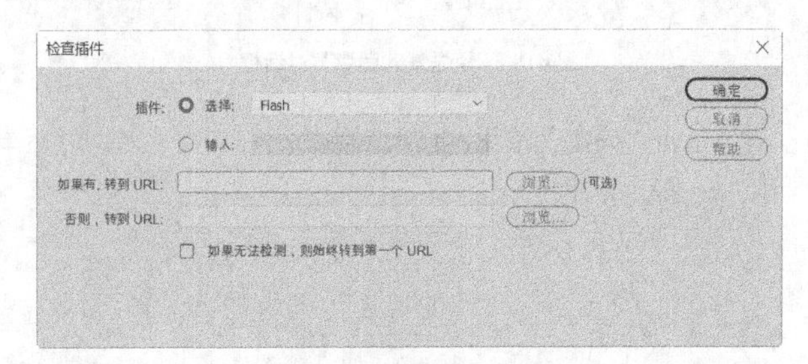

图4-15 “检查插件”对话框

4.4 对图像设置动作

浏览网页时，经常会碰到网页上插入了大量图片的情况，使用“预先载入图像”动作和“交换图像”动作可以设置网页特效。

4.4.1 课堂案例——制作预先载入图像网页

当一个网页包含很多图像，但有些图像在下载时不能被同时下载，而又需要显示这些图像时，浏览器会再次向服务器请求指令继续下载图像，这样会造成一定程度的延迟。而使用“预先载入图像”动作就可以把那些不能显示出来的图像预先载入浏览器的缓冲区内，这样就避免了在下载时出现延迟。

01 打开素材文件，选择图像，如图4-16所示。

02 打开“行为”面板，单击“添加行为”按钮+，在弹出的菜单中选择“预先载入图像”命令，如图4-17所示。

图4-16 打开素材文件

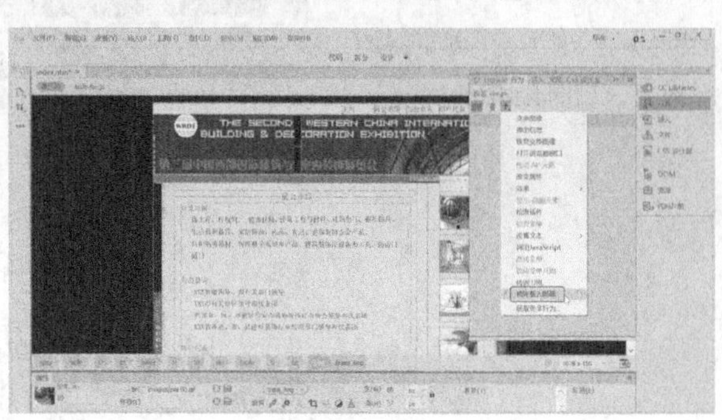

图4-17 选择“预先载入图像”选项

03 弹出“预先载入图像”对话框，在对话框中单击“图像源文件”文本框右边的“浏览”按钮，如图4-18所示。

04 弹出“选择图像源文件”对话框，在对话框中选择文件，如图4-19所示。

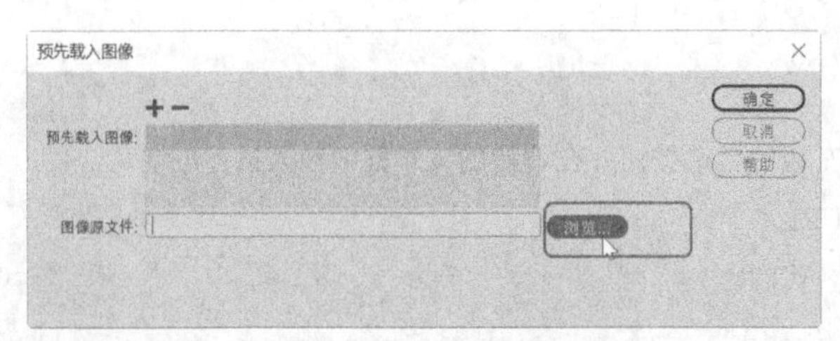

图4-18 “预先载入图像”对话框

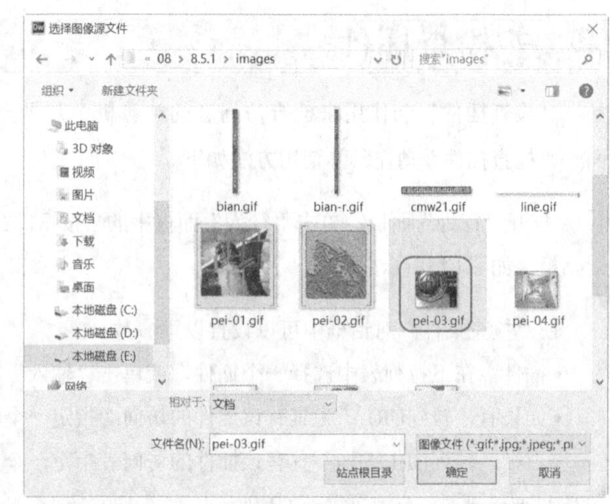

图4-19 选择文件

05 单击“确定”按钮，输入图像的名称和文件名。然后单击“添加”按钮+，将图像添加到“预先载入图像”列表中，如图4-20所示。

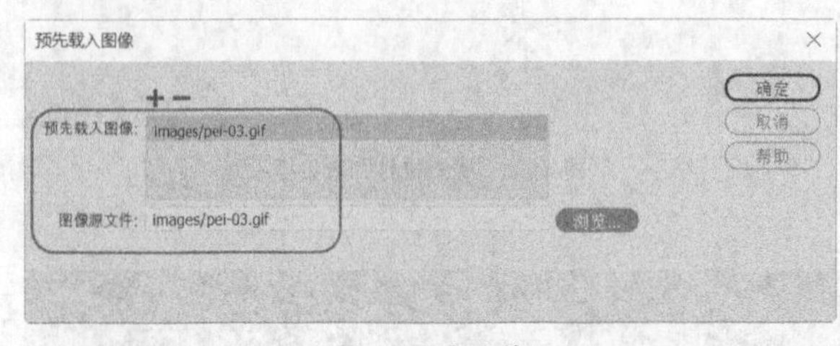

图4-20 添加文件

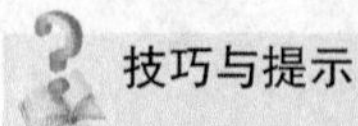

技巧与提示

如果通过Dreamweaver向文档中添加交换图像，可以在添加时指定是否要对图像进行预载，因此不必使用这里的方法再次对图像进行预载。

06 添加完毕后，单击“确定”按钮，添加行为，如图4-21所示。

07 保存网页，在浏览器中浏览网页效果，如图4-22所示。

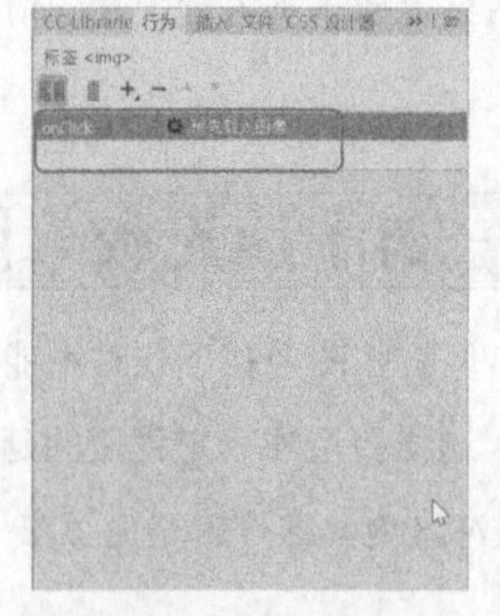

图4-21 添加行为

图4-22 浏览效果

4.4.2 课堂案例——制作交换图像网页

交换图像就是当鼠标指针经过图像时，原图像会变成另外一幅图像。一个交换图像其实是由两幅图像组成的：原始图像（当页面显示时候的图像）和交换图像（当鼠标指针经过原始图像时显示的图像）。组成图像交换的两幅图像必须大小相同，如果两幅图像的尺寸不同，Dreamweaver会自动将第二幅图像尺寸调整成与第一幅图像相同的大小。具体操作步骤如下。

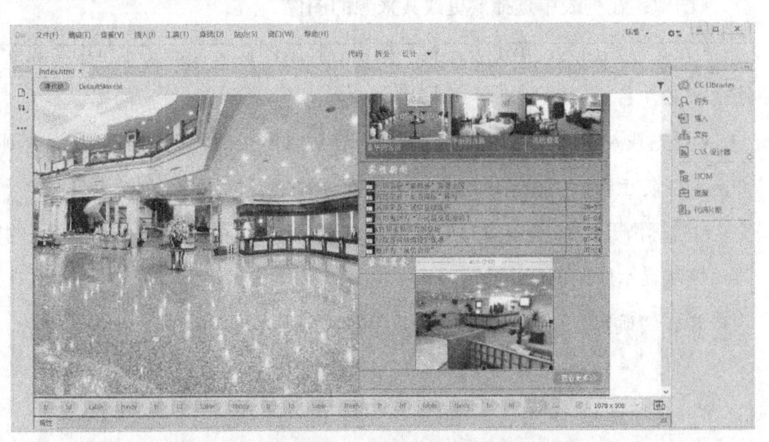

图4-23 打开素材文件

01 打开素材文件，如图4-23所示。

02 执行“窗口”→“行为”命令，打开“行为”面板，在面板中单击“添加行为”+按钮，在弹出的菜单中选择“交换图像”选项，如图4-24所示。

图4-24 选择“交换图像”选项

03 弹出“交换图像”对话框，在对话框中单击“设定原始档为”文本框右边的“浏览”按钮，弹出“选择图像源文件”对话框，在对话框中选择相应的图像文件，如图4-25所示。

04 单击“确定”按钮，回到“交换图像”对话框，输入新图像的路径和文件名，如图4-26所示。

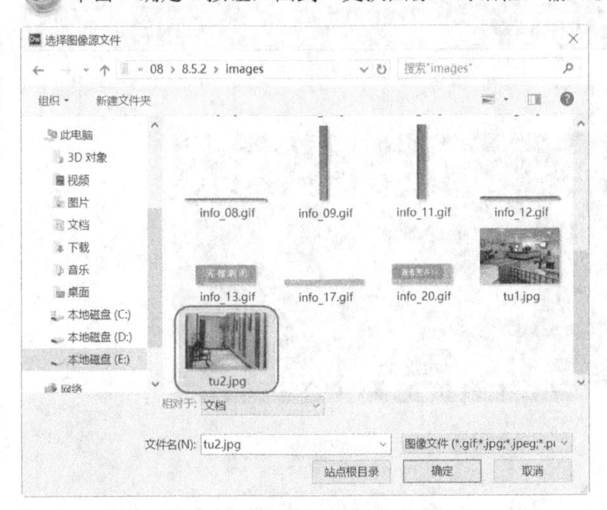

图4-25 “选择图像源文件”对话框

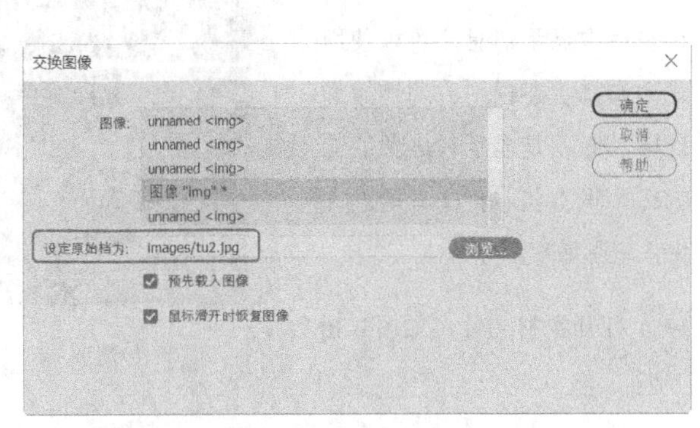

图4-26 “交换图像”对话框

在“交换图像”对话框中可以进行以下设置。

• 图像：在列表中选择要更改其来源的图像。

• 设定原始档为：单击“浏览”按钮选择新图像文件，文本框中会显示新图像的路径和文件名。

• 预先载入图像：勾选该复选框后，在载入网页时，新图像将载入到浏览器的缓冲区，以防止当该图像出现时由于下载而导致延迟。

• 鼠标滑开时恢复图像：勾选该复选框后，鼠标指针离开设定行为的图像对象时，恢复显示原始图像。

05 单击“确定”按钮，添加行为，如图4-27所示。

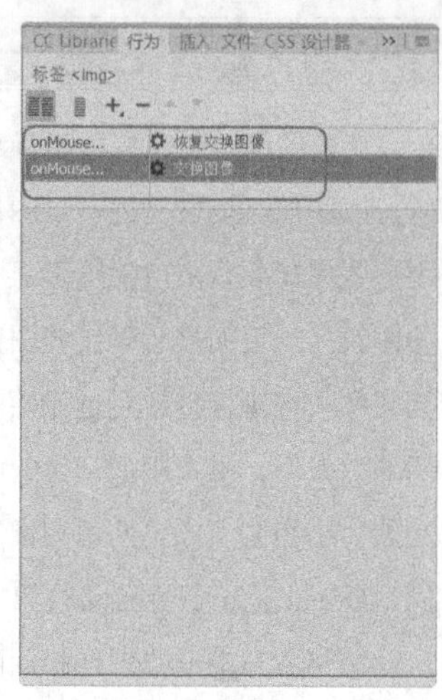

图4-27 添加行为

06 保存文档，在浏览器中浏览效果。交换图像前的效果如图4-28所示，交换图像后的效果如图4-29所示。

图4-28 交换图像前的效果

图4-29 交换图像后的效果

4.5 课堂练习

4.5.1 课堂练习1——设置状态栏文本

“设置状态栏文本”动作能够在浏览器窗口底部左侧的状态栏中显示消息。可以使用此动作在状态栏中说明链接的目标，而不是显示与之关联的URL。设置状态栏文本的具体操作步骤如下。

01 打开素材文件，如图4-30所示。

图4-30 打开素材文件

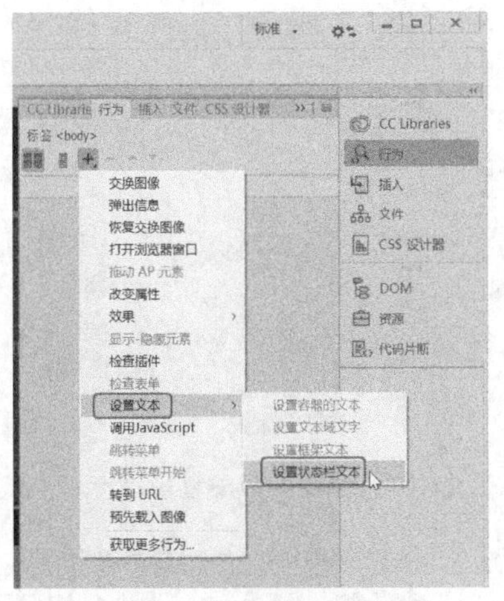

图4-31 选择“设置状态栏文本”选项

02 单击文档窗口左下角的<body>标签，打开“行为”面板，单击面板中的“添加行为”按钮，在弹出的菜单中选择“设置文本”→“设置状态栏文本”命令，如图4-31所示。

03 弹出“设置状态栏文本”对话框，在对话框中的“消息”文本框中输入“欢迎光临我们的网站！”，如图4-32所示。

04 单击“确定”按钮，添加行为，将事件设置为onMouseOver，如图4-33所示。

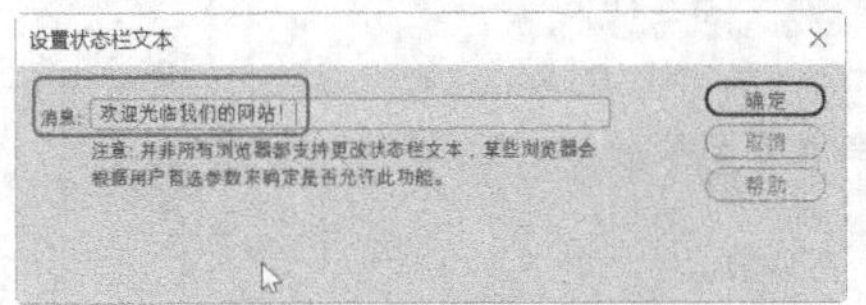

图4-32 “设置状态栏文本”对话框

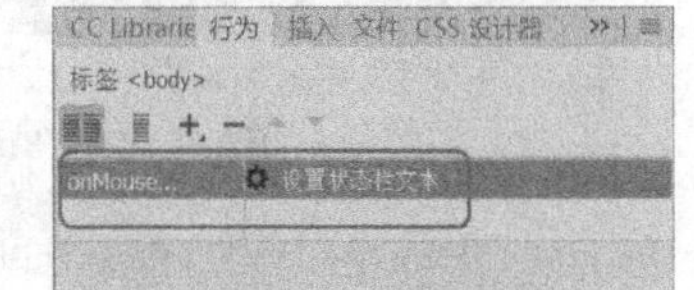

图4-33 添加行为

05 保存文档，在浏览器中浏览效果，如图4-34所示。

图4-34 浏览效果

4.5.2 课堂练习2——转到URL

“转到URL”动作能够在当前窗口或指定的框架中打开一个新页面。此动作尤其适用于通过一次单击更改两个或多个框架的内容，具体操作步骤如下。

01 打开素材文件，如图4-35所示。

图4-35 打开素材文件

02 单击文档窗口左下角的<body>标签，执行“窗口”→“行为”命令，打开“行为”面板，单击面板中的“添加行为”按钮，在弹出的菜单中选择“转到URL”命令，如图4-36所示。

03 弹出“转到URL”对话框，在对话框中单击“浏览”按钮，弹出“选择文件”对话框，在对话框中选择文件，如图4-37所示。

图4-36 选择“转到URL”选项

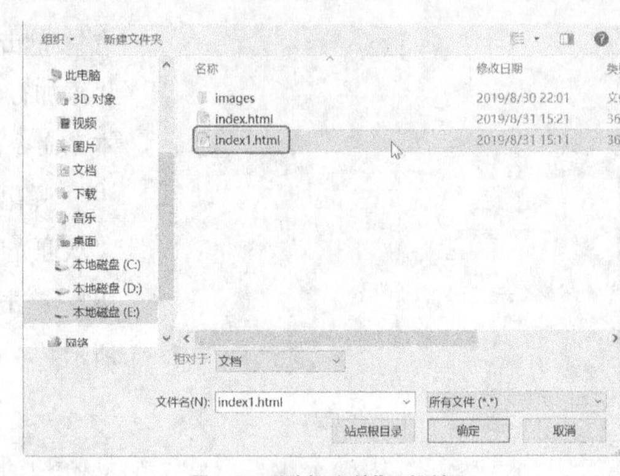

图4-37 “选择文件”对话框

在“转到URL”对话框中有以下参数。

- 打开在：选择要打开的网页。
- URL：在文本框中输入网页的路径或者单击“浏览”按钮，在弹出“选择文件”对话框中选择要打开的网页。

04 单击“确定”按钮，添加文件，如图4-38所示。

05 单击“确定”按钮，添加行为，如图4-39所示。

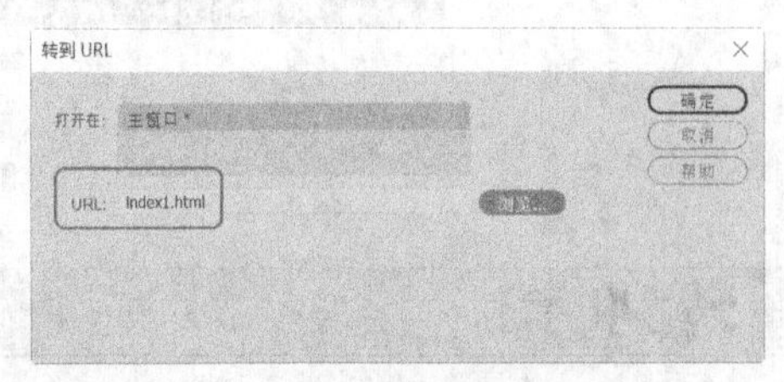

图4-38 添加文件

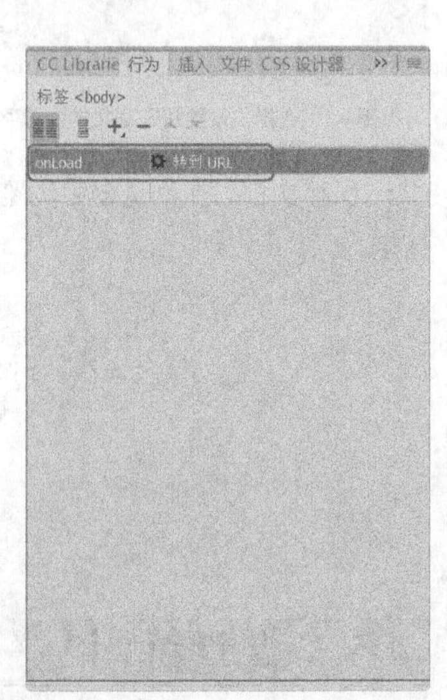

图4-39 添加行为

06 保存文档，在浏览器中浏览效果。跳转前的效果如图4-40所示，跳转后的效果如图4-41所示。

图4-40 跳转前的效果

图4-41 跳转后的效果

4.5.3 课堂练习3——制作指定大小的弹出窗口

使用行为可以提高网站的交互性。在Dreamweaver中插入行为，实际上是给网页添加了一些JavaScript代码，这些代码能实现网页的动感效果。使用“打开浏览器窗口”动作，可以在打开当前网页的同时再打开一个新的窗口，还可以编辑浏览器窗口的大小、名称、状态栏菜单栏等属性，具体操作步骤如下。

01 打开素材文件，如图4-42所示。

02 单击文档窗口左下角的<body>标签，打开“行为”面板，单击面板中的“添加行为”按钮，在弹出的菜单中选择“打开浏览器窗口”命令，如图4-43所示。

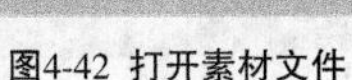

图4-42 打开素材文件

图4-43 选择“打开浏览器窗口”选项

03 弹出“打开浏览器窗口”对话框，在对话框中单击“要显示的URL”文本框右边的“浏览”按钮，弹出“选择文件”对话框，在对话框中选择文件，如图4-44所示。

04 单击“确定”按钮，添加文件，在“打开浏览器窗口”对话框中将“窗口宽度”设置为280，“窗口高度”设置为260，勾选“调整大小手柄”复选框，如图4-45所示。

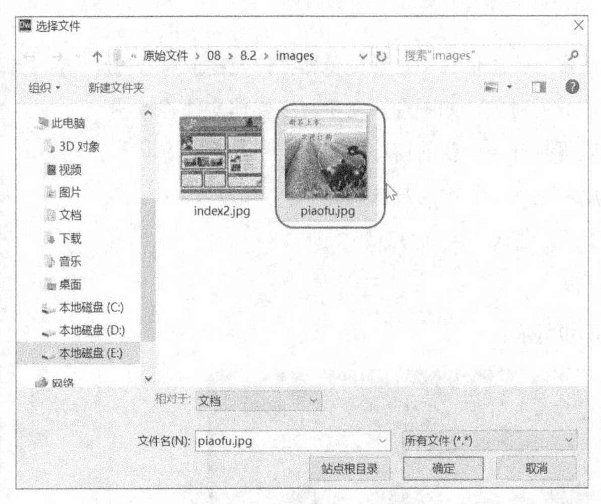

图4-44 “选择文件”对话框

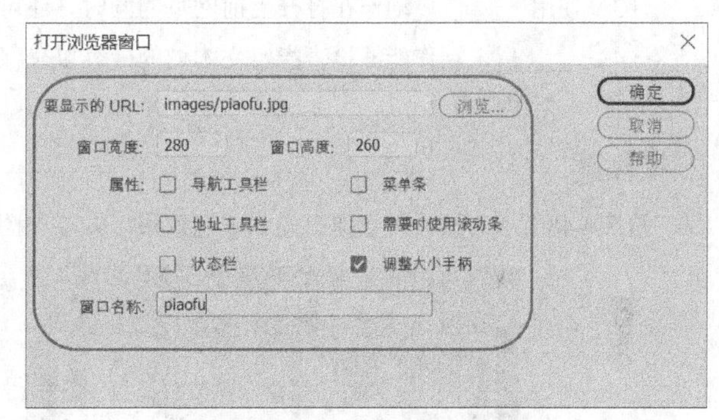

图4-45 “打开浏览器窗口”对话框

在“打开浏览器窗口”对话框中可以设置以下参数。

- 要显示的URL：要打开的新窗口的名称。
- 窗口宽度：指定以像素为单位的窗口宽度。
- 窗口高度：指定以像素为单位的窗口高度。
- 导航工具栏：浏览器按钮，包括前进、后退、主页和刷新等按钮。
- 地址工具栏：浏览器地址。
- 状态栏：浏览器窗口底部的区域，用于显示信息。
- 菜单条：浏览器窗口菜单。
- 需要时使用滚动条：指定如果内容超过可见区域时滚动条是否出现。
- 调整大小手柄：指定用户是否可以调整窗口大小。
- 窗口名称：新窗口的名称。

05 单击“确定”按钮，添加行为，如图4-46所示。

06 单击“确定”按钮，浏览效果，如图4-47所示。

图4-46 添加行为

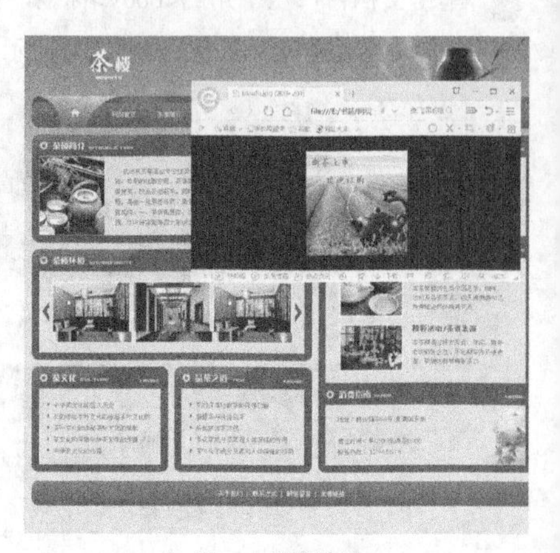

图4-47 浏览效果

4.6 课后习题

1. 填空题

（1）________是指最终需要完成的动态效果，如交换图像、弹出信息、打开浏览器窗口及播放声音等动作。

（2）________是产生行为的主体，很多网页元素都可以成为对象，如图片、文字或多媒体文件等。

（3）使用________动作在打开当前网页的同时，还可以再打开一个新的窗口。

（4）________动作能够检查指定文本域的内容以确保用户输入了正确的数据类型。

2. 操作题

给图4-48所示的网页创建弹出提示信息效果，效果如图4-49所示。

图4-48 原始文件

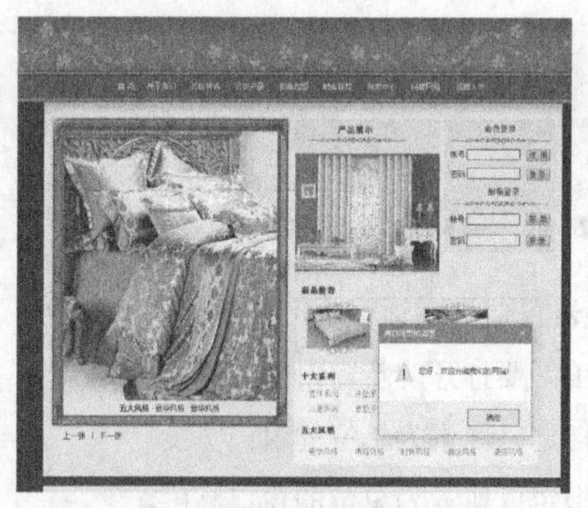

图4-49 弹出提示信息效果

4.7 本章总结

在网页制作的过程中，经常有一些设计者不知道如何为网页添加一些特殊效果，没关系，Dreamweaver为设计者提供了快速制作网页特效的行为。这样我们即使不会编程，也能制作出漂亮的特效。本章介绍了有关行为的知识。通过本章的学习，读者对事件和动作应有一个更深刻的了解，应掌握怎样给对象添加行为、怎样利用Dreamweaver自带的行为制作特效网页。

第5章

使用模板和库批量制作风格统一的网页

如果想让站点保持统一的风格或想让站点中多个文档包含相同的内容，逐一对其进行编辑未免过于麻烦。为了提高网站的制作效率，Dreamweaver提供了模板和库，可以使整个网站的页面设计风格一致，使网站维护变得更轻松。只要改变模板，就能自动更改所有基于这个模板创建的网页。

学习目标

- 学会创建模板
- 学会创建和管理站点中的模板
- 学会制作模板
- 学会创建可编辑区域
- 学会创建与应用库项目
- 学会利用模板创建网页

5.1 创建模板

Dreamweaver模板是一种特殊类型的文档，用于设计“固定的”页面布局。设计者可以基于模板创建文档，从而使创建的文档继承模板的页面布局。设计模板时，可以指定在基于模板的文档中可以编辑的区域。

模板能够帮助设计者快速制作出一系列具有相同风格的网页。制作模板与制作普通网页相同，只是不把网页的所有部分都制作完成，而只是把导航栏和标题栏等各个网页的共有部分制作出来，把剩余部分留给各个网页安排具体内容。在模板中，可编辑区域是基于该模板的页面中可以修改的部分，不可编辑（锁定）区域是在所有页面中保持不变的页面布局部分。创建模板时，新模板中的所有区域都是锁定的，所以要使该模板可用，必须定义一些可编辑区域。在基于模板的文档中，只能对文档的可编辑区域进行修改，文档的锁定区域是不能修改的。

5.1.1 课堂案例——直接创建模板

直接创建模板的具体操作步骤如下。

01 执行“文件”→“新建”命令，弹出“新建文档”对话框，在对话框中选择“新建文档”选项卡中的“文档类型”→“HTML模板”→“无”选项，单击“创建”按钮，如图5-1所示。

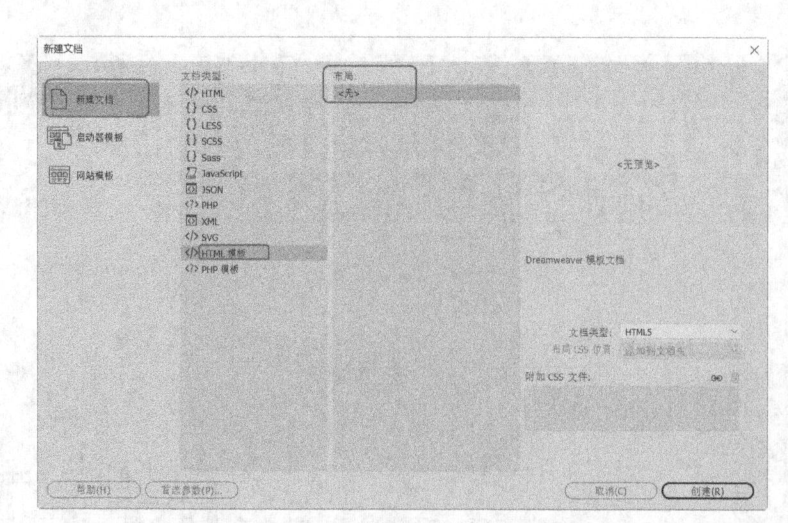

图5-1 “新建文档”对话框

02 创建出一个模板网页，如图5-2所示。

图5-2 模板网页

03 执行“文件”→“保存”命令，弹出“Dreamweaver”提示对话框，单击“确定”按钮，如图5-3所示。

04 弹出“另存模板”对话框，在对话框的“另存为”文本框中输入名称，如图5-4所示。

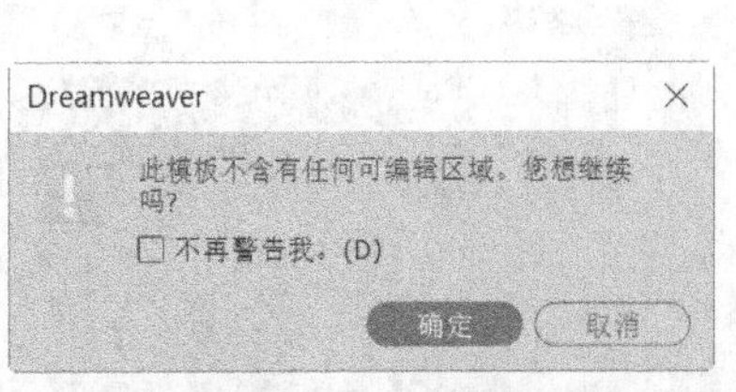

图5-3 “Dreamweaver”提示对话框

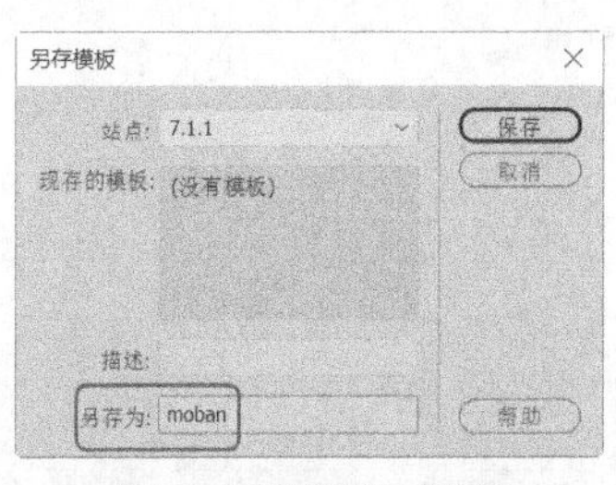

图5-4 “另存模板”对话框

05 单击“保存”按钮，将文档另存为模板文档，如图5-5所示。

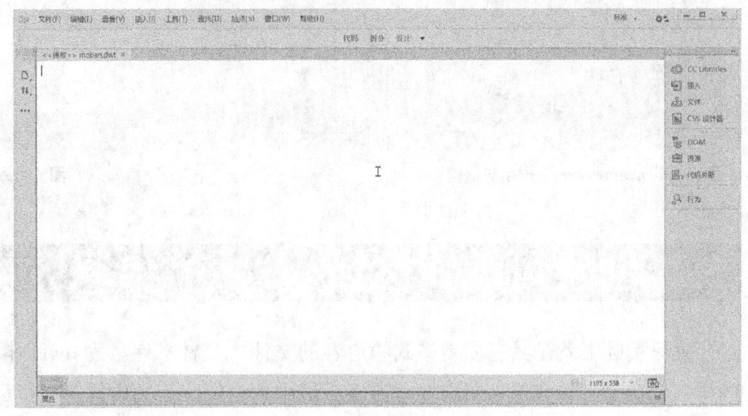

图5-5 另存为模板文档

技巧与提示

不能将Templates文件夹移到本地根文件夹之外，这样做将在模板中的路径中引起错误。此外，也不要将模板文件移动到Templates文件夹之外或者将任何非模板文件放在Templates文件夹中。

5.1.2 课堂案例——从现有文档创建模板

从现有文档创建模板的具体操作步骤如下。

01 打开素材文件，如图5-6所示。

02 执行“文件”→“另存为模板”命令，弹出“另存模板”对话框，在对话框中的“站点”下拉列表中选择保存模板的站点，在“另存为”文本框中输入moban，单击“保存”按钮，如图5-7所示。

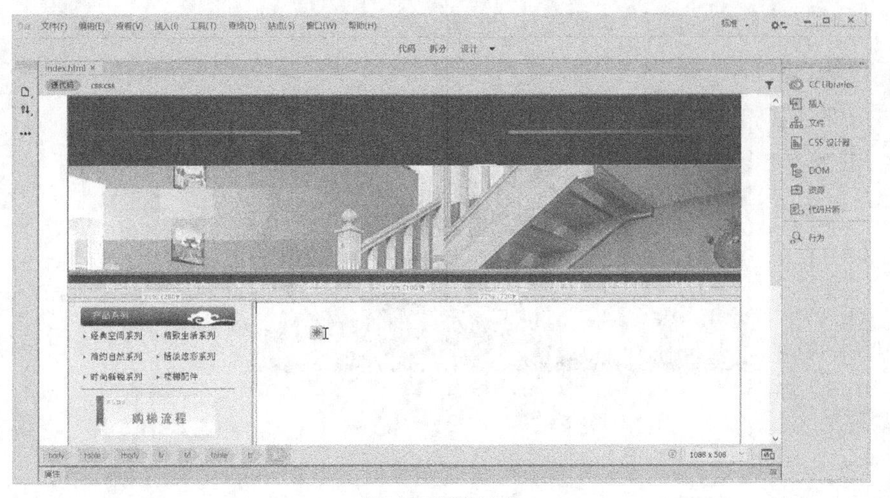

图5-6 打开素材文件

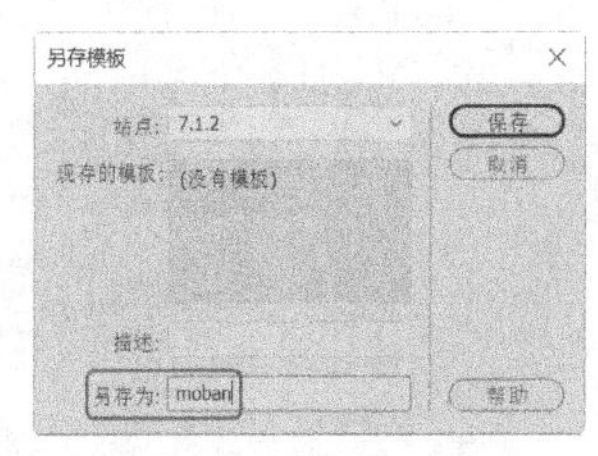

图5-7 “另存模板”对话框

03 弹出“Dreamweaver”提示对话框，单击“是”按钮，如图5-8所示。

04 文档被另存为模板文档，如图5-9所示。

图5-8 “Dreamweaver”提示对话框

图5-9 另存为模板文档

5.2 创建可编辑区域

模板实际上就是具有固定格式和内容的文件，文件扩展名为.dwt。模板的功能很强大，锁定区域可以保护模板的格式和内容不被修改，只有在可编辑区域中才能输入新的内容。模板最大的作用就是可以创建统一风格的网页文件，在模板内容发生变化后，可以同时更新站点中所有使用到该模板的网页文件，而不需要逐一修改。

5.2.1 课堂案例——插入可编辑区域

在模板中，可编辑区域是页面的一部分。对于基于模板的页面来说，设计者能够改变其可编辑区域中的内容。默认情况下，新创建模板的所有区域都处于锁定状态，因此，要使用模板，必须将模板中的某些区域设置为可编辑区域。插入可编辑区域的具体操作步骤如下。

01 打开5.1节创建的模板网页，将光标放置在要插入可编辑区域的位置，执行“插入”→“模板”→“可编辑区域”命令，如图5-10所示。

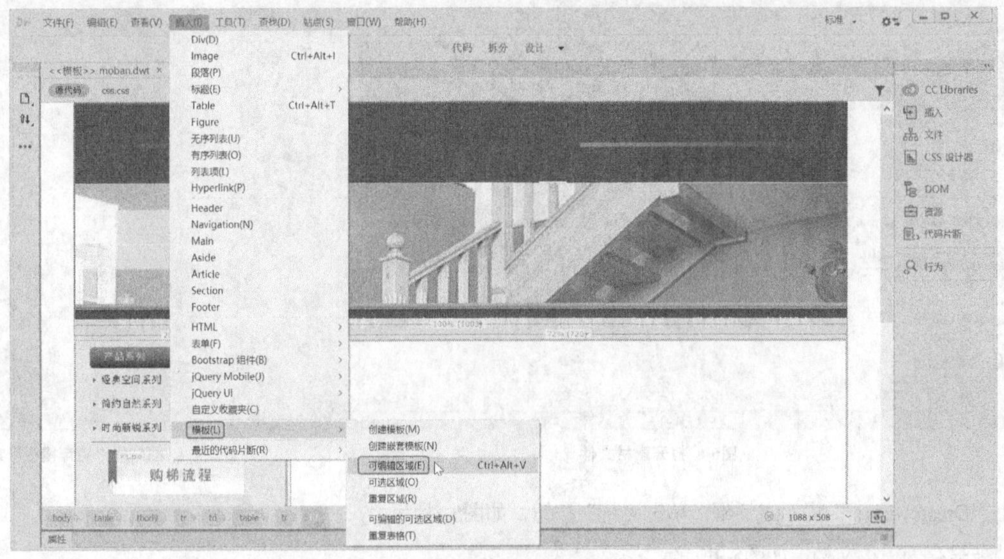

图5-10 选择“可编辑区域”命令

02 弹出“新建可编辑区域”对话框，单击“确定”按钮，如图5-11所示。

03 插入可编辑区域，如图5-12所示。

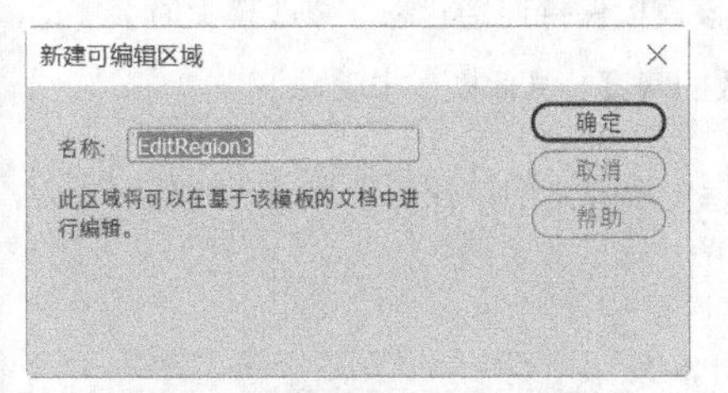

图5-11 “新建可编辑区域”对话框

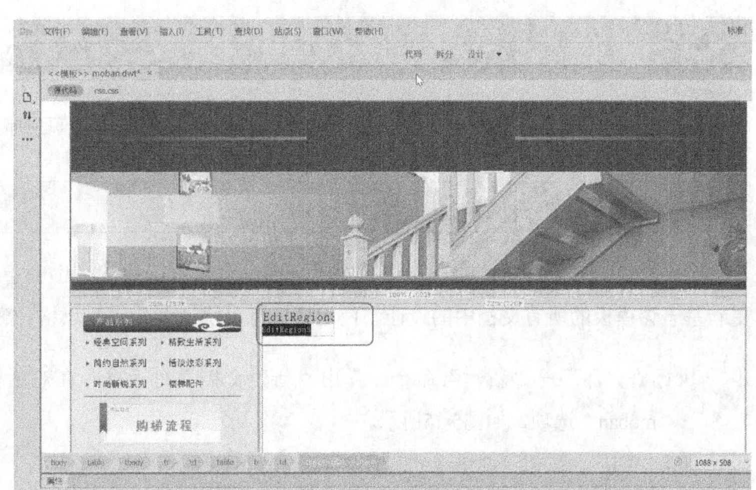

图5-12 插入可编辑区域

技巧与提示

也可以单击“模板”插入栏中的可编辑区域按钮，弹出“新建可编辑区域”对话框，插入可编辑区域。

5.2.2 删除可编辑区域

在选中可编辑区域的状态下，执行“工具”→“模板”→“删除模板标记”命令，即可将可编辑区域删除，如图5-13所示。

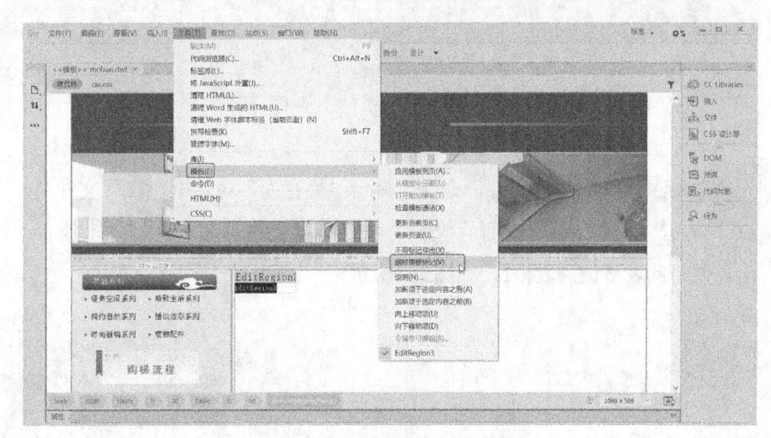

图5-13 选择“删除模板标记”命令

5.2.3 更改可编辑区域名称

插入可编辑区域后，选中可编辑区域，在“属性”面板中可以更改名称，如图5-14所示。

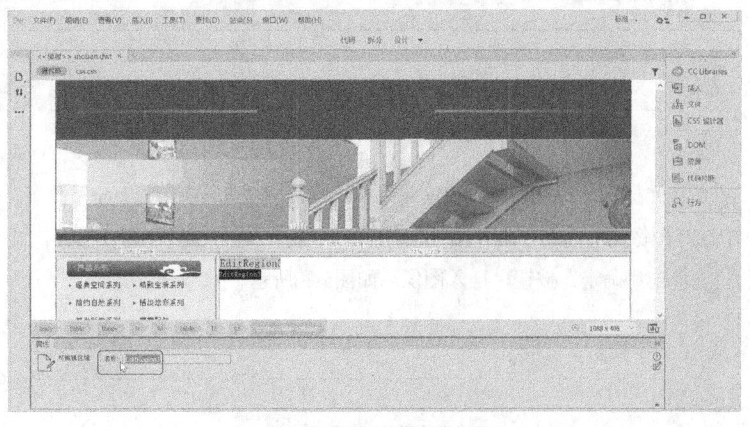

图5-14 更改可编辑区域名称

5.3 创建和管理站点中的模板

在Dreamweaver中，可以对模板文件进行创建和各种管理操作，如重命名、删除等。

5.3.1 使用模板创建新网页

模板最强大的用途之一是一次更新多个页面。从模板创建的文档会与该模板保持连接状态，修改模板时会立即更新基于该模板的所有文档中的设计。使用模板可以快速创建大量风格一致的网页，具体操作步骤如下。

01 执行“文件”→“新建”命令，弹出“新建文档”对话框，在对话框中选择“网站模板”选项卡中的“站点7.3”→“moban”选项，如图5-15所示。

02 单击“创建”按钮，创建一个模板网页，如图5-16所示。

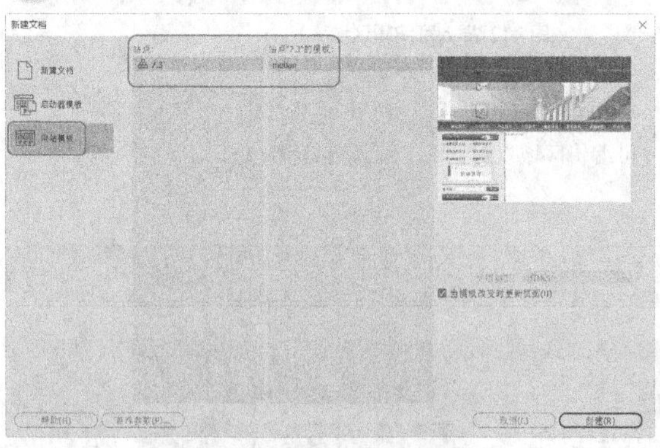

图5-15 “新建文档”对话框

图5-16 创建模板网页

03 执行“文件”→“保存”命令，弹出“另存为”对话框，在“文件名”文本框中输入index1.html，如图5-17所示。

04 单击“保存”按钮，保存文档，将光标放置在可编辑区域中，执行“插入”→“Table”命令，插入2行1列的表格，并将此表格记为表格1，如图5-18所示。

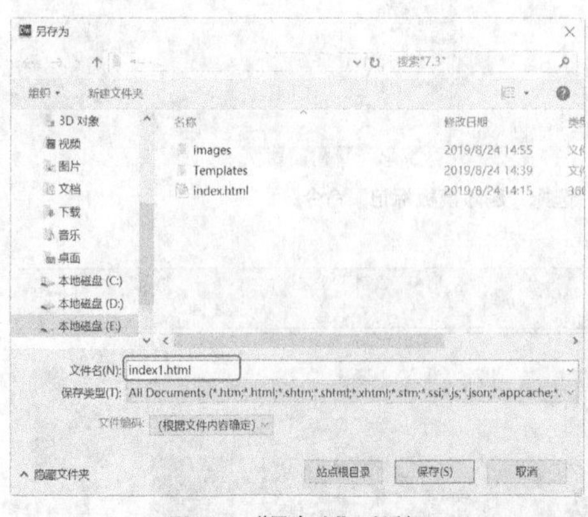

图5-17 “另存为”对话框

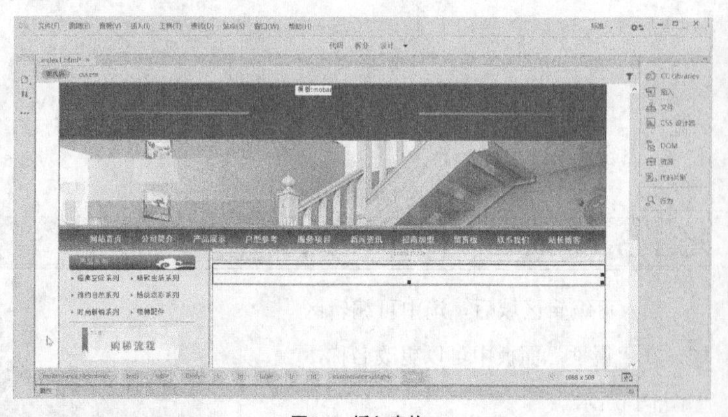

图5-18 插入表格1

05 将光标置于表格1的第1行单元格中，执行“插入”→“Image”命令，弹出“选择图像源文件”对话框，在对话框中选择图像文件images/zhanshi.gif，如图5-19所示。

06 单击“确定”按钮，插入图像，如图5-20所示。

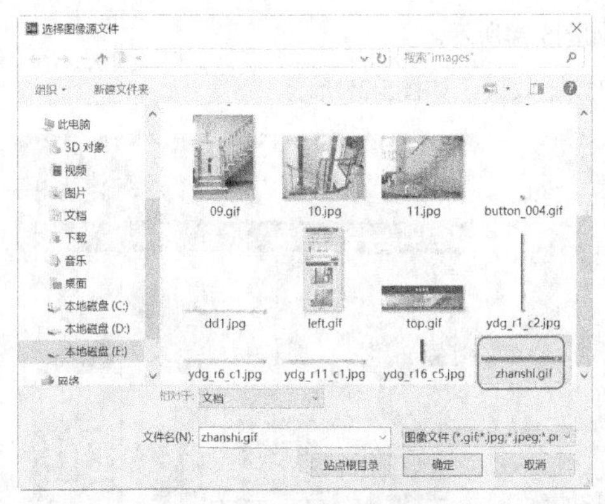

图5-19 “选择图像源文件”对话框

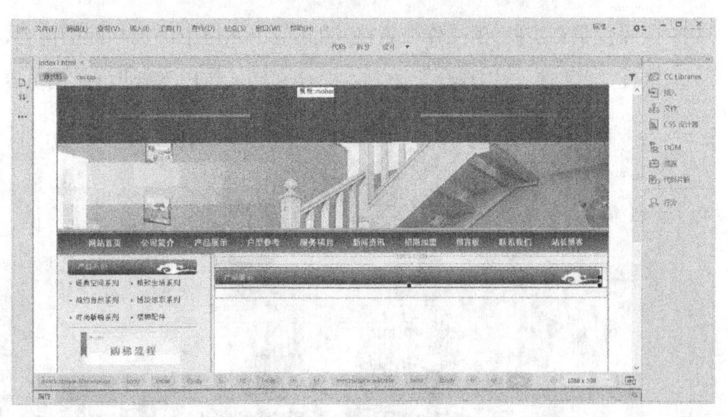

图5-20 插入图像

07 将光标放置在表格1的第2行单元格中，执行“插入”→“Table”命令，插入6行3列的表格，将此表格记为表格2，并在“属性”面板中设置表格的属性，如图5-21所示。

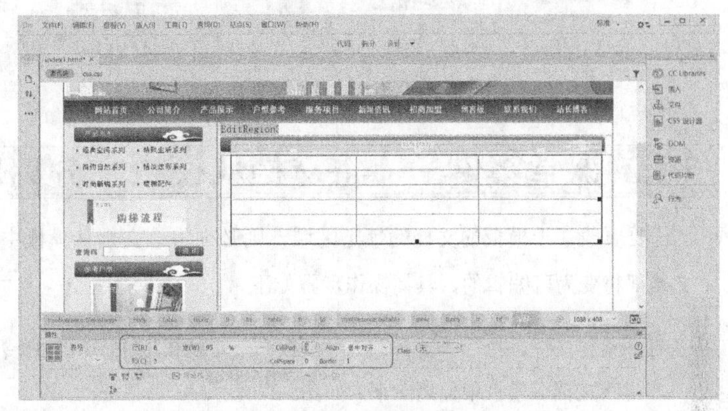

图5-21 插入表格2

08 将光标置于表格2的第1行第1列单元格中，执行“插入”→“Image”命令，插入图像，并将图像设置为居中对齐，如图5-22所示。

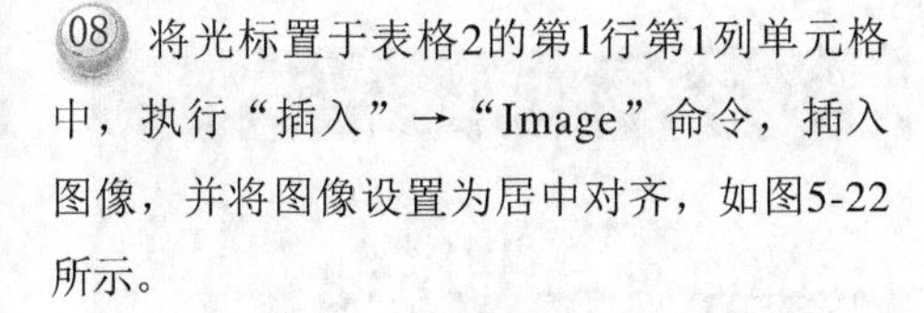

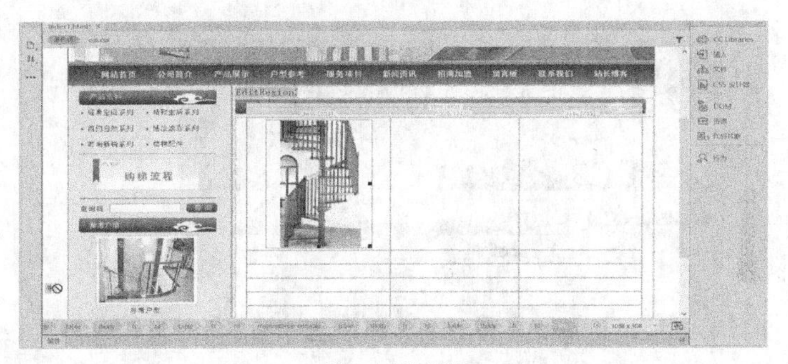

图5-22 插入图像

09 将光标置于表格2的第2行第1列单元格中，输入相应的文字，如图5-23所示。

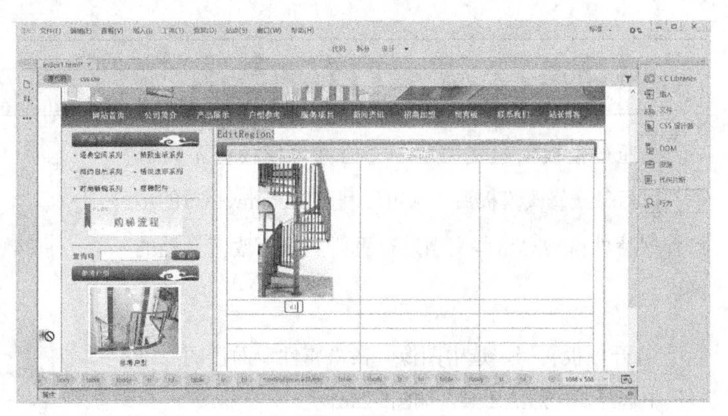

图5-23 输入文字

10 按照步骤8~步骤9的操作在表格2的其他单元格中添加相应的内容，如图5-24所示。

11 执行“文件”→“保存”命令，保存文档，按F12键即可在浏览器中预览效果，如图5-25所示。

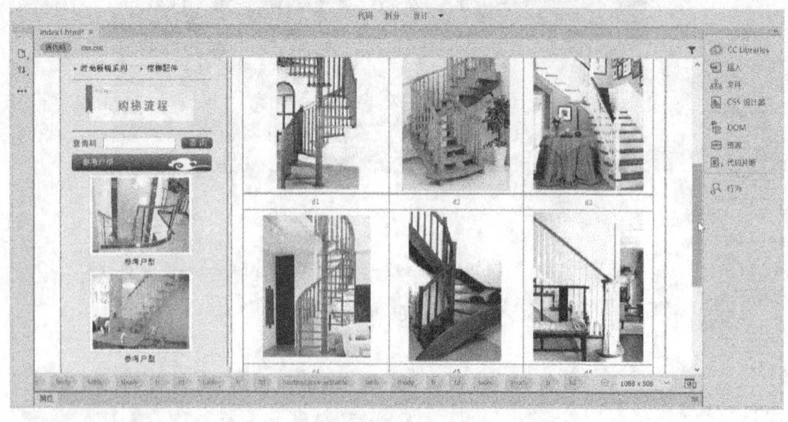

图5-24 添加内容

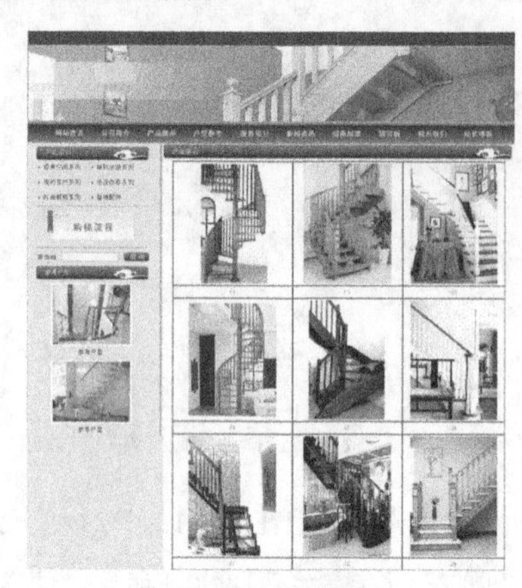

图5-25 预览效果

5.3.2 课堂案例——将文档从模板中分离出来

若要更改基于模板的文档的锁定区域，则必须将该文档从模板中分离出来。将文档从模板中分离出来之后，整个文档都将变为可编辑的，具体操作步骤如下。

01 打开素材文件，执行“工具”→“模板”→“从模板中分离”命令，如图5-26所示。

02 即可将文档从模板中分离出来，如图5-27所示。

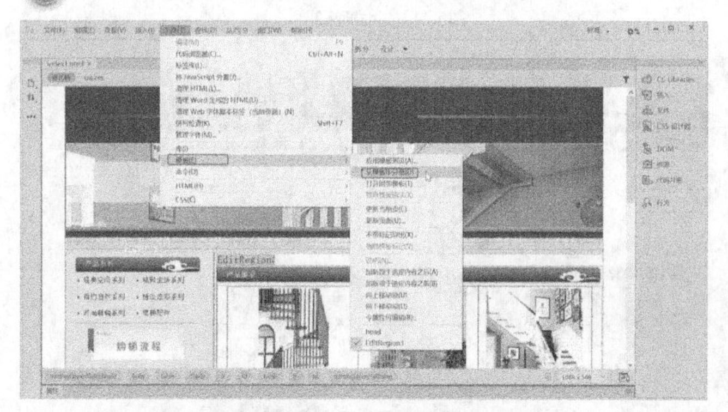

图5-26 选择“从模板中分离”命令

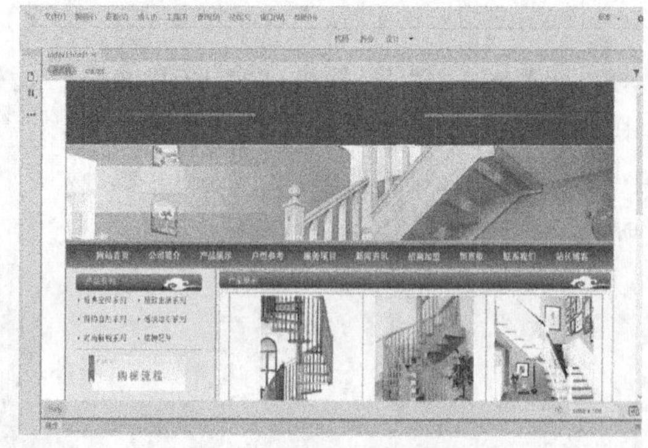

图5-27 将文档从模板中分离出来

5.3.3 课堂案例——修改模板

在通过模板创建文档后，文档就与模板密不可分了。以后每次修改模板后，都可以利用Dreamweaver的站点管理特性自动对这些文档进行更新，从而改变文档的风格。

01 打开模板文档，选中图像，在“属性”面板的“链接”中选择矩形热点工具，如图5-28所示。

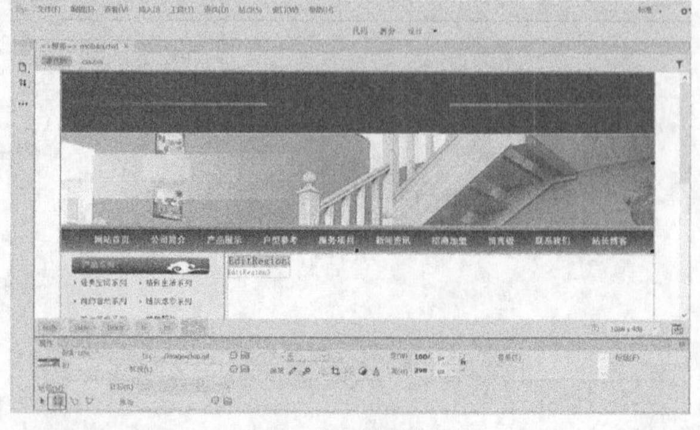

图5-28 打开模板文档

02 在图像上绘制矩形热点，并输入相应的链接，如图5-29所示。

03 执行“文件”→“保存”命令，弹出“更新模板文件”对话框，该对话框中显示了要更新的网页文档，如图5-30所示。

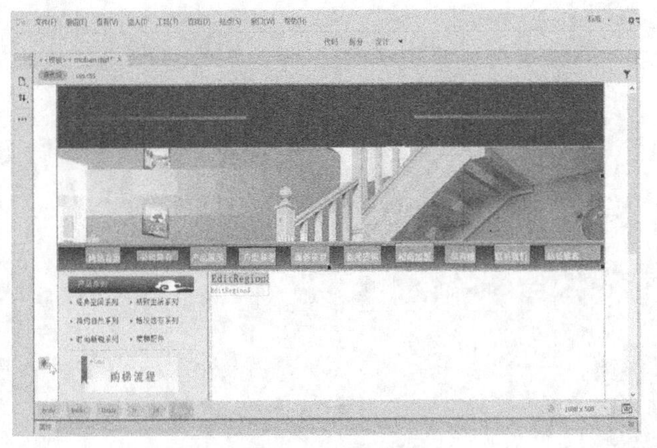

图5-29 绘制矩形热点

图5-30 “更新模板文件”对话框

04 单击“更新”按钮，弹出“更新页面”对话框，如图5-31所示。

05 打开利用模板创建的文档，可以看到文档已经更新，如图5-32所示。

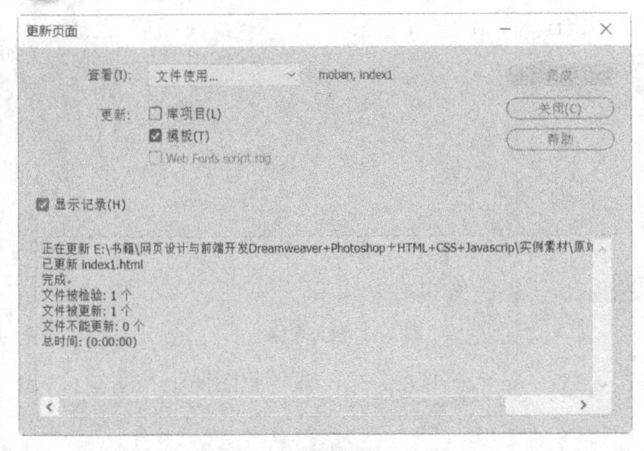

图5-31 “更新页面”对话框

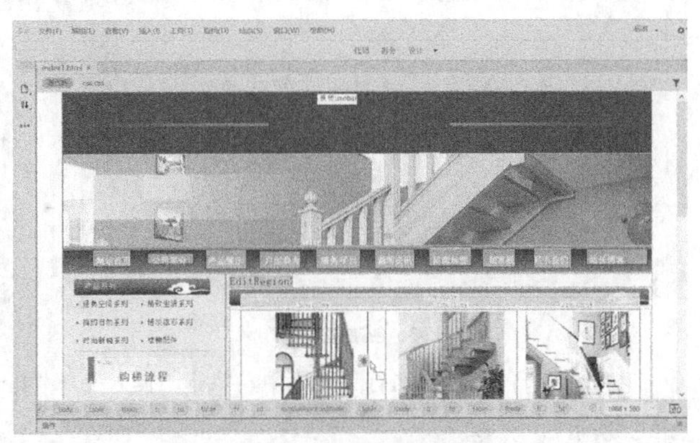

图5-32 更新后的文档

5.4 创建与应用库项目

在Dreamweaver中，另一种维护文档风格的方法是使用库项目。如果说模板从整体上控制了文档风格的话，那么库项目则从局部上维护了文档的风格。

5.4.1 课堂案例——创建库项目

库是一种用来存储想要在整个网站上经常重复使用或更新的页面元素（如图像、文本和其他对象）的方法，这些元素称为库项目。

可以先创建新的库项目，然后编辑其中的内容；也可以将文档中选中的内容作为库项目进行保存。创建库项目的具体操作步骤如下。

01 执行“文件”→“新建”命令，弹出“新建文档”对话框，在对话框中选择“新建文档”选项卡中的“HTML”→“无”选项，如图5-33所示。

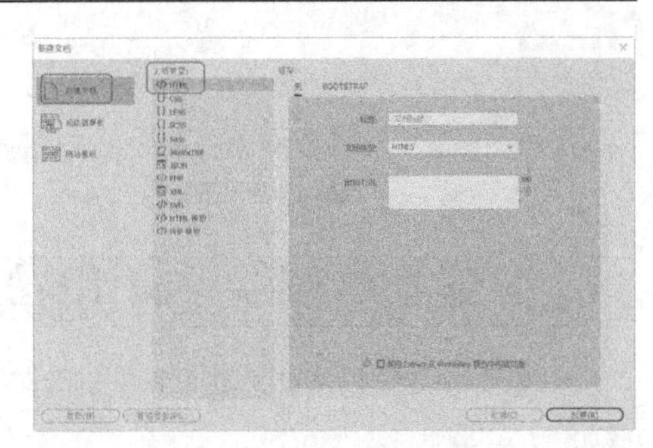

图5-33 “新建文档”对话框

02 单击“创建”按钮，创建一个文档，如图5-34所示。

03 执行“文件”→“保存”命令，弹出“另存为”对话框，在“文件名”文本框中输入top，在“保存类型”中选择“Library Files（*.lbi）”，如图5-35所示。

图5-34 创建文档

图5-35 “另存为”对话框

04 单击“保存”按钮，创建一个库文档，如图5-36所示。

05 将光标置于页面中，执行“插入”→“Table”命令，插入2行1列的表格，如图5-37所示。

图5-36 创建库文档

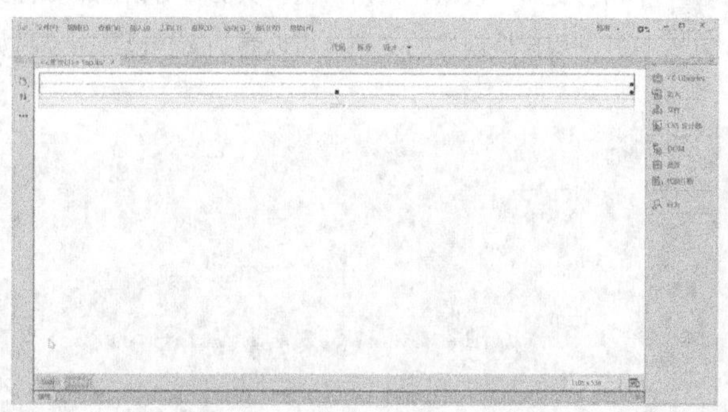

图5-37 插入表格

06 将光标置于表格的第1行单元格中，执行“插入”→“Image”命令，插入图像top.jpg，并将此图像记为图像1，如图5-38所示。

07 将光标置于表格的第2行单元格中，执行“插入”→“Image”命令，插入图像banner2.jpg，并将此图像记为图像2，如图5-39所示。

08 执行“文件”→“保存”命令，保存库文件。

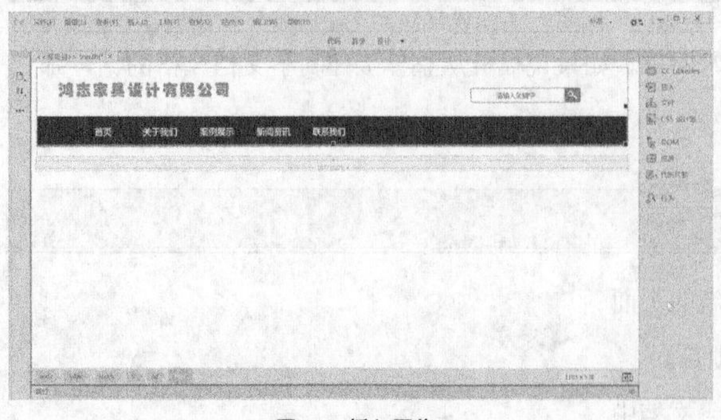

图5-38 插入图像1

图5-39 插入图像2

5.4.2 课堂案例——应用库项目

将库项目应用到文档时，实际内容以及对项目的引用就会被插入到文档中。在文档中应用库项目的具体操作步骤如下。

01 打开素材文件，如图5-40所示。

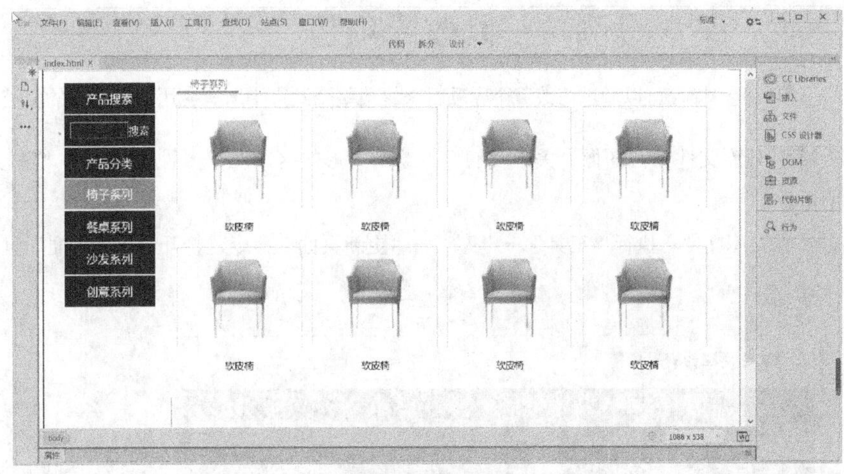

图5-40 打开素材文件

02 打开“资源”面板，在该面板中选择创建好的库文件，单击插入按钮，如图5-41所示。

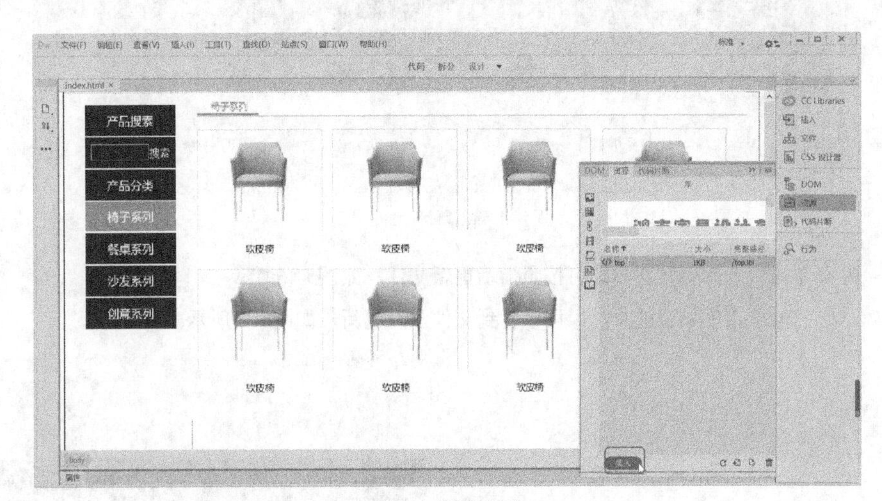

图5-41 选择库文件

03 将库文件插入文档，如图5-42所示。

04 保存文档，在浏览器中预览效果，如图5-43所示。

图5-42 插入库文件

图5-43 预览效果

技巧与提示

如果希望仅仅添加库项目内容对应的代码，而不希望它作为库项目出现，则可以按住Ctrl键，再将相应的库项目从“资源”面板中拖到文档窗口。这样插入的内容就会以普通文档的形式出现。

5.4.3 课堂案例——修改库项目

和模板一样，可以通过修改某个库项目来修改整个站点中所有应用该库项目的文档，从而实现统一更新文档风格。

01 打开库文件，在图像“关于我们”上绘制矩形热区，在“属性”面板的“链接”文本框中输入链接，如图5-44所示。

02 保存库文件，执行“工具”→“库”→“更新页面”命令，打开“更新页面”对话框，如图5-45所示。

图5-44 输入链接

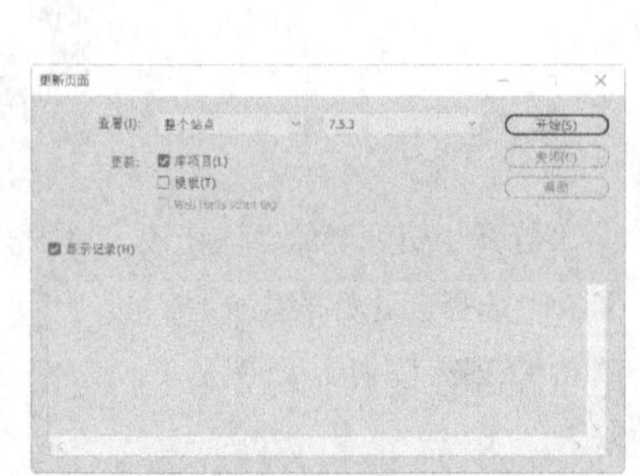

图5-45 “更新页面”对话框

03 单击“开始”按钮，即可按照指示更新文件，如图5-46所示。

04 打开应用库项目的文件，可以看到文件已经更新，如图5-47所示。

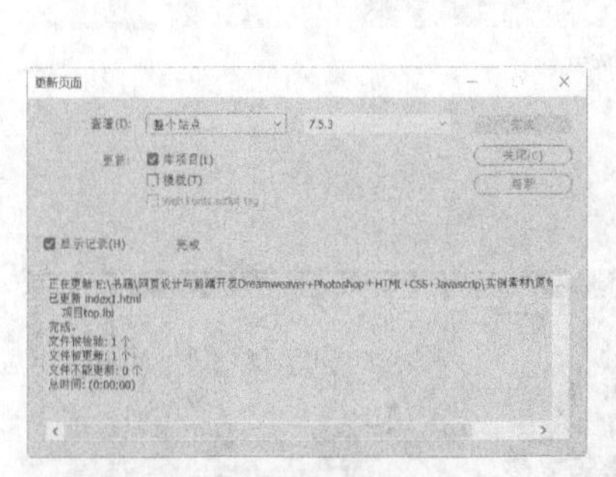

图5-46 更新文件

图5-47 更新后的文件

5.5 课堂练习

本章主要讲解了模板与库的创建、管理和应用。通过本章的学习。读者基本可以创建模板和库。下面通过两个实例来具体讲解创建完整的模板网页的方法。

5.5.1 课堂练习1——创建模板

下面利用实例讲解模板的创建方法，具体操作步骤如下。

01 执行“文件”→“新建”命令，弹出“新建文档”对话框，在对话框中选择“新建文档”选项，选择“文档类型”选项中的“HTML模板”，在“布局”中选择“无”选项，如图5-48所示。

02 单击“创建”按钮，创建一个网页文档，如图5-49所示。

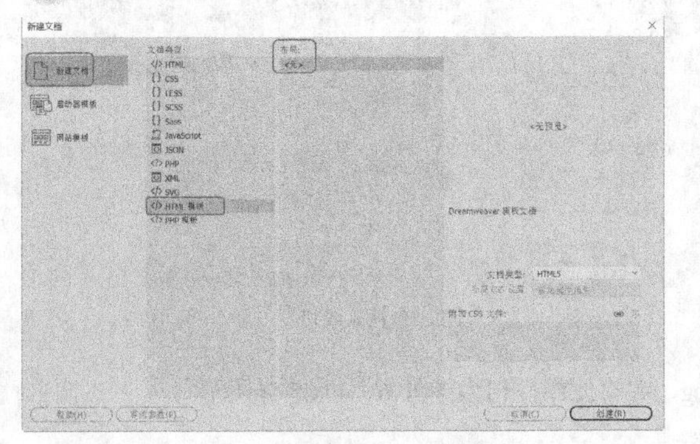

图5-48 “新建文档”对话框

图5-49 创建网页文档

03 执行“文件”→“保存”命令，弹出“Dreamweaver”提示对话框，如图5-50所示。

04 单击“确定”按钮，弹出“另存模板”对话框，在“文件名”文本框中输入moban，如图5-51所示。

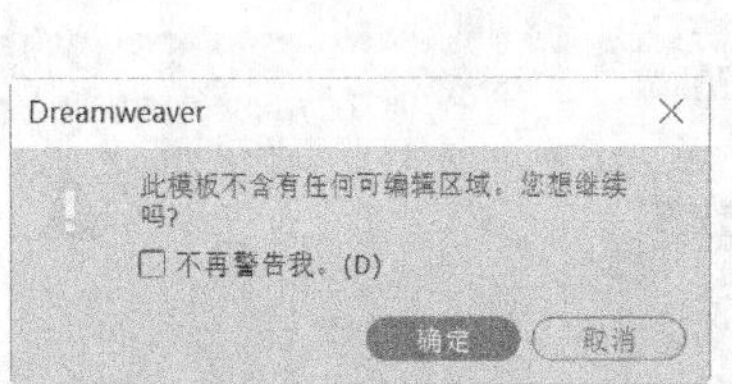

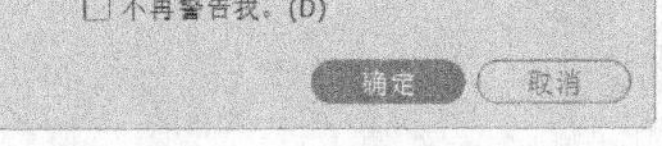

图5-50 “Dreamweaver”提示对话框

图5-51 “另存模板”对话框

05 单击“保存”按钮，将文件保存为模板。将光标置于文档中，执行“文件”→“页面属性”命令，弹出“页面属性”对话框，在对话框中将“左边距”“上边距”“下边距”“右边距”都设置为0，如图5-52所示。单击“确定”按钮，修改页面属性。

06 执行“插入”→“Table”命令，插入3行1列的表格，并将此表格记为表格1，如图5-53所示。

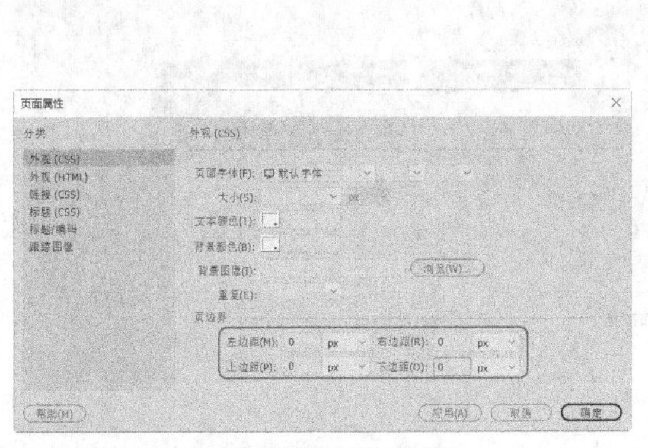

图5-52 “页面属性”对话框

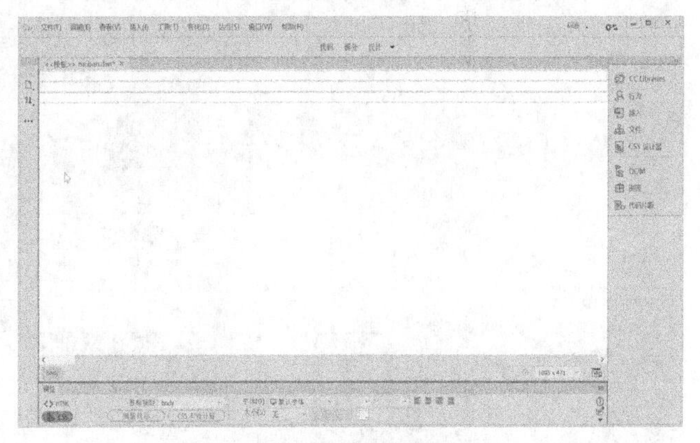

图5-53 插入表格1

07 将光标置于表格1的第1行单元格中，执行“插入”→“Image”命令，插入图像../images/top.jpg，并将此图像记为图像1，如图5-54所示。

08 将光标置于表格1的第2行单元格中，执行“插入”→“Tale”命令，插入1行2列的表格，并将此表格记为表格2，如图5-55所示。

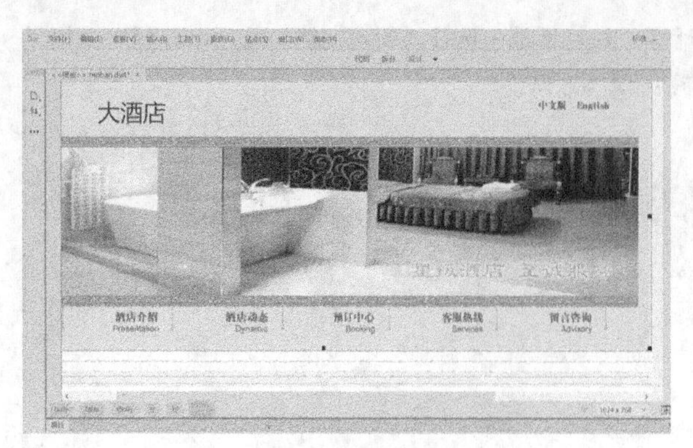

图5-54 插入图像1

图5-55 插入表格2

09 将光标置于表格2的第1列单元格中，插入图像../images/lef.jpg，并将此图像记为图像2，如图5-56所示。

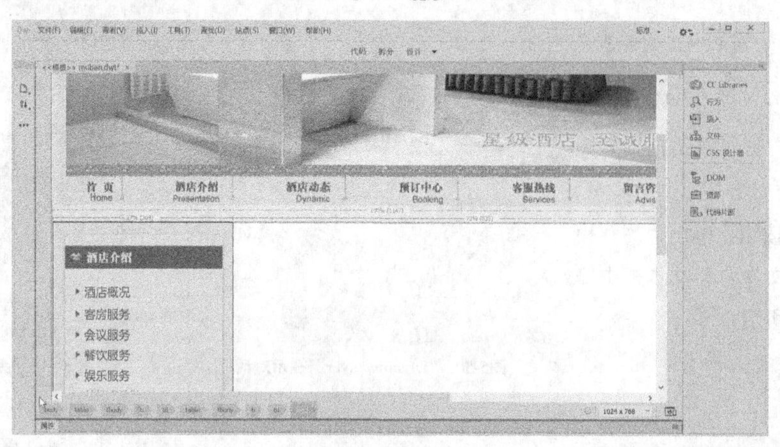

图5-56 插入图像2

10 将光标置于表格2的第2列单元格中，执行“插入”→“模板”→“可编辑区域”命令，弹出“新建可编辑区域”对话框，如图5-57所示。

11 单击“确定”按钮，创建可编辑区域，如图5-58所示。

新建可编辑区域

名称：EditRegion3

此区域将可以在基于该模板的文档中进行编辑。

确定 取消 帮助

图5-57 “新建可编辑区域”对话框

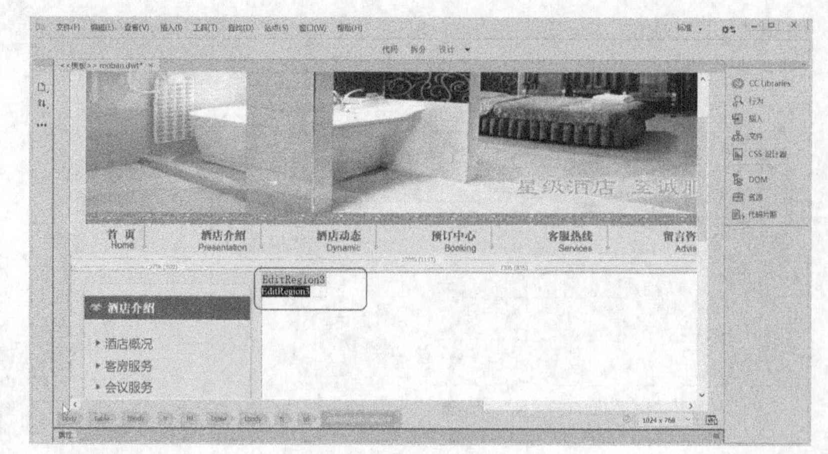

图5-58 创建可编辑区域

12 将光标置于表格1的第3行单元格中，执行“插入”→“Image”命令，插入图像../images/dibu.jpg，并将此图像记为图像3，如图5-59所示。

13 执行“文件”→“保存”命令，保存模板，在浏览器中预览效果，如图5-60所示。

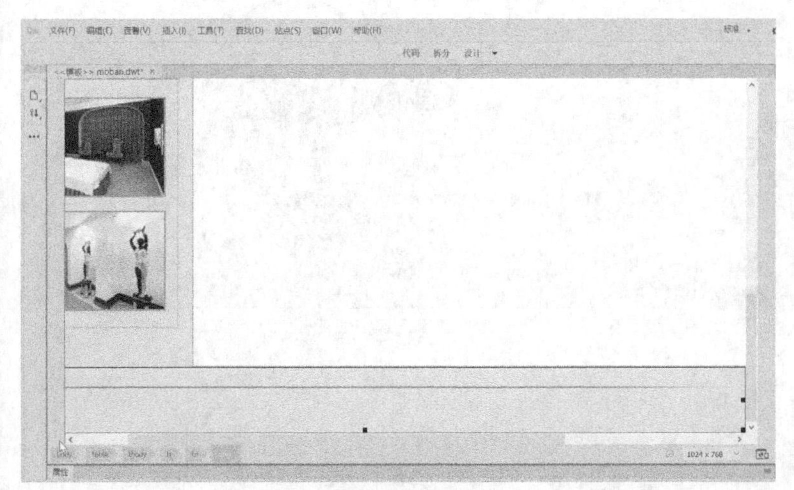

图5-59 插入图像3

图5-60 预览效果

5.5.2 课堂练习2——利用模板创建网页

模板创建好以后，就可以将其应用到网页中，具体操作步骤如下。

01 执行“文件”→“新建”命令，弹出“新建文档”对话框，在对话框中选择“网站模板”选项卡，选择“站点7.6.2”选项中的“moban”，如图5-61所示。

02 单击“创建”按钮，创建一个网页文档，如图5-62所示。

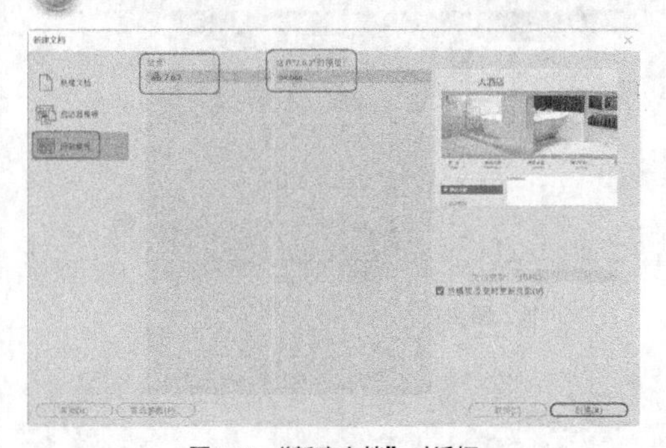

图5-61 “新建文档”对话框

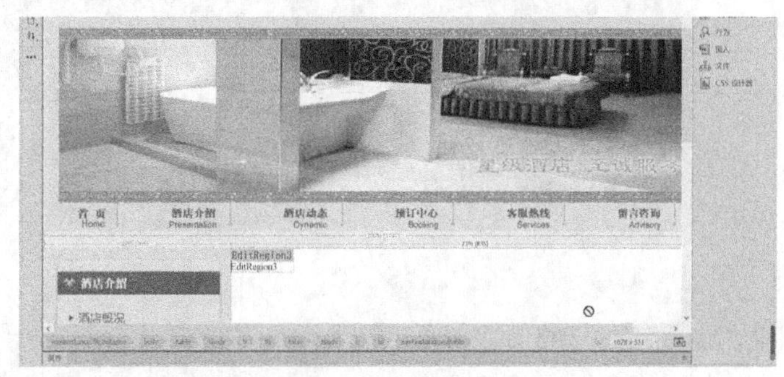

图5-62 创建网页文档

03 执行“文件”→“保存”命令，弹出“另存为”对话框，将文件保存为index1，如图5-63所示。

04 单击“确定”按钮，保存文档，将光标置于可编辑区中，插入3行1列的表格，并将此表格记为表格1，如图5-64所示。

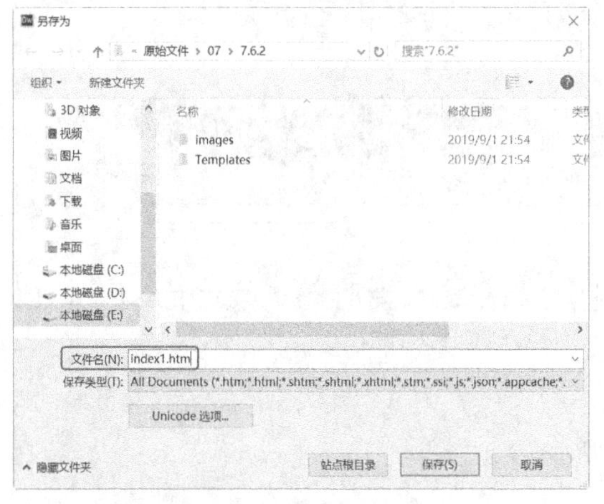

图5-63 “另存为”对话框

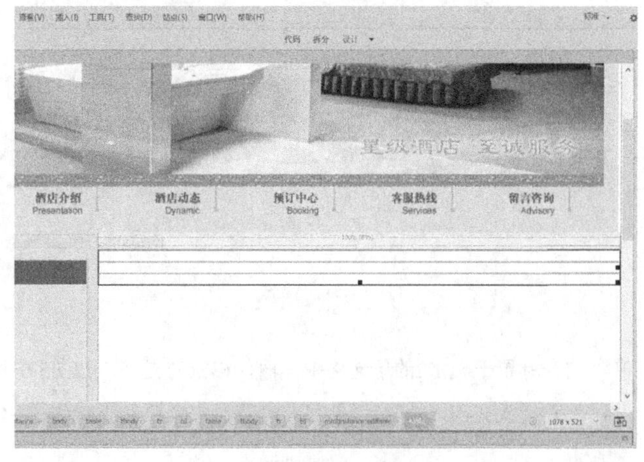

图5-64 插入表格1

05 将光标置于表格的第1行单元格中，执行“插入”→“Image”命令，插入图像images/gl.jpg，并将此图像记为图像1，如图5-65所示。

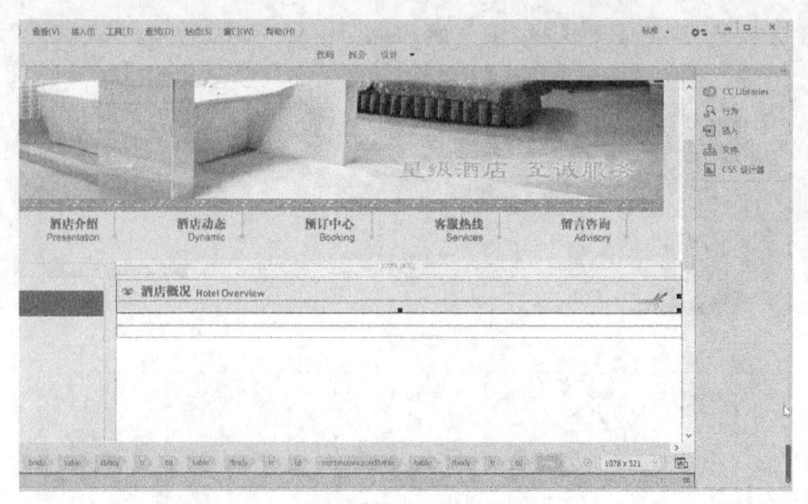

图5-65 插入图像1

06 将光标置于表格的第2行单元格中，执行“插入”→“Image”命令，插入图像images/1.jpg，并将此图像记为图像2，如图5-66所示。

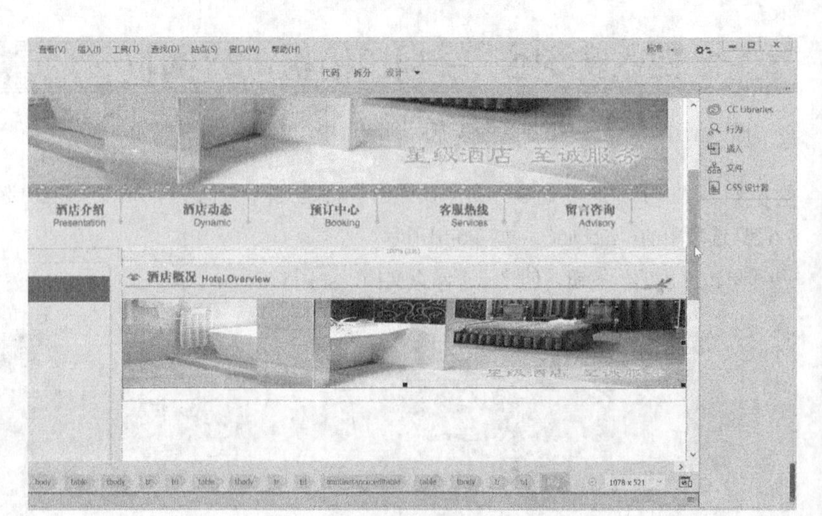

图5-66 插入图像2

07 将光标置于表格的第3行单元格中，执行“插入”→“Table”命令，插入1行1列的表格，并将此表格记为表格2，如图5-67所示。

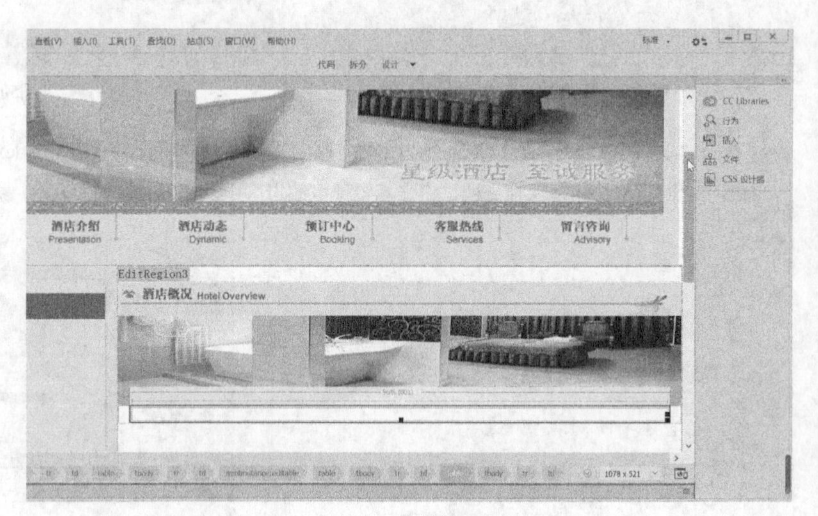

图5-67 插入表格2

08 将光标置于表格2的单元格中，输入相应的文字，如图5-68所示。

09 保存模板文档，按F12键即可在浏览器中预览效果，如图5-69所示。

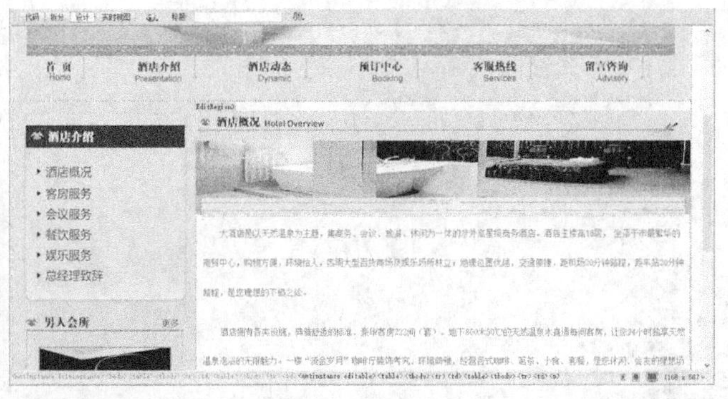

图5-68 输入相应的文字

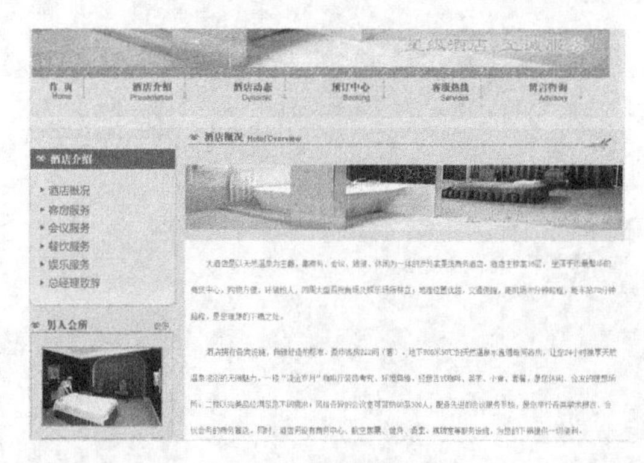

图5-69 预览效果

5.6 课后习题

1. 填空题

（1）在模板中，________是基于该模板的页面中可以修改的部分，________是在所有页面中保持不变的页面布局部分。

（2）模板实际上就是具有固定格式和内容的文件，文件扩展名为________。模板的功能很强大，通过定义和锁定可编辑区域可以保护模板的格式和内容不被修改。

（3）________是一种用来存储想要在整个网站上经常重复使用或更新的页面元素（如图像、文本和其他对象）的方法，这些元素称为库项目。

2. 操作题

创建图5-70所示的模板效果。

图5-70 模板效果

5.7 本章总结

本章讲解了Dreamweaver中用于提高网站制作效率的强大工具——模板和库。模板和库有相似的功能，有了它们就能够实现网页风格的统一内容的快速更新等。本章主要讲解了如何提高网页的制作效率，即使用模板和库。它们不是网页设计师在设计网页时必须要使用的工具，但是如果合理地使用它们将会大大提高工作效率。合理地使用模板和库也是创建整个网站的重中之重。

第6章

使用jQuery Mobile和jQuery特效制作网页

有时仅仅为了实现一个渐变的动画效果，开发人员不得不把JavaScript重新学习一遍，然后编写大量代码。jQuery的出现，让开发人员从一大堆烦琐的JavaScript代码中解脱，取代为几行jQuery代码。本章将介绍使用jQuery Mobile和jQuery特效制作网页的方法。

学习目标

- 了解jQuery UI
- 学会使用按钮组件
- 学会使用表单组件
- 学会使用jQuery Mobile创建手机网页列表

6.1 jQuery UI

jQuery UI是在jQuery基础上开发的一套界面工具，几乎包括了网页上你所能想到和用到的所有插件以及动画特效，让编程人员容易做出令人炫目的界面。

6.1.1 课堂案例——创建Tabs选项卡

在制作网页的时候我们经常会遇到制作选项卡效果的情况，一般情况下，如果JavaScript技术掌握得不好就很难做出来。其实Dreamweaver提供了一个不错的选项卡制作功能，可以使用Spry制作选项卡效果。本小节将在页面中插入一个Tabs选项卡，设计一个登录表单的切换版面，当鼠标指针经过时，会自动切换表单面板，具体操作步骤如下。

01 启动Dreamweaver，打开网页文件，然后执行“插入”→“jQuery UI”→“Tabs”命令，如图6-1所示。在页面中插入Tabs面板，如图6-2所示。

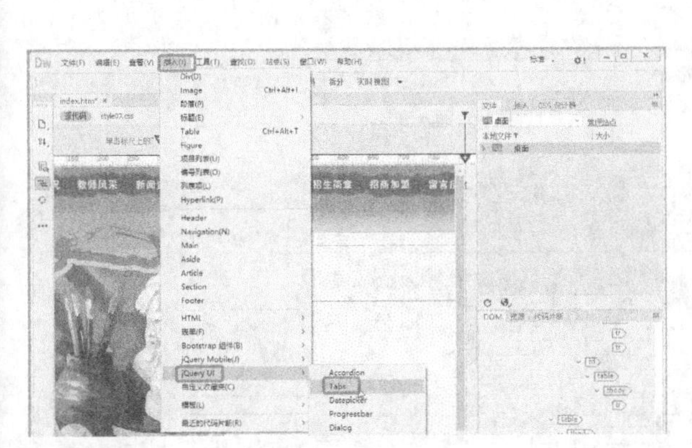

图6-1 选择“Tabs”选项

图6-2 插入Tabs面板

02 单击选中Tabs面板后，就可以在“属性”面板中设置选项卡的相关属性，同时还可以在编辑窗口中修改标题名称，并填写面板内容，如图6-3所示。

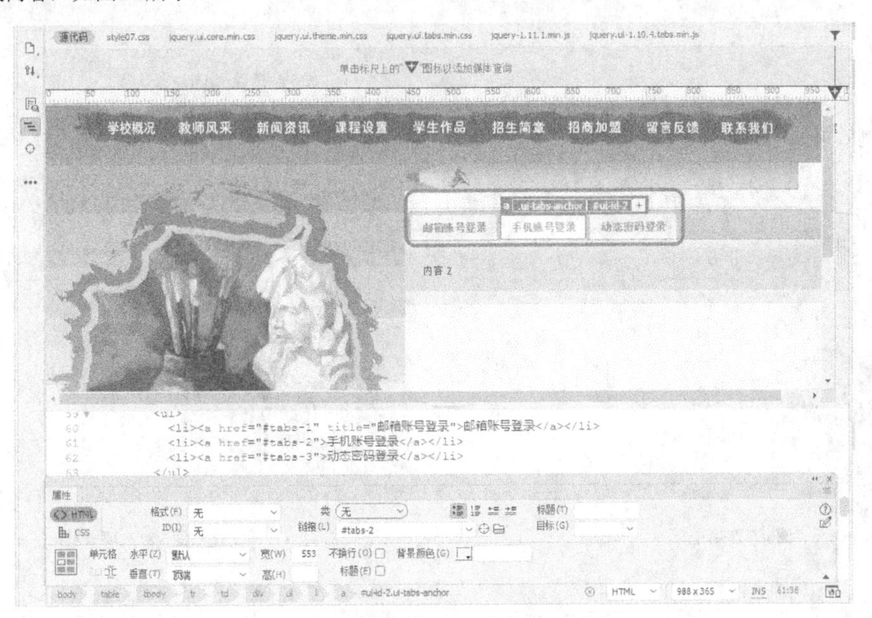

图6-3 设置选项卡的相关属性并修改标题名称

03 设置完成后，保存文档，然后Dreamweaver会弹出“复制相关文件”提示对话框，要求保存相关的技术支持文件，如图6-4所示，单击“确定”按钮关闭该对话框即可。

04 在内容框中分别输入内容，这里插入表单，如图6-5所示。

复制相关文件

此页使用的对象或行为需要支持文件。下列文件已复制到本地站点。要使相应的对象或行为正常工作，必须将这些文件上传到服务器上。

jQueryAssets/images/animated-overlay.gif
jQueryAssets/images/ui-bg_diagonals-thick_18_b81900_40x40.png
jQueryAssets/images/ui-bg_diagonals-thick_20_666666_40x40.png
jQueryAssets/images/ui-bg_flat_10_000000_40x100.png
jQueryAssets/images/ui-bg_glass_100_f6f6f6_1x400.png
jQueryAssets/images/ui-bg_glass_100_fdf5ce_1x400.png

确定

图6-4 保存相关的技术文件

图6-5 插入表单

05 执行“窗口”→“CSS设计器”命令，打开“CSS设计器”面板，在“CSS设计器”面板中单击“删除CSS属性”按钮清除padding默认值，如图6-6所示。

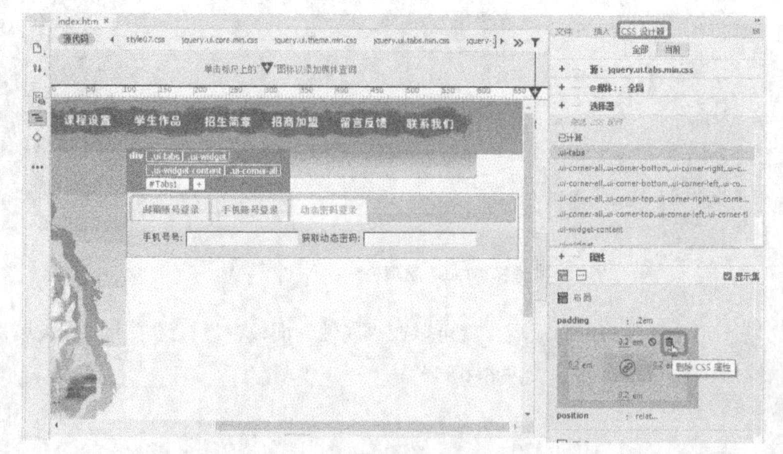

图6-6 清除padding默认值

06 最终的实例效果如图6-7和图6-8所示。

图6-7 选项卡1

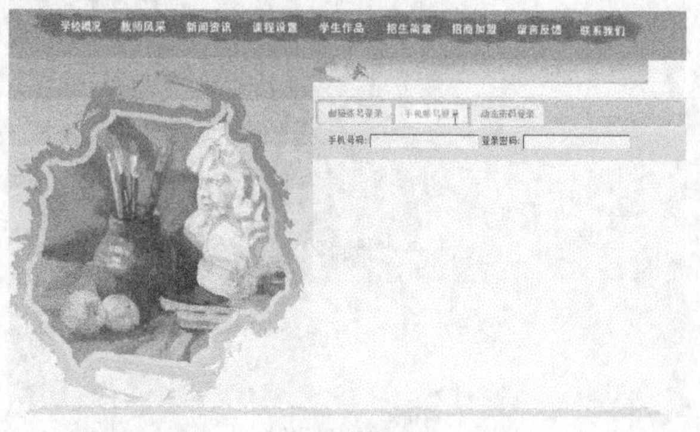

图6-8 选项卡2

6.1.2 课堂案例——创建Accordion折叠面板

jQuery Accordion用于创建折叠菜单，在同一时刻只能有一个内容框被打开，每个内容框有一个与之关联的标题用来打开该内容框，同时会隐藏其他内容框。默认情况下，折叠面板总是会保持一个部分是打开的。

本例将在页面中插入一个可折叠面板，当鼠标指针经过时，会自动切换折叠面板，在Dreamweaver中插入Accordion的具体操作步骤如下。

01 打开网页文件，将光标置于页面中要插入Accordion的位置，执行“插入”→“jQuery UI”→“Accordion”命令，如图6-9所示。在页面中插入折叠面板，如图6-10所示。

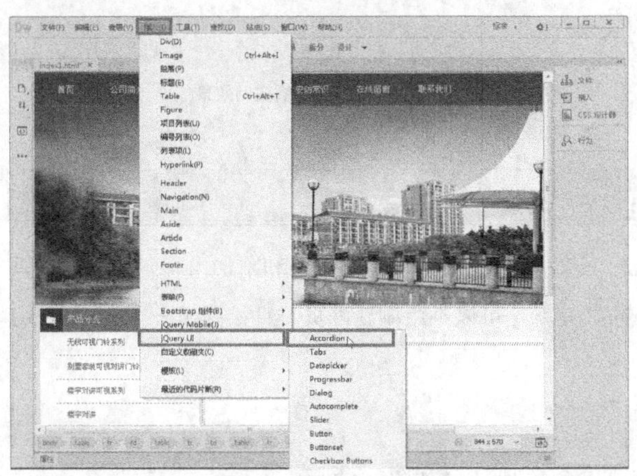

图6-9 选择“Accordion”选项

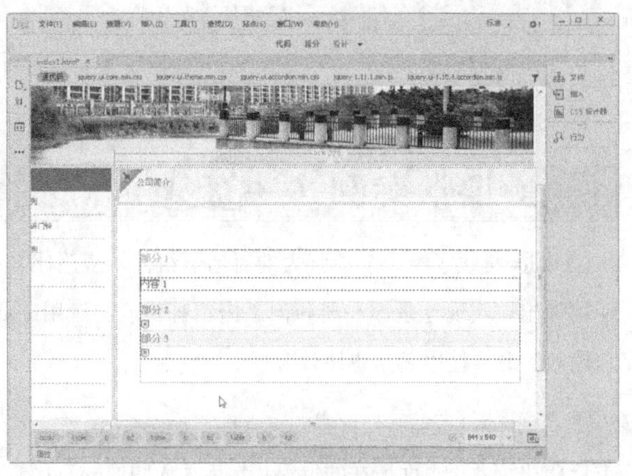

图6-10 插入折叠面板

02 单击选中Accordion面板后，就可以在“属性”面板中设置Accordion面板的相关属性，同时还可以在编辑窗口中修改标题名称并填写面板内容，如图6-11所示。

03 设置完毕后，保存文档，然后Dreamweaver会弹出“复制相关文件”提示对话框，要求保存相关的技术支持文件，单击“确定”按钮，如图6-12所示。

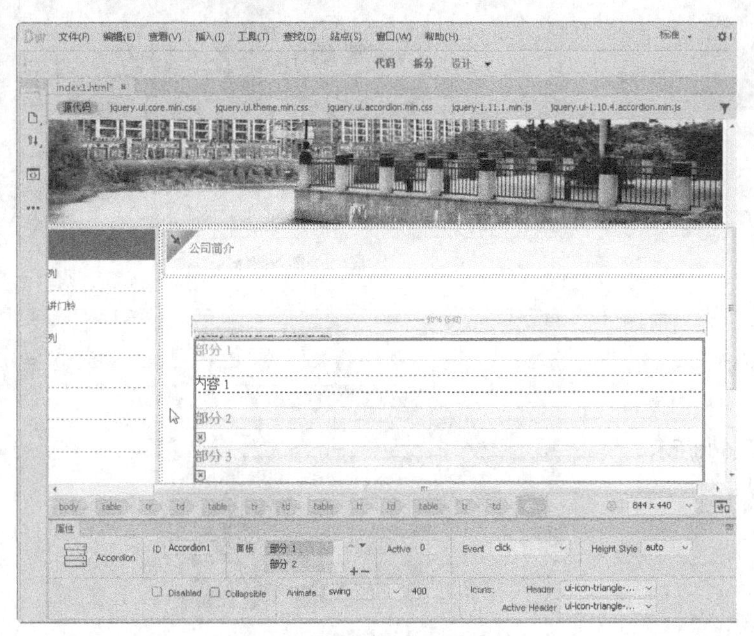

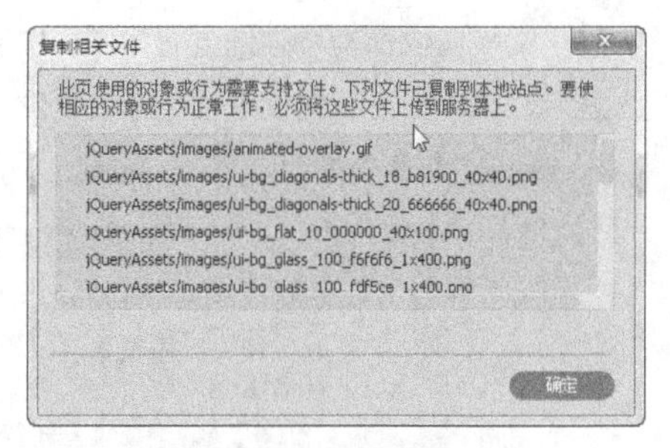

图6-11 设置Accordion面板的属性

图6-12 保存相关的技术支持文件

04 在内容框中分别输入内容，然后修改标题文字，在“属性”面板中设置折叠面板的属性，如图6-13所示。

05 最终的实例效果如图6-14所示。

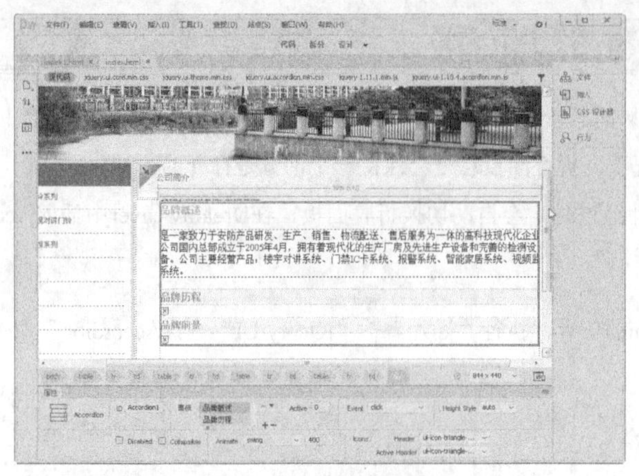

图6-13 在内容框中分别输入内容

图6-14 可折叠面板实例效果

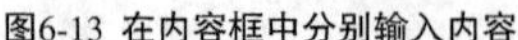

6.1.3 课堂案例——创建Dialog对话框

Dialog提供了一个功能强大的对话框组件，应用比较广泛。该对话框组件可以显示消息和附加内容。例如，可以使用弹出层实现登录、注册和消息提示等功能。运用Dialog的好处就是可以不用刷新网页，直接弹出一个Div层让用户输入信息，使用起来也比较方便。

01 启动Dreamweaver，打开网页文档，如图6-15所示。

02 将光标置于页面所在的位置，然后插入图像images/on.png，ID命名为help，如图6-16所示。

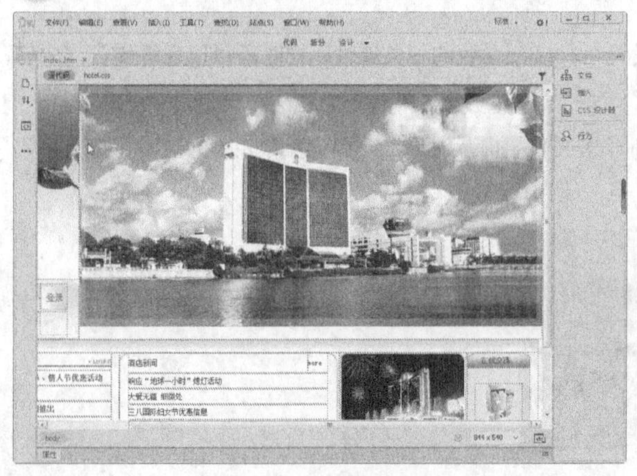

图6-15 打开网页文档

图6-16 插入图像

03 选中插入的图像，打开“行为”面板，为当前图像绑定交换图像行为，详细设置如图6-17所示。绑定行为之后，在“行为”面板中设置触发事件，交换图像为onmouseover，恢复交换图像为onmouseout，如图6-18所示。

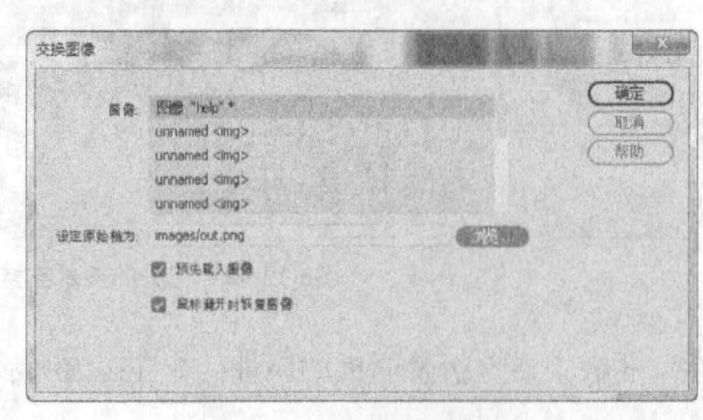

图6-17 绑定交换图像行为

图6-18 设置触发事件

04 在页面内单击，把光标置于页面内，不要选中任何对象，然后执行“插入”→“jQuery UI”→“Dialog”命令，在页面当前位置插入一个对话框，如图6-19所示。

05 选中Dialog面板后，就可以在“属性”面板中设置对话框的相关属性，同时还可以在编辑窗口中修改对话框面板的内容，如图6-20所示。

图6-19 选择“Dialog”命令

图6-20 设置对话框的相关属性

06 设置完成后，保存文档，然后Dreamweaver会弹出“复制相关文件”提示对话框，要求保存相关的技术支持文件，单击“确定”按钮，如图6-21所示。

07 切换到“代码”视图，可以看到Dreamweaver自动生成的脚本。

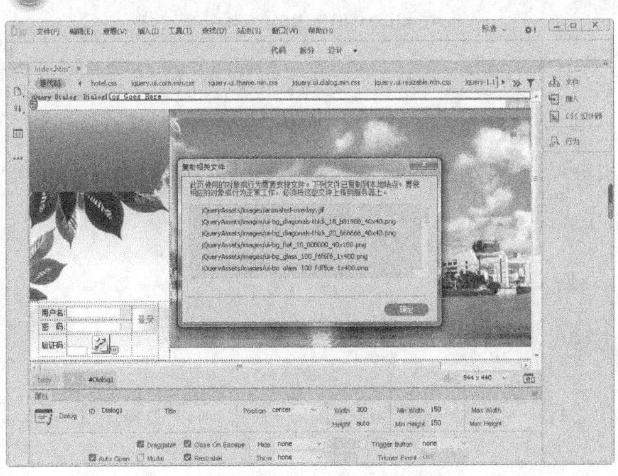

图6-21 保存相关的技术支持文件

```
<script type="text/javascript">
$(function() {
    $( "#Dialog1" ).dialog({
        width:450, /
        height:400,
        title:"帮助中心",
        autopen: false,
        maxWidth:500,
        maxHeight:500
  });
});
</script>
```

08 在$(function(){}函数内增加如下代码，为交换图像绑定激活对话框的行为。

```
    $( "#Dialog1" ).dialog({
        });
            $( "#help" ).click(function() {
                $( "#Dialog1" ).dialog( "open"
);
        });
```

09 在浏览器中浏览效果，如图6-22所示。

图6-22 浏览效果

6.1.4 课堂案例——创建Shake震动特效

震动特效可以让对象震动显示。本例使用jQuery震动特效设计窗口动态效果，当打开首页后，页面将会显示下一个摆动的广告窗口，以提醒用户单击收看该广告。本例将在页面中插入一个广告图片，并设置在页面初始化后广告图片不停地震动，以提示用户单击，具体操作步骤如下。

01 打开网页文档，将鼠标指针置于页面所在的位置，然后执行“插入”→“图像”→“图像”命令，打开“选择图像源文件”，在images文件夹中找到图片文件gs.jpg，插入页面，如图6-23所示。

02 选中插入的图像，在“属性”面板中为图像定义ID为hao，如图6-24所示。

图6-23 插入图片

图6-24 图像定义ID为hao

03 选中ID为hao的图像，执行“图像”→“行为”命令，打开“行为”面板，单击加号按钮，从弹出的下拉菜单中选择“效果”→“Shake”命令，如图6-25所示。

04 打开“Shake”对话框，设置“目标元素”为“当前选定内容”，“效果持续时间”为2000ms，“方向”为left，即定义目标对象为左震动，“距离”定义为20像素，“次”为5次，如图6-26所示。

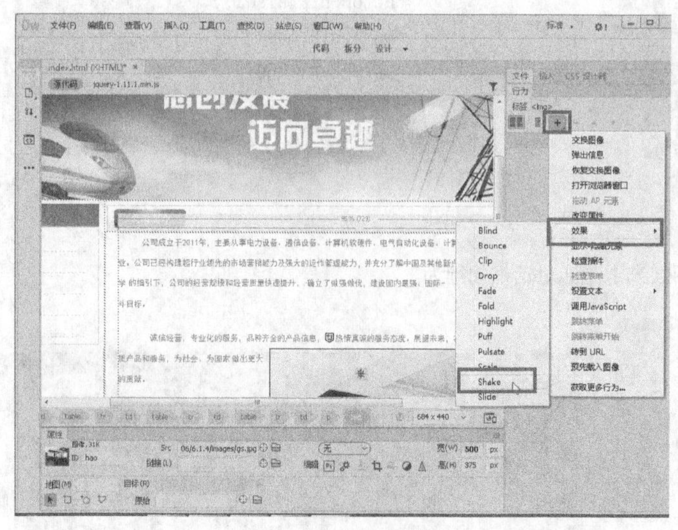

图6-25 选择“Shake”选项

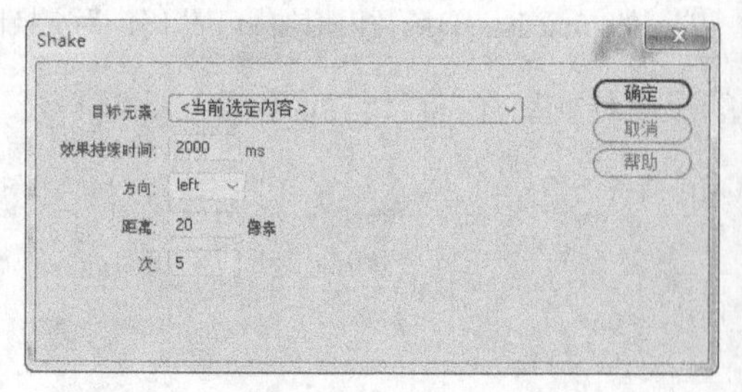

图6-26 “Shake”对话框

05 在“行为”面板中可以看到新增加的行为，单击左侧的“onClick”命令，从弹出的下拉菜单中选择“onLoad”命令，即设置页面初始化后就自动让图片震动显示，如图6-27所示。

图6-27 选择“onLoad”命令

06 保存页面，此时Dreamweaver会弹出“复制相关文件”提示对话框，提示保存两个插件文件，单击“确定”按钮，如图6-28所示。

07 在浏览器中浏览效果，可以看到，当页面初始化完成后，在页面中显示的广告会左右震动一下，以提示用户注意查看，如图6-29所示。

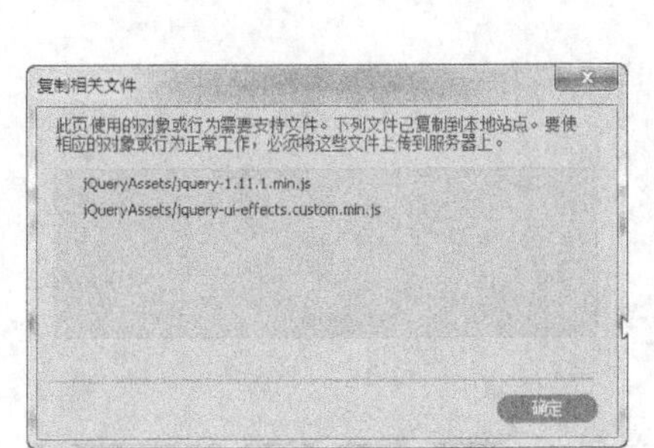

图6-28 提示保存插件文件

图6-29 震动效果

6.2 使用按钮组件

相比其他组件，按钮组件是最基本也是最常见的。在jQuery Mobile框架中，默认按钮是横向独占并根据屏幕宽度自适应的。jQuery Mobile按钮组件有两种形式。

一种是通过<a>标签定义，在该标签中添加data-role属性，设置属性值为button，jQuery Mobile便会自动为该标签添加样式类属性，设计成可单击的按钮形式。

```
<a data-role= " button "  data-inline= " true " >内联链接按钮1</a>
<a data-role= " button "  data-inline= " true " >内联链接按钮2</a>
```

另一种是表单按钮对象，在表单内无须添加data-role属性，jQuery Mobile会自动把<input>标签中type属性值为submit、reset、button等的对象设计成按钮形式。

```
<button>button</button>
<input type=" button "  value=" input button " />
<input type=" submit "  value=" input submit " />
<input type=" reset "  value=" input reset " />
<input type=" image "  value=" input image " />
```

6.2.1 课堂案例——插入按钮

在jQuery Mobile中，按钮组件默认显示为块状，自动填充页面宽度。

一般常见的三种按钮样式分别是：给<a>标签添加样式、给input设置button值、直接用button标签。一般我们的按钮都是行内框。jQuery Mobile里的按钮都是块级元素。按钮效果如图6-30所示。

图6-30 按钮效果

```
<div data-role=" page "  id=" page " >
   <div data-role=" header " >
         <h1>三种按钮<h1>
   </div>
   <div data-role=" content " >
         <a href=" # "  data-role=" button " >超链接按钮</a>
   <       button>button按钮</button>
         <input type=" button "   value=" 表单按钮 "  />
   </div>
   <div data-role=" footer " >
         <h4>页面脚注</h4>
   </div>
</div>
```

在利用<a>标签的时候，我们只需要给<a>标签加上data-role= " button " 就可以直接把<a>标签变成按钮。<a>标签里href的按钮一般称为导航按钮，因为<a>标签做的按钮会直接跳转到另外一个页面。

默认一个按钮占据一行，如果有多个按钮要显示在同一行，则可以为每个按钮设置data-inline= " true " 属性，如图6-31所示。

图6-31 按钮显示在同一行

```
<div data-role=" page "  id=" page " >
   <div data-role=" header " >
         <h1>3种按钮<h1>
   </div>
   <div data-role=" content " >
```

```
        <a href=" # "  data-role=" button "  data-inline=" true ">超链接按钮</a>
         <button data-inline=" true ">button按钮</button>
        <input type=" button "  data-inline=" true "  value=" 表单按钮 "  />
    </div>
    <div data-role=" footer ">
        <h4>页面脚注</h4>
    </div>
</div>
```

6.2.2 按钮组的排列

在制作网页时，经常会用到几排按钮，有的要求水平放置，有的要求垂直放置。默认情况下，按钮组表现为垂直列表，如果给容器添加 data-type="horizontal" 的属性，则可以转换为水平列表，按钮会横向一个挨着一个地水平排列，并设置得足够大以适应内容的宽度。data-type= " horizontal/vertical " ，horizontal指的是水平放置，vertical指的是垂直放置。

```
<div data-role=" page "  id=" page ">
          <div data-role=" header ">
            <h1>这是页头</h1>
 </div>
     <div data-role=" main "  class=" ui-content ">
        <div data-role=" controlgroup "  data-type=" horizontal ">
          <a data-role=" button "  >公司简介</a>
          <a data-role=" button "  >企业新闻</a>
          <a data-role=" button "  >主营产品</a>
          <a data-role=" button "  >联系我们</a>
      </div>
      <div data-role=" controlgroup "  data-type=" vertical ">
          <a data-role=" button "  >男装</a>
          <a data-role=" button "  >女装</a>
          <a data-role=" button "  >童装</a>
      </div>
    </div>
    <div data-role=" footer "  data-position=" fixed ">
      <h1>这是页脚</h1> </div>
</div>
```

data-role= " controlgroup " 是用来创建一个组合的。水平按钮和垂直按钮都会紧紧地贴在一起，如图6-32所示。

图6-32 按钮组的水平排列和垂直排列

6.3 使用表单组件

jQuery Mobile提供了一套基于HTML的表单对象，所有的表单对象由原始代码升级为jQuery Mobile组件，然后调用组件的内置方法与属性，实现在jQuery Mobile下表单的各项操作。

6.3.1 认识表单组件

jQuery Mobile中的表单组件基于标准HTML，然后在此基础上增强样式，因此即使浏览器不支持jQuery Mobile表单仍可正常使用。需要注意的是，jQuery Mobile会把表单元素增强为触摸设备容易使用的形式，因此对于这类设备，使用Web表单将会变得非常方便。

在某些情况下，需要使用HTML原生的<form>标签，为了阻止jQuery Mobile框架对该标签的自动渲染，可以在框架的data-role属性中引入一个控制参数"none"。使用这个属性参数就会让<form>标签以HTML原生的状态显示，代码如下。

```
<select name=" fo " id=" fo " data-role=" none ">
<option value=" a " >A</option>
<option value=" b " >B</option>
<option value=" c " >C</option>
</select>
```

jQuery Mobile的表单组件有以下几种。

- 文本框，type="text"标记的input元素会自动增强为jQuery Mobile样式，无须额外添加data-role属性。
- 文本域，textarea元素会被自动增强，无须额外添加data-role属性，用于多行输入文本，jQuery Mobile会自动增大文本域的高度，避免出现在移动设备中很难找到滚动条的情况。
- 搜索文本框，type="search"标记的input元素会自动增强，无须额外添加data-role属性，这是一个新的HTML元素，增强后的文本框左边有一个放大镜图标，单击触发搜索，在输入内容后，文本框的右边还会出现一个×的图标，单击清除已输入的内容，非常方便。
- 单选按钮，type="radio"标记的input元素会自动增强，无须额外添加data-role属性。
- 复选按钮，type="checkbox"标记的input元素会自动增强，无须额外添加data-role属性。
- 选择列表，select元素会被自动增强，无须额外添加data-role属性。
- 滑块，type="range"标记的input元素会自动增强，无须额外添加data-role属性。
- 翻转切换开关，select元素添加data-role="slider"属性后会被增强为jQuery Mobile的开关组件，select中只能有两个option。

6.3.2 课堂案例——插入文本框

在jQuery Mobile中，文本框包含单行文本框和多行文本框，同时jQuery Mobile还支持HTML5新增的输入类型，如时间文本框、日期文本框、数字文本框、电子邮件文本框等。

在Dreamweaver中插入文本框的具体操作步骤如下。

01 启动Dreamweaver，执行“文件”→“新建”命令，打开“新建文档”对话框，如图6-33所示，设置文档类型后，单击“创建”按钮。

02 保存网页文档，执行“插入”→“jQuery Mobile”→“页面”命令，打开“jQuery Mobile文件”对话框，保留默认设置，单击“确定”按钮，如图6-34所示。

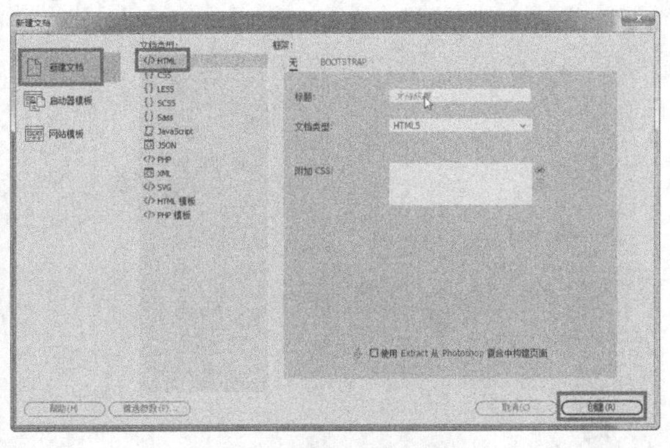

图6-33 “新建文档”对话框

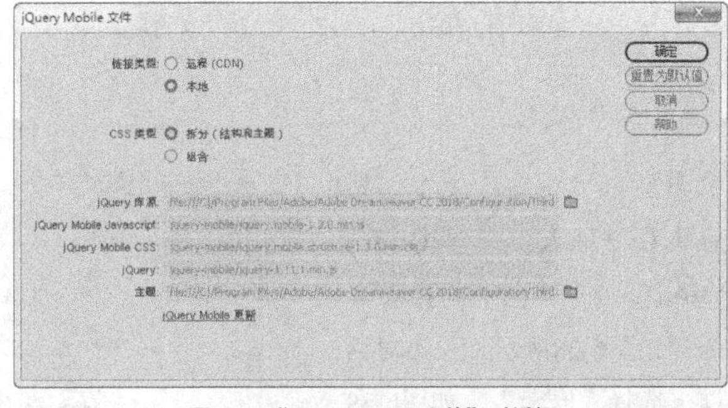

图6-34 “jQuery Mobile文件”对话框

03 弹出“页面”对话框，在该对话框中设置页面的ID，同时设置“页面”视图是否包含标题栏和脚注栏，保持默认设置，单击“确定”按钮，完成在当前HTML5文档中插入页面视图结构，如图6-35所示。

04 保存文档，在编辑窗口可以看到Dreamweaver创建了一个页面，“页面”视图包含了标题栏、内容栏和脚注栏，如图6-36所示。

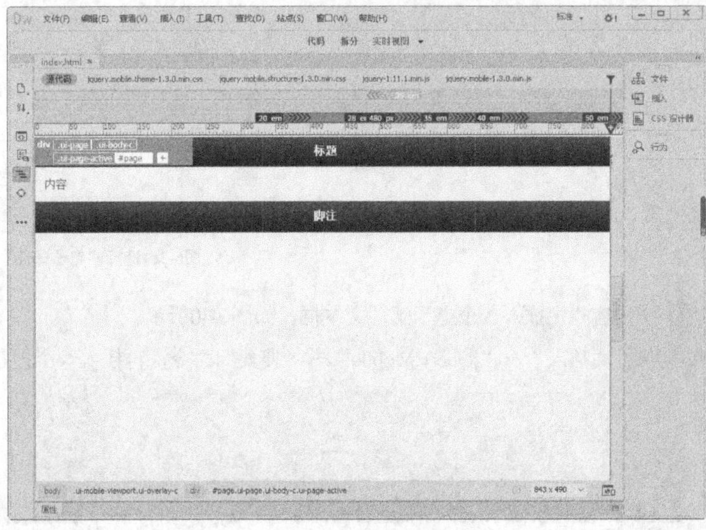

图6-35 “页面”对话框

图6-36 “页面”视图

05 切换到“拆分”视图，可以看到“页面”视图的HTML结构代码，此时用户可以根据需要删除部分页结构，或添加更多的页结构。这里修改标题为“文本框”，如图6-37所示。

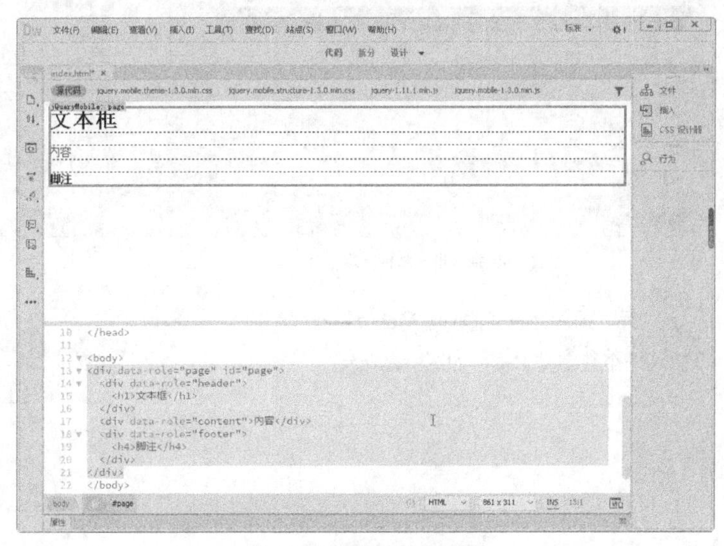

图6-37 修改标题为“文本框”

```
<div data-role= " page "  id= " page " >
  <div data-role= " header " >
    <h1>文本框</h1>
  </div>
```

```
    <div data-role=" content ">内容</div>
    <div data-role=" footer ">
      <h4>脚注</h4>
    </div>
  </div>
```

06 删除“内容”文本，然后执行“插入”→“jQuery Mobile”→“电子邮件”命令，如图6-38所示。弹出对话框，选择“嵌套”，如图6-39所示。

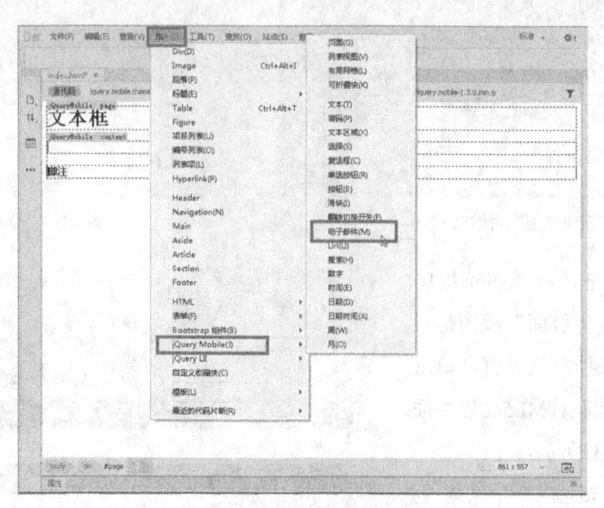

图6-38 选择“电子邮件”选项

图6-39 选择“嵌套”

07 在内容栏中插入一个电子邮件文本框，如图6-40所示。

08 执行“插入”→“jQuery Mobile”→“搜索”命令，再插入一个搜索文本框，如图6-41所示。

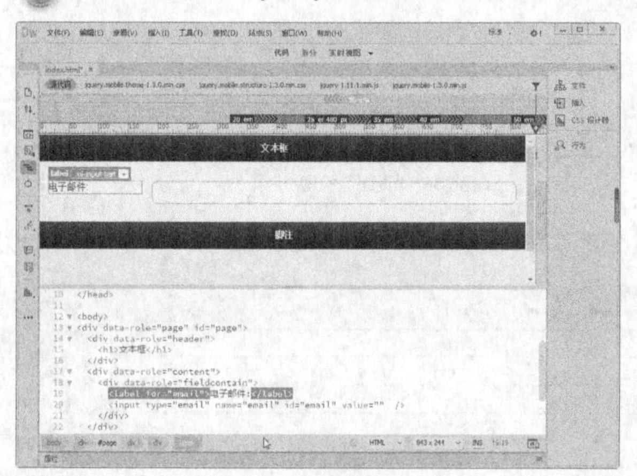

图6-40 插入电子邮件文本框

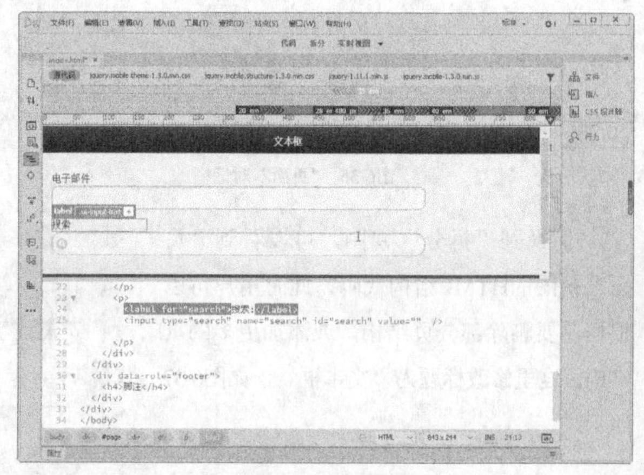

图6-41 插入搜索文本框

09 执行“插入”→“jQuery Mobile”→“数字”命令，再插入一个数字文本框，如图6-42所示。

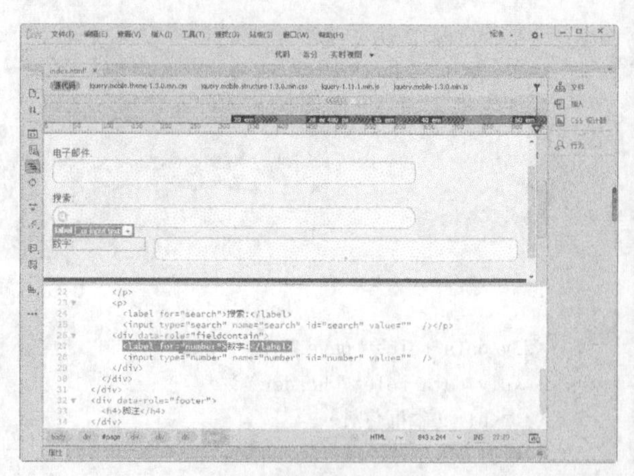

图6-42 插入数字文本框

10 此时可以看到代码如下。

```
<div data-role="content">
    <div data-role="fieldcontain">
      <label for="email">电子邮件:</label>
      <input type="email" name="email" id="email" value="" />
    </div>
    <div data-role="fieldcontain">
      <label for="search">搜索:</label>
      <input type="search" name="search" id="search" value="" />
    </div>
    <div data-role="fieldcontain">
      <label for="number">数字:</label>
      <input type="number" name="number" id="number" value="" />
    </div>
  </div>
```

11 在头部位置添加如下元信息，定义视图宽度与设备宽度保持一致。在浏览器中浏览效果，如图6-43所示。

```
<meta name="viewport" content="width=device-width, initial-scale=1" />
```

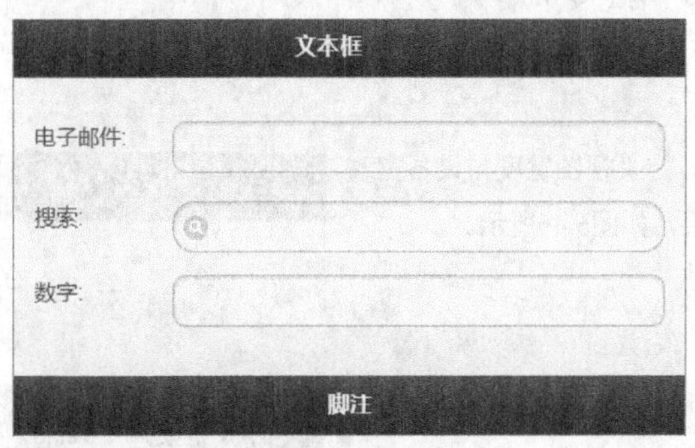

图6-43 浏览效果

6.3.3 课堂案例——插入滑块

range是HTML5里的<input>标签的新属性，使用<input type="range">标签可以定义滑块组件。在jQuery Mobile中，滑块组件由两部分组成，一部分是可调整大小的数字文本框，另一部分是可拖动修改文本框数字的滑动条。滑块元素可以通过min属性和max属性来设置滑动条的取值范围。jQuery Mobile中使用的文本域的高度会自动增加，无须因高度问题拖动滑动条。

在Dreamweaver中插入滑块的具体操作步骤如下。

01 启动Dreamweaver，执行“文件”→“新建”命令，打开“新建文档”对话框，设置文档类型后，单击“创建”按钮。

02 保存网页文档，执行“插入”→“jQuery Mobile”→“页面”命令，打开“jQuery Mobile文件”对话框，保持默认设置，单击“确定”按钮。

03 打开“页面”对话框，在该对话框中设置页面的ID，同时设置“页面”视图是否包含标题栏和脚注栏，保持默认设置，单击“确定”按钮，完成在当前HTML5文档中插入“页面”视图结构。

04 保存文档。在编辑窗口可以看到Dreamweaver创建了一个页面，“页面”视图包含标题栏、内容栏和脚注栏。

05 切换到“拆分”视图，可以看到“页面”视图的HTML结构代码，此时用户可以根据需要删除部分页结构，或添加更多的页结构。这里修改标题为“滑块”，如图6-44所示。

06 删除内容栏中的“内容”文本，然后执行“插入”→“jQuery Mobile”→“滑块”命令，在内容栏中插入一个滑块组件，如图6-45所示。在“代码”视图中可以看到新添加的滑块表单对象代码。

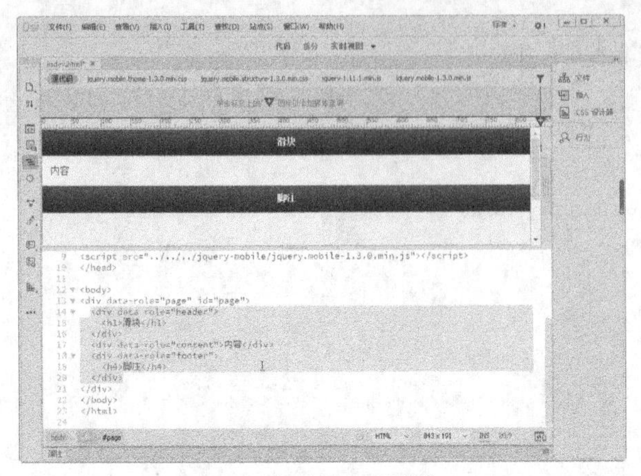

图6-44 修改标题为“滑块”

图6-45 插入滑块组件

```
<div data-role="fieldcontain">
    <label for="slider">值:</label>
    <input type="range" name="slider" id="slider" value="0" min="0" max="100" />
</div>
```

07 在头部位置添加如下元信息，定义视图宽度与设备宽度保持一致。在浏览器中浏览效果，如图6-46所示。

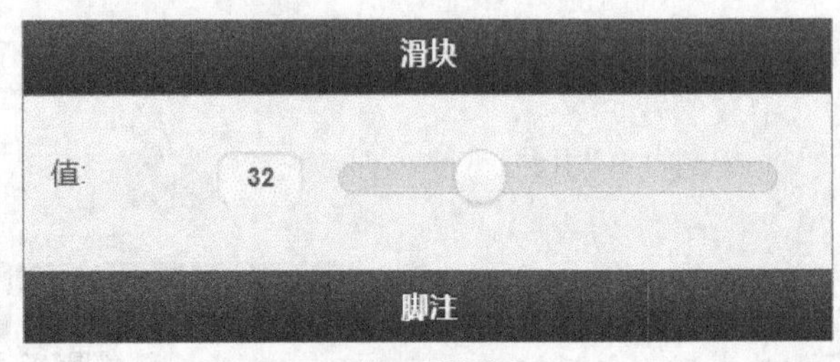

图6-46 浏览效果

```
<meta name="viewport" content="width=device-width, initial-scale=1" />
```

6.3.4 课堂案例——插入翻转切换开关

在jQuery Mobile中，将<select>元素的data-role属性值设置为slider，可以将该下拉列表元素下的两个<option>选项样式变成一个翻转切换开关。第一个<option>选项为开状态，返回值为true或1等；第二个<option>选项为关状态，返回值为false或0等。

在Dreamweaver中插入翻转切换开关的具体操作步骤如下。

01 启动Dreamweaver，执行“文件”→“新建”命令，打开“新建文档”对话框，设置文档类型后，单击“创建”按钮。

02 保存网页文档，执行“插入”→“jQuery Mobile”→“页面”命令，打开“jQuery Mobile文件”对话框，保持默认设置，单击“确定”按钮。

03 打开“页面”对话框，在该对话框中设置页面的ID，同时设置“页面”视图是否包含标题栏和脚注栏，保持默认设置，单击“确定”按钮，完成在当前HTML5文档中插入“页面”视图结构。

04 保存文档，在编辑窗口可以看到Dreamweaver创建了一个页面，“页面”视图包含标题栏、内容栏和脚注栏。

05 切换到“拆分”视图，可以看到“页面”视图的HTML结构代码，此时用户可以根据需要删除部分页结构，或添加更多的页结构。这里修改标题为“翻转切换开关”，如图6-47所示。

06 删除内容栏中的“内容”文本，然后执行“插入”→“jQuery Mobile”→“翻转切换开关”命令，在内容栏中插入一个翻转切换开关组件，如图6-48所示。在“代码”视图中可以看到新添加的翻转切换开关表单对象代码。

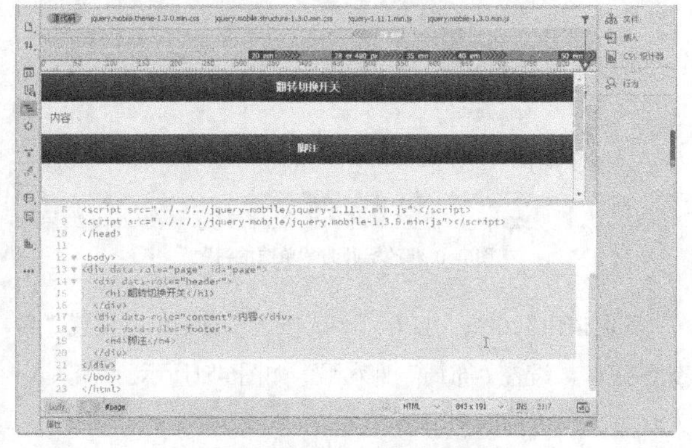

图6-47 修改标题为“翻转切换开关”

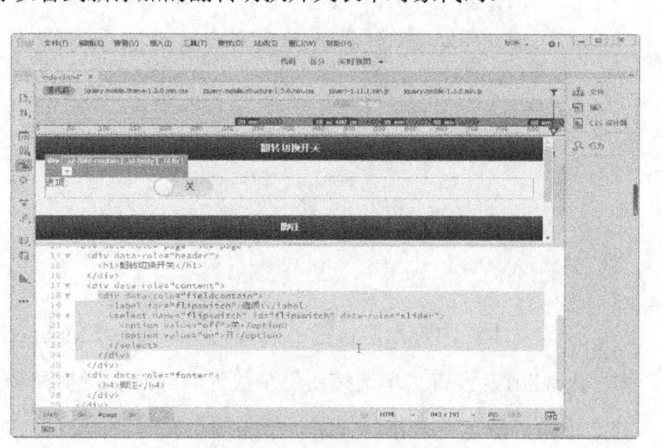

图6-48 插入翻转切换开关

07 在头部位置添加如下元信息，定义视图宽度与设备宽度保持一致。在浏览器中浏览效果，如图6-49所示，可以看到切换开关效果，当拖动滑块后，会实时打开或关闭开关，然后利用该值作为条件进行逻辑判断。

图6-49 浏览效果

```
<meta name=" viewport " content=" width=device-width, initial-scale=1 " />
```

6.3.5 课堂案例——插入单选按钮

单选按钮组件用于在页面中提供一组选项，并且只能选择其中一个选项。在jQuery Mobile中，单选按钮组件不但在外观上进行了美化，还增加了一些图标用于增强视觉反馈。type="radio"标记的input元素会自动增强为单选按钮组件，但jQuery Mobile建议开发者使用一个带data-role="controlgroup"属性的<fieldset>标签包括选项，并且在fieldset内增加一个legend元素，用于表示该单选按钮的标题。

如需组合多个单选按钮，可以使用带有data-role="controlgroup"属性和data-type="horizontal→vertical"属性的容器来规定是否水平或垂直组合单选按钮。

在Dreamweaver中插入单选按钮的具体操作步骤如下。

01 启动Dreamweaver，执行“文件”→“新建”命令，打开“新建文档”对话框，设置文档类型后，单击“创建”按钮。

02 保存网页文档，执行“插入”→“jQuery Mobile”→“页面”命令，打开“jQuery Mobile文件”对话框，保持默认设置，单击“确定”按钮。打开“页面”对话框，在该对话框中设置页面的ID，同时设置“页面”视图是否包含标题栏和脚注栏，保持默认设置，单击“确定”按钮，完成在当前HTML5文档中插入“页面”视图结构。

03 保存文档。在编辑窗口可以看到Dreamweaver创建了一个页面，“页面”视图包含标题栏、内容栏和脚注栏。

04 切换到“拆分”视图，可以看到“页面”视图的HTML结构代码，如下所示，此时用户可以根据需要删除部分页结构，或添加更多的页结构。这里修改标题为“单选按钮”，如图6-50所示。

```
<div data-role="page" id="page">
  <div data-role="header">
    <h1>单选按钮</h1>
  </div>
  <div data-role="content">内容</div>
  <div data-role="footer">
    <h4>脚注</h4>
  </div>
</div>
```

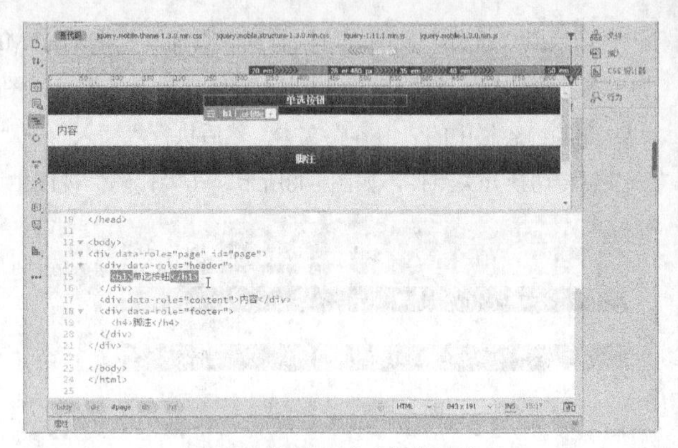

图6-50 修改标题为“单选按钮”

05 删除文本“内容”，执行“插入”→“jQuery Mobile”→“单选按钮”命令，打开“单选按钮”对话框，设置“名称”为radio1，设置“单选按钮”个数为4（即定义包含4个按钮的组），设置“布局”为水平，如图6-51所示。

06 单击“确定”按钮，关闭“单选按钮”对话框，此时插入4个按钮，如图6-52所示。

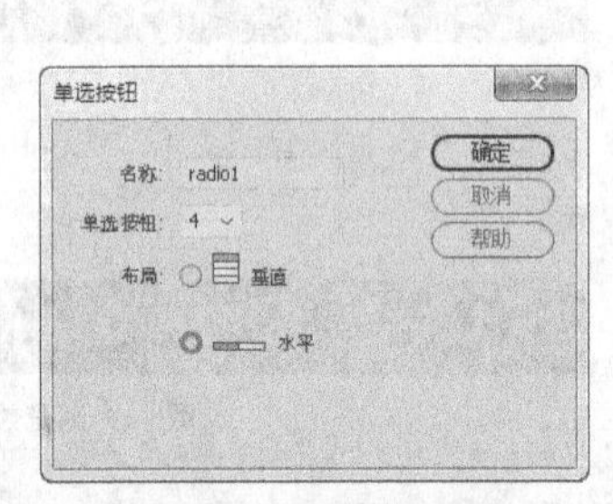

图6-51 “单选按钮”对话框

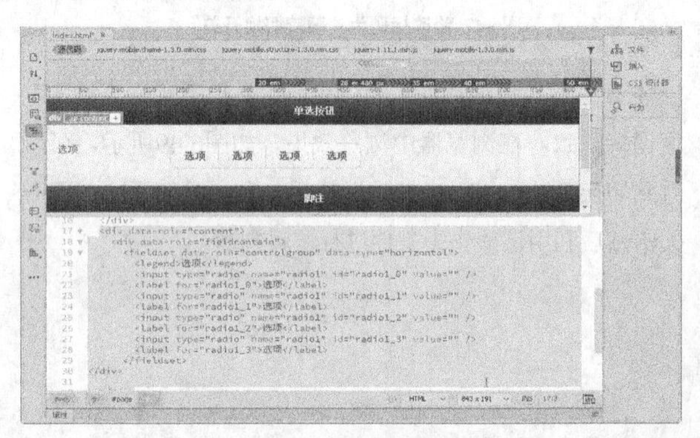

图6-52 插入4个按钮

```
<div data-role="fieldcontain">
      <fieldset data-role="controlgroup" data-type="horizontal">
        <legend>选项</legend>
        <input type="radio" name="radio1" id="radio1_0" value="" />
        <label for="radio1_0">选项</label>
        <input type="radio" name="radio1" id="radio1_1" value="" />
        <label for="radio1_1">选项</label>
        <input type="radio" name="radio1" id="radio1_2" value="" />
        <label for="radio1_2">选项</label>
        <input type="radio" name="radio1" id="radio1_3" value="" />
        <label for="radio1_3">选项</label>
      </fieldset>
</div>
```

07 切换到“代码”视图，可以看到新添加的单选按钮组代码，修改其中的标签以及每个单选按钮标签<input type="radio">的value值，代码如下所示。

```
<div data-role="fieldcontain">
      <fieldset data-role="controlgroup" data-type="horizontal">
        <legend>选择城市</legend>
        <input type="radio" name="radio1" id="radio1_0" value="1" />
        <label for="radio1_0">北京</label>
```

```
        <input type="radio" name="radio1" id="radio1_1" value="2" />
        <label for="radio1_1">上海</label>
        <input type="radio" name="radio1" id="radio1_2" value="3" />
        <label for="radio1_2">广州</label>
        <input type="radio" name="radio1" id="radio1_3" value="4" />
        <label for="radio1_3">深圳</label>
    </fieldset>
</div>
```

08 在头部位置添加如下元信息，定义视图宽度与设备宽度保持一致。在浏览器中浏览效果，如图6-53所示，可以看到单选按钮效果。

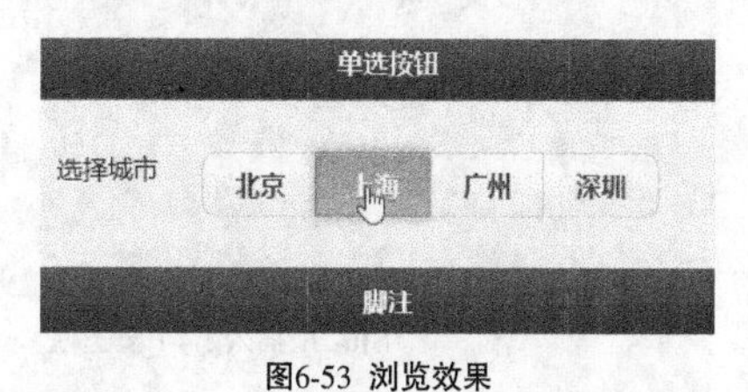

图6-53 浏览效果

```
<meta name="viewport" content="width=device-width,initial-scale=1" />
```

6.3.6 课堂案例——插入复选框

在Dreamweaver中插入复选框的具体操作步骤如下。

01 启动Dreamweaver，执行“文件”→“新建”命令，打开“新建文档”对话框，设置文档类型后，单击“创建”按钮。

02 保存网页文档，执行“插入”→“jQuery Mobile”→“页面”命令，打开“jQuery Mobile文件”对话框，保持默认设置，单击“确定”按钮。打开“页面”对话框，在该对话框中设置页面的ID，同时设置“页面”视图是否包含标题栏和脚注栏，保持默认设置，单击“确定”按钮，完成在当前HTML5文档中插入“页面”视图结构。

03 保存文档，此时Dreamweaver会弹出提示框保存相关的框架文件。在编辑窗口可以看到Dreamweaver创建了一个页面，“页面”视图包含标题栏、内容栏和脚注栏。

04 切换到“拆分”视图，可以看到“页面”视图的HTML结构代码，此时用户可以根据需要删除部分页结构，或添加更多的页结构。这里修改标题为“复选框”，如图6-54所示。

05 删除文本“内容”，执行“插入”→“jQuery Mobile”→“复选框”命令，打开“复选框”对话框，设置“名称”为checkbox1，设置“复选框”个数为4（即定义包含4个复选框的组），设置“布局”为水平，如图6-55所示。

图6-54 修改标题为“复选框”

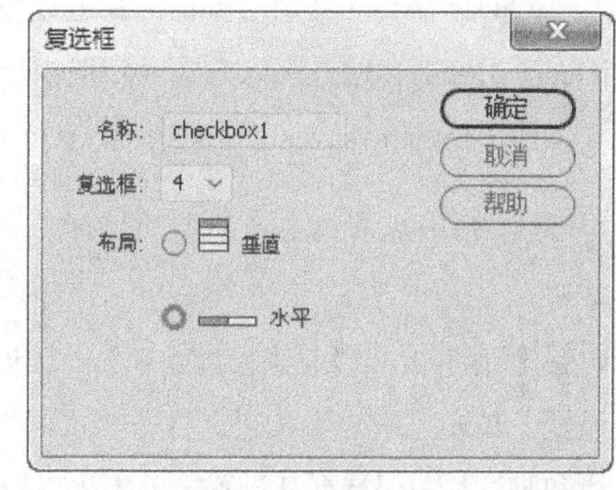

图6-55 “复选框”对话框

06 单击“确定”按钮，此时在网页中插入了4个复选框，如图6-56所示。

07 切换到“代码”视图，可以看到新添加的复选框组代码，修改其中的标签，如图6-57所示。代码如下所示。

图6-56 插入了4个复选框

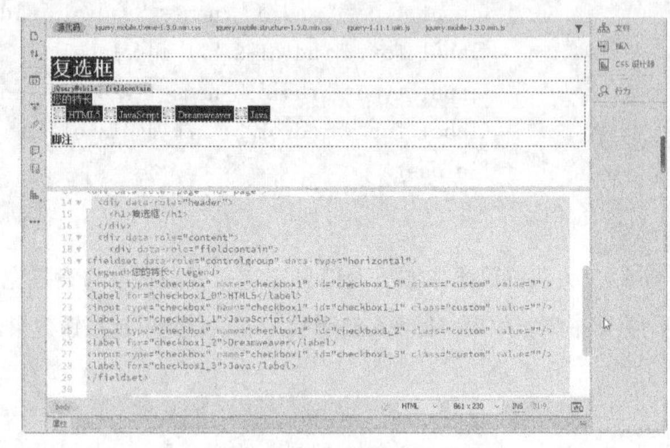

图6-57 修改复选框的标签

```
<div data-role="fieldcontain">
  <fieldset data-role="controlgroup" data-type="horizontal">
  <legend>您的特长</legend>
<input type="checkbox" name="checkbox1" id="checkbox1_0" class="custom" value="" />
  <label for="checkbox1_0">HTML5</label>
<input type="checkbox" name="checkbox1" id="checkbox1_1" class="custom" value="" />
  <label for="checkbox1_1">JavaScript</label>
  <input type="checkbox" name="checkbox1" id="checkbox1_2" class="custom" value="" />
<label for="checkbox1_2">Dreamweaver CC</label>
<input type="checkbox" name="checkbox1" id="checkbox1_3" class="custom" value="" />
  <label for="checkbox1_3">Java</label>
</fieldset>
```

08 在头部位置添加如下元信息，定义视图宽度与设备宽度保持一致。在浏览器中浏览效果，如图6-58所示，可以看到复选框效果。

图6-58 浏览效果

```
<meta name="viewport" content="width=device-width, initial-scale=1" />
```

6.4 课堂练习——使用jQuery Mobile创建手机网页列表

jQuery Mobile框架对<ul>标签进行包装，并经过样式渲染后，列表项目更适合触摸操作。当单击某项目列表时，jQuery Mobile会通过Ajax方式异步请求一个对应的URL地址，并在DOM中创建一个新的页面。

使用Dreamweaver在页面中插入jQuery Mobile列表的具体操作步骤如下。

01 启动Dreamweaver，执行“文件”→“新建”命令，打开“新建文档”对话框，设置文档类型后，单击“创建”按钮。

02 保存网页文档，执行“插入”→“jQuery Mobile”→“页面”命令，打开“jQuery Mobile文件”对话框，保持默认设置，单击“确定”按钮。打开“页面”对话框，在该对话框中设置页面的ID，同时设置“页面”视图是否包含标题栏和脚注栏，保持默认设置，单击“确定”按钮，完成在当前HTML5文档中插入“页面”视图结构。

03 保存文档，此时Dreamweaver会弹出提示框保存相关的框架文件。在编辑窗口可以看到Dreamweaver创建了一个页面，“页面”视图包含标题栏、内容栏和脚注栏。

04 切换到“拆分”视图，可以看到“页面”视图的HTML结构代码，此时用户可以根据需要删除部分页结构，或添加更多的页结构。这里修改标题为“简单列表”，如图6-59所示。

05 删除文本“内容”，执行“插入”→“jQuery Mobile”→“列表视图”命令，打开“列表视图”对话框，“列表类型”用于定义列表结构的标签，“项目”用于设置列表包含的项目数（即定义有多少个<li>标签），如图6-60所示。

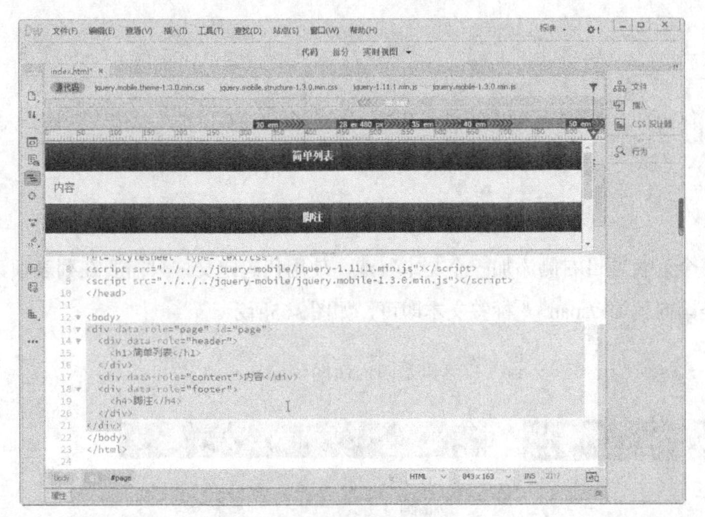

图6-59 修改标题为“简单列表”

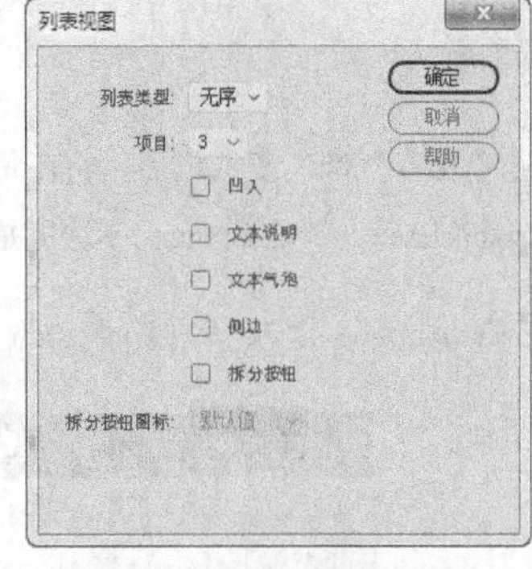

图6-60 “列表视图”对话框

06 单击“确定”按钮，插入“列表”视图，将3个列表内容分别改为“国内新闻”“行业新闻”“企业新闻”，如图6-61所示。

```
<ul data-role="listview">
        <li><a href="#">国内新闻</a></li>
        <li><a href="#">行业新闻</a></li>
        <li><a href="#">企业新闻</a></li>
</ul>
```

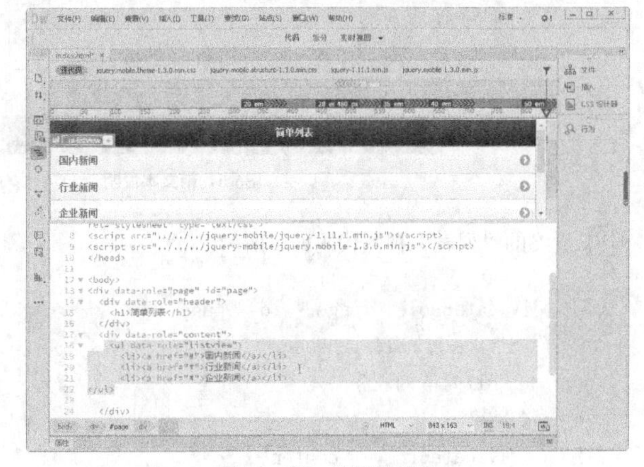

图6-61 插入“列表”视图

07 “凹入”用于设置“列表”视图是否凹入显示，通过data-inset属性定义，默认值为false，不凹入效果和凹入效果分别如图6-62和图6-63所示。

图6-62 不凹入效果

图6-63 凹入效果

08 勾选“文本说明”复选框后，将在每个项目列表中添加标题文本和段落文本。下面的代码分别演示不带文本说明和带文本说明，带文本说明的效果如图6-64所示。

不带文本说明的代码如下。

```
<li><a href="#">国内新闻</a></li>
<li><a href="#">行业新闻</a></li>
```

带文本说明的代码如下。

```
<li><a href="#">
    <h3>企业新闻</h3>
    <p>产品发布会于北京圆满落幕，倾力打造值得托付的移动办公行家，帮助企业为基层员工赋能，让每个人都成为超级个体。</p>
</a></li>
```

09 勾选“文本气泡”复选框后，将在每个列表项目右侧添加一个文本气泡，使用代码定义，只需要在列表项目尾部添加"<span class=" "ui-li-count">这里是国内新闻</span>"标签文本即可，如图6-65所示。

```
<li><a href="#">国内新闻<span class="ui-li-count">这里是国内新闻</span></a></li>
```

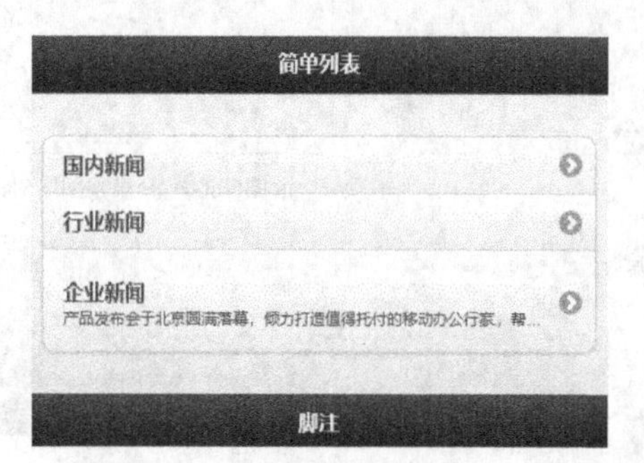

图6-64 带文本说明

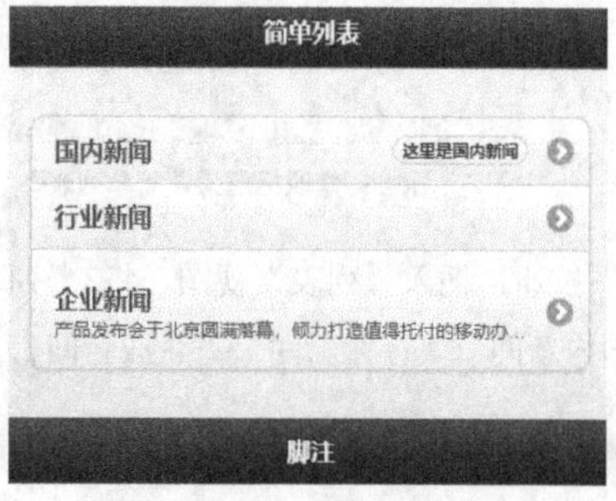

图6-65 文本气泡

10 最终的“列表”视图代码如下所示。

```
<div data-role="page" id="page">
  <div data-role="header">
    <h1>简单列表</h1>
  </div>
  <div data-role="content">
    <ul data-role="listview" data-inset="true" >
      <li><a href="#">国内新闻<span class="ui-li-count">这里是国内新闻</span></a></li>
      <li><a href="#">行业新闻</a></li>
      <li><a href="#">
        <h3>企业新闻</h3>
        <p>产品发布会于北京圆满落幕，倾力打造值得托付的移动办公行家，帮助企业为基层员工赋能，让每个人都成为超级个体。</p>
    </a></li>
    </ul>
</div>
```

11 在头部位置添加如下元信息，定义视图宽度与设备宽度保持一致。

```
<meta name="viewport" content="width=device-width, initial-scale=1" />
```

6.5 课后习题

1. 填空题

（1）________是在jQuery基础上开发的一套界面工具，几乎包括了网页上你所能想到和用到的插件以及动画特效，让编程人员不费吹灰之力就可以做出炫目的界面。

（2）________用于创建折叠菜单，在同一时刻只能有一个内容框被打开，每个内容框有一个与之关联的标题用来打开该内容框，同时会隐藏其他内容框。

（3）一般常见的3种按钮样式分别是：________、给input设置为________值、直接用________标签。

（4）________是HTML5里的<input>标签的新属性，使用<input type="range">标签可以定义滑块组件。

2. 操作题

创建图6-66所示的按钮效果。

图6-66 按钮效果

6.6 本章总结

jQuery Mobile是一个免费的、开源的、跨平台的移动开发框架，是基于HTML5的快速开发工具，它能够极大地解放开发者的时间和精力。本章以实例驱动的方式讲解了jQuery Mobile特效制作的相关知识，让零基础的读者也能轻松掌握jQuery Mobile下的应用开发。

第7章

使用CSS样式表美化网页

CSS是Cascading Style Sheet的缩写，又称为“层叠样式表”，简称为样式表。它是一种制作网页的新技术，现在已经为大多数浏览器所支持，成为网页设计必不可少的工具之一。掌握基于CSS的网页布局方式，是实现Web标准的基础。

学习目标

- 了解CSS样式表
- 学会CSS的使用
- 学会设置字体属性
- 学会设置段落属性
- 学会设置图片样式
- 学会设置网页背景颜色

7.1 了解CSS样式表

网页最初是用HTML标签来定义页面文档及格式的，如标题<hl>、段落<p>、表格<table>等。但这些标签不能满足更多的文档样式需求，为了解决这个问题，1997年W3C（TheWorld Wide Web Consortium，万维网联盟）在颁布HTML4标准的同时也发布了有关样式表的第一个标准CSS1，自CSS1版本之后，又在1998年5月发布了CSS2版本，样式表得到了更多的充实。

使用CSS能够简化网页的格式代码，加快下载显示的速度，也能够减少需要上传的代码数量，大大减少了重复劳动的工作量。

样式表首先可以为网页上的元素精确定位。其次，它能够把网页上的内容结构和格式控制相分离。浏览者想要看的是网页上的内容结构，而为了让浏览者更好地看到这些信息，就要通过使用格式来控制。内容结构和格式控制相分离，使得网页可以仅由内容构成，而将所有网页的格式通过CSS样式表文件来控制。

CSS主要有以下优点。

- 利用CSS制作和管理网页都非常方便。
- CSS可以更加精细地控制网页的内容形式。如<font>标签中的size属性，它用来控制文字的大小，但它控制的字体大小只有7级，要是出现需要使用10像素或100像素大小的字体的情况，HTML标签就无能为力了，而CSS可以办到，它可以随意设置字体的大小。
- CSS样式比HTML样式更加丰富，如滚动条的样式、鼠标指针的样式等。
- CSS的定义样式的方法灵活多样，可以根据不同的情况选用不同的定义方法，如可以在HTML文件内部定义，可以分标签定义、分段定义，也可以在HTML文件外部定义，基本上能满足使用。

7.2 CSS的使用

掌握基于CSS的网页布局方式，是实现Web标准的基础。在制作网页时采用CSS技术，可以有效地对页面的布局、字体、颜色、背景和其他效果实现更加精确的控制。

7.2.1 CSS基本语法

CSS的语法结构仅由3部分组成，即选择符、样式属性和值，基本语法如下。

```
选择符{样式属性：取值；样式属性：取值；样式属性：取值；……}
```

- 选择符（Selector）指这组样式编码所要针对的对象，可以是一个XHTML标签，如body、hl；也可以是定义了特定id或class的标签，如#lay选择符表示选择<div id=lay>，即一个被指定了lay为id的对象。浏览器将对CSS选择符进行严格的解析，每一组样式均会被浏览器应用到对应的对象上。
- 属性（Property）是CSS样式控制的核心。对于每一个XHTML中的标签，CSS都提供了丰富的样式属性，如颜色、大小、定位、浮动方式等。
- 值（value）是指属性的值，形式有两种，一种是指定范围的值，如float属性，只可能应用left、right和none这3种值；另一种为数值，如width能够使用0～9999像素或其他数学单位来指定。

在实际应用中，往往使用以下类似的应用形式。

```
body{background-color：red}
```

上面代码表示选择符为body，即选择了页面中的<body>这个标签，属性为background-color，这个属性用于控制对象的背景色，而值为red。因此页面中的body对象的背景色通过这组CSS编码被定义为了红色。

除了单个属性的定义，同样可以为一个标签定义一个甚至多个属性，每个属性之间使用分号隔开。

7.2.2 添加CSS的方法

添加CSS有4种方法：链接外部样式表、内部样式表、导入外部样式表和内嵌样式。下面分别进行介绍。

1. 链接外部样式表

链接外部样式表就是在网页中调用已经定义好的样式表来实现样式表的应用，它是一个单独的文件，然后在页面中用<link>标签链接到这个样式表文件，这个<link>标签必须放到页面的<head>区内。这种方法最适合大型网站的CSS样式定义，具体实例如下所示。

```
<head>…
<link rel=stylesheet type=te xt/css href=slstyle.css>
…
</head>
```

上面这个例子表示浏览器从slstyle.css文件中以文档格式读出定义的样式表。rel=stylesheet是指在页面中使用外部的样式表，type=text/css是指文件的类型是样式表文件，href=slstyle.css是指文件所在的位置。

一个外部样式表文件可以应用于多个页面。当改变这个样式表文件时，所有页面的样式都会随着改变。这在制作大量相同样式页面的网站时非常有用，不仅减少了重复的工作量，而且有利于以后的修改、编辑，浏览时也减少了重复下载代码的操作。

2. 内部样式表

这种CSS一般位于HTML文件的头部，即<head>与</head>标签内，并且以<style>开始，以</style>结束。这样定义的样式才能应用到页面中。下面这个实例就是使用<style>标签创建的内部样式表。

```
<head>
<style type=" text/css " >
<!--
body{margin-left:0px;
margin-top:0px;
margin-right:0px;
margin-bottom:0px;}
.style1{
color:#fbe334;
font-size:13px;}
-->
</style>
</head>
```

3. 导入外部样式表

导入外部样式表是指在内部样式表的<style>里导入一个外部样式表，导入时用@import。看下面这个实例。

```
<head>
…
<style type=text/css>
<!--
```

```
@import slstyle.css
其他样式表的声明
</style>
…
</head>
```

此例中@import slstyle.css表示导入slstyle.css样式表，注意使用时外部样式表的路径、方法和链接外部样式表的方法类似，但导入外部样式表在输入方式上更有优势。实质上它是相当于存在内部样式表中的。

4. 内嵌样式

内嵌样式是混合在HTML标签里使用的，使用这种方法可以简单地对某个元素单独定义样式，主要是在body内实现。内嵌样式的使用方法是直接在HTML标签里添加style参数，而style参数的内容就是CSS的属性和值，在style参数后面的引号里的内容相当于在样式表大括号里的内容，如下面这个实例所示。

```
<table style=color:red; margin-right: 220px>
这是个表格
</p>
```

这种方法使用比较简单、显示直观，但无法发挥样式表的优势，因此不推荐使用。

7.3 字体属性

在前面的内容中已经介绍了网页中文字的常见标签，下面将以CSS的样式定义方法来介绍文字的使用。

7.3.1 课堂案例——设置字体font-family

如果你想让网站上的文字看起来更加不一样，那么就必须要给网页中的标题、段落和其他页面元素应用不同的字体。可以用font-family属性在CSS样式里设置字体。在HTML中，设置文字的字体属性需要通过<font>标签中的face属性。而在CSS中，则使用font-family属性。

语法：

```
font-family: "字体1", "字体2", …
```

说明

如果要让设置的这种字体正确显示，则电脑上必须装有该字体，否则将按原字体样式显示。当然，也可以写上多种字体，当对方浏览你的网站，且电脑没有安装第一种字体时，浏览器就会在列表中继续往上搜寻，直到找到适合的字体为止。即当浏览器不支持“字体1”时，则会采用“字体2”；如果不支持“字体1”和“字体2”，则会采用“字体3”，依次类推。如果浏览器不支持font-family属性中定义的所有字体，则会采用系统默认的字体。

实例：

```
<!DOCTYPE html>
<html>
<meta charset="UTF-8">
<head>
<title>设置字体</title>
<style type="text/css">
```

```
<!--
.h {font-family: "宋体";}
.g {font-family: "隶书";}
-->
</style>
</head>
<body>
<p><span class="g">北京房车露营公园</span>
 <p><span class="h">北京马上就要进入秋高气爽的好时节了，喜爱户外旅游的你，一定想感受自然的拥抱、体验自驾的畅快、享受舒适的休息环境。全家一起到京郊享受一个完美假期吧。但如果想一次满足多个心愿，把房车停在露营地是个不错的选择。这是一种生活方式。装备齐全的露营地有你想进行娱乐所需的一切。</span><br>
 </p>
</body>
</html>
```

此段代码中在<head>和</head>之间用<style>定义了h中的字体font-family为“宋体”，g中的字体font-family为“隶书”，在浏览器中浏览时可以看到段落中的标题文字以“隶书”显示，正文以“宋体”显示，如图7-1所示。

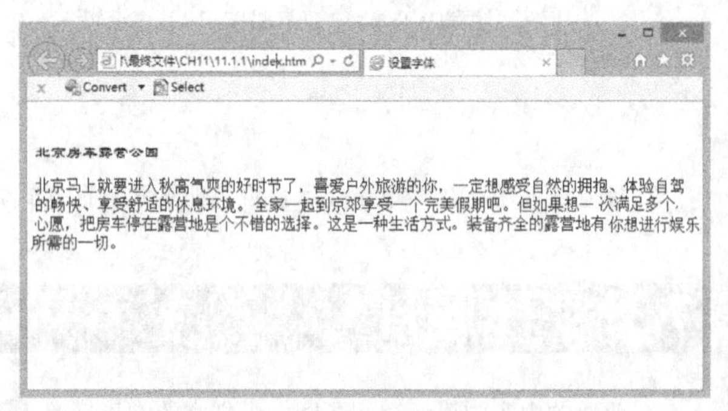

图7-1 设置字体

7.3.2 课堂案例——设置字号font-size

在HTML中，文字的大小是由<font>标签中的size属性来控制的。而在CSS里，可以使用font-size属性来自由控制文字的大小。

语法：

```
font-size:大小的取值
```

说明

font-size的取值范围如下。

xx-small：绝对字体尺寸，最小。

x-small：绝对字体尺寸，较小。

small：绝对字体尺寸，小。

medium：绝对字体尺寸，正常默认值。

large：绝对字体尺寸，大。

x-large：绝对字体尺寸，较大。

xx-large：绝对字体尺寸，最大。

larger：相对字体尺寸，相对于父对象中字体的尺寸进行相对增大。

smaller：相对字体尺寸，相对于父对象中字体的尺寸进行相对减小。

length：可采用百分数或长度值，不可为负值，使用百分数时是基于父对象中字体尺寸的比例。

实例：

```
<!DOCTYPE html>
<html>
<head>
<meta charset="utf-8">
<title>设置字号</title>
<style type="text/css">
<!--
.h {font-family: "宋体"; font-size: 12px;}
.h1 {font-family: "宋体"; font-size: 14px;}
.h2 {font-family: "宋体"; font-size: 16px;}
.h3 {font-family: "宋体"; font-size: 18px;}
.h4 {font-family: "宋体"; font-size: 24px; }
-->
</style>
</head>
<body>
<p class="h">这里是12号字体。</p>
<p class="h1">这里是14号字体。</p>
<p class="h2">这里是16号字体。</p>
<p class="h3">这里是18号字体。</p>
<p class="h4">这里是24号字体。</p>
</body>
</html>
```

此段代码中首先在<head>和</head>之间用样式定义了不同的字号font-size，然后在正文中对文本应用样式，在浏览器中的浏览效果如图7-2所示。

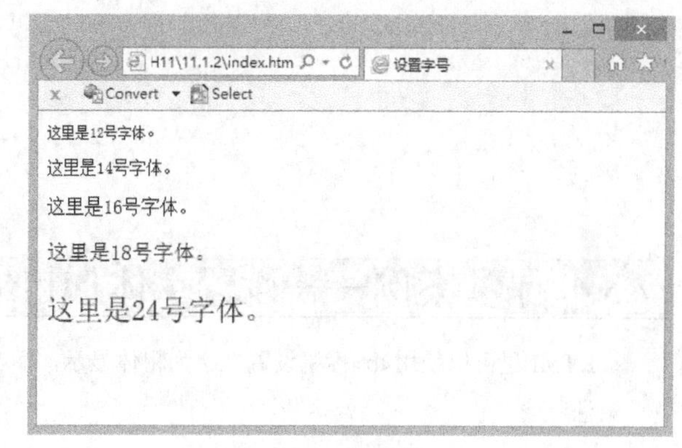

图7-2 设置字号

7.3.3 课堂案例——设置字体风格font-style

字体风格font-style属性用来设置字体是否为斜体。

语法：

```
font-style:样式的取值
```

说明

样式的取值有3种：normal是默认正常的字体；italic以斜体显示文字；oblique属于中间状态，以偏斜体显示。

实例：

```
<!DOCTYPE html>
<html>
<head>
<meta charset="utf-8">
<title>设置斜体</title>
<style type="text/css">
<!--
.h {font-family: "宋体";
  font-size: 24px;
  font-style: italic;}
-->
</style>
</head>
<body>
<span class="h">自古无鱼不成宴。鱼以其无脂肪、多蛋白、味鲜美、易吸收等特点一直被人们所喜爱。其实人们只知道鱼好吃，但对于鱼的营养价值认识并不全面。</span>
</body>
</html>
```

此段代码中首先在<head>和</head>之间用<style>定义h中的字体风格font-style为斜体italic，然后在正文中对文本应用h样式，在浏览器中的浏览效果如图7-3所示。

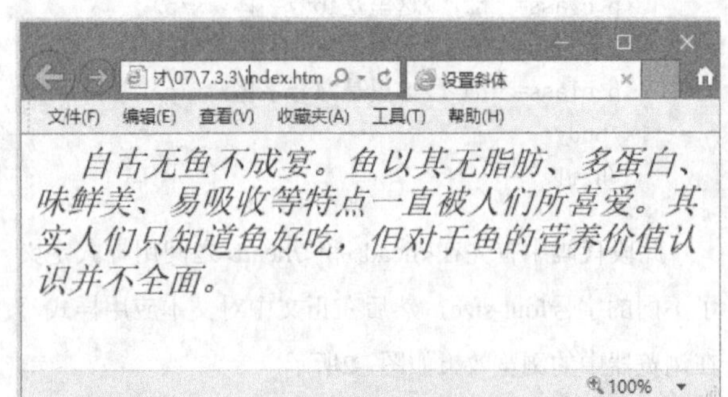

图7-3 字体风格为斜体

7.3.4 课堂案例——设置字体加粗font-weight

在HTML里可以使用<b>标签设置文字为粗体显示，而在CSS中可以利用font-weight属性来设置字体的粗细。

语法：

```
font-weight:字体粗度值
```

说明

font-weight的取值范围包括normal、bold、bolder、lighter、number。其中normal表示正常粗细；bold表示粗体；bolder表示特粗体；lighter表示特细体；number的取值范围是100～900，一般情况下都是整百的数字，如200、300等。

实例：

```
<!DOCTYPE html>
<html>
<head>
<meta charset="utf-8">
```

```
<title>设置加粗字体</title>
<style type="text/css">
<!--
.h {
  font-family: "宋体";
  font-size: 18px;
  font-weight: bold;
}
-->
</style>
</head>
<body>
<span class="h">五岳是中国群山的代表，不仅是因为它们具有非凡的气度，更是因为它们在中华五千年长河中，积累沉淀下了关于历史、关于岁月的印记和厚重的文化积层。登五岳，看尽泰山之雄、华山之险、衡山之秀、恒山之幽、嵩山之峻。 泰山并不以美、奇或者险著称，没有多少特别之处，人们慕名而来大多是因它深厚的底蕴以及历代帝王的光顾。</span>
</body>
</html
```

此段代码中首先在<head>和</head>之间用<style>定义h中的加粗字体font-weight为粗体bold，然后在正文中对文本应用h样式，在浏览器中的浏览效果如图7-4所示，可以看到正文字体被加粗了。

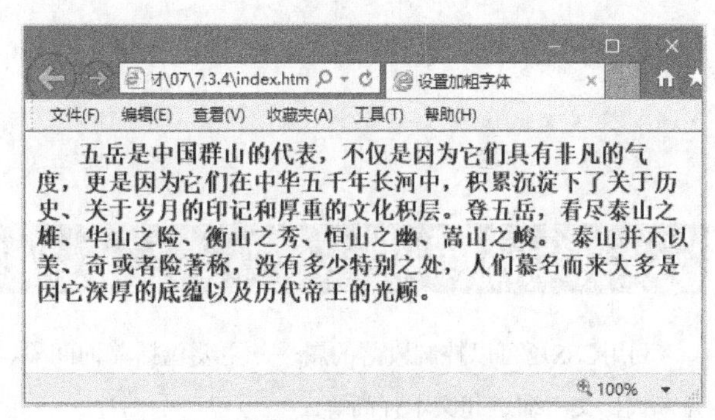

图7-4　设置加粗字体效果

7.3.5 课堂案例——设置字体变形font-variant

使用font-variant属性可以将小写的英文字母转变为大写。

语法：

```
font-variant:取值
```

说明

在font-variant属性中，设置值只有两个，一个是normal，表示正常显示；另一个是small-caps，它能将小写的英文字母转变为大写字母且字体较小。

实例：

```
<!DOCTYPE html>
<html>
<head>
<meta charset="utf-8">
<title>小型大写字母</title>
<style type="text/css">
<!--
```

```
.j {font-family: "宋体";
  font-size: 18px;
  font-variant: small-caps;}
-->
</style>
</head>
<body class="j">
We are experts at translating those needs into marketing solutions that work,look great and communicate very very well.to your needs and those of your clients.We are experts at translating those needs into marketing solutions that work,look great and communicate very very well.
</body>
</html>
```

此段代码中首先在<head>和</head>之间用<style>定义j中的font-variant属性为small-caps，然后在正文中对文本应用j样式，在浏览器中的预览效果如图7-5所示，可以看到小写的英文字母2转变为大写了。

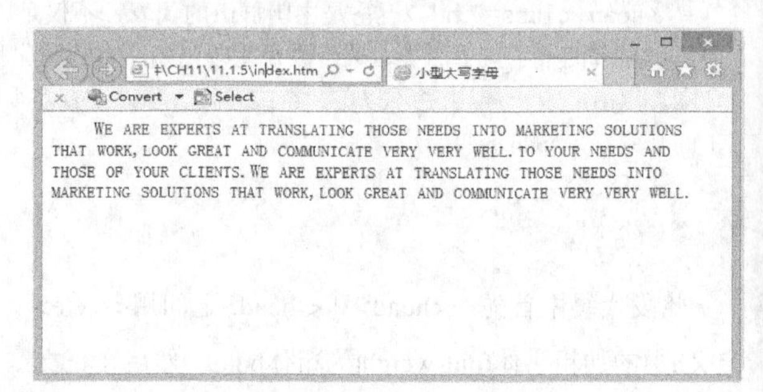

图7-5 小写字母转变为大写

7.4 段落属性

利用CSS还可以控制段落的属性，主要包括单词间隔、字符间隔、文字修饰、垂直对齐方式、文本转换、水平对齐方式、文本缩进和文本行高等。

7.4.1 课堂案例——设置单词间隔word-spacing

使用单词间隔word-spacing可以控制单词之间的间隔。

语法：

```
word-spacing:取值
```

说明

可以使用normal，也可以使用长度值。normal指正常的间隔，是默认选项；长度值用于设置单词间隔的数值及单位，可以使用负值。

实例

```
<!DOCTYPE html>
<html>
<head>
<meta charset="utf-8">
<title>单词间隔</title>
<style type="text/css">
<!--
```

```
.df {font-family:"宋体";
  font-size: 18px;
  word-spacing: 5px;}
-->
</style>
</head>
<body>
<span class="df">In a multiuser or network environment, the process by which the system validates a user's logon information. <br/>
A user's name and password are compared against an authorized list, validates a user's logon information.
</span>
</body>
</html>
```

此段代码中首先在<head>和</head>之间用<style>定义df中的单词间隔word-spacing为5px，然后对正文中的段落文本应用df样式，在浏览器中的浏览效果如图7-6所示。

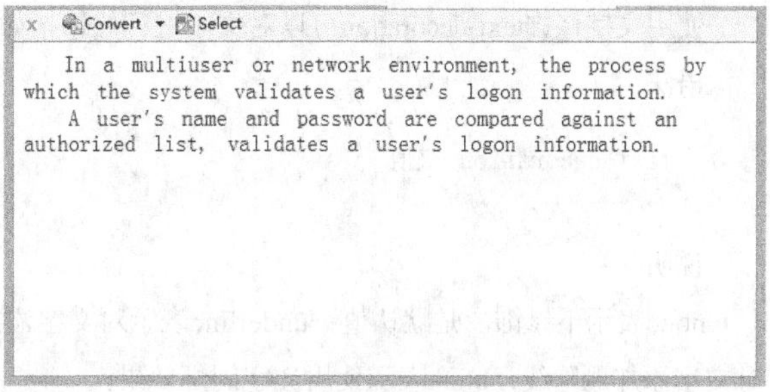

图7-6 单词间隔效果

7.4.2 课堂案例——设置字符间隔letter-spacing

使用字符间隔letter-spacing可以控制字符之间的间隔。

语法：

```
letter-spacing:取值
```

实例：

```
<!DOCTYPE html>
<html>
<head>
<meta charset="utf-8">
<title>字符间隔</title>
<style type="text/css">
<!--
.s {font-family: "新宋体";
  font-size: 14px;
  letter-spacing: 5px;}
-->
</style>
</head>
<body>
<span class="s">In a multiuser or network environment, the process by which the system validates a user's logon information. <br/>
```

```
A user' s name and password are compared against an authorized list, validates a user' s logon information.</span>
</body>
</html>
```

此段代码中首先在<head>和</head>之间用<style>定义s中的字符间隔letter-spacing为5px，然后对正文中的段落文本应用s样式，在浏览器中的浏览效果如图7-7所示。

文件(F) 编辑(E) 查看(V) 收藏夹(A) 工具(T) 帮助(H)

In a multiuser or network environment, the process by which the system validates a user's logon information.
A user's name and password are compared against an authorized list, validates a user's logon information.

图7-7 字符间隔效果

7.4.3 课堂案例——设置文字修饰text-decoration

使用文字修饰text-decoration可以对文本进行修饰，如设置下画线、删除线等。

语法：

```
text-decoration:取值
```

说明

none表示不修饰，是默认值；underline表示对文字添加下画线；overline表示对文字添加上画线；line-through表示对文字添加删除线；blink表示使用文字闪烁效果。

实例：

```
<!DOCTYPE html>
<html>
<head>
<meta charset="utf-8">
<title>文字修饰</title>
<style type="text/css">
<!--.s {font-family: "新宋体";
  font-size: 18px;
  text-decoration: underline;}
-->
</style>
</head>
<body>
<p class="s">青山横北郭，白水绕东城。</p>
<p class="s">此地一为别，孤蓬万里征。</p>
<p class="s">浮云游子意，落日故人情。</p>
<p class="s">挥手自兹去，萧萧班马鸣。</p>。</span>
</body>
</html>
```

此段代码中首先在<head>和</head>之间用<style>定义s中的文字修饰属性text-decoration为underline，然后对正文中的段落文本应用s样式，在浏览器中的浏览效果如图7-8所示，可以看到文本添加了下画线。

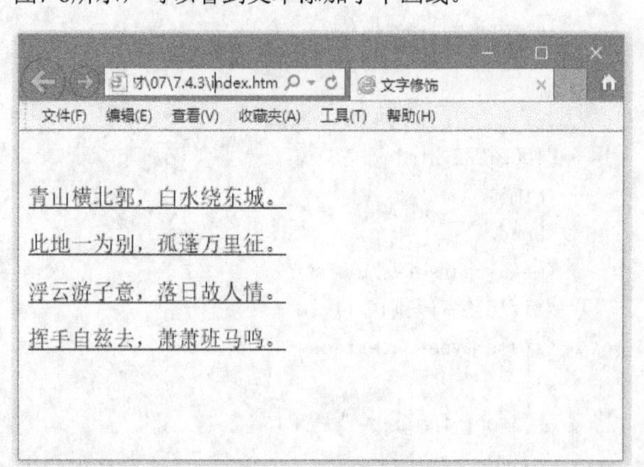

图7-8 文字修饰效果

7.4.4 课堂案例——设置垂直对齐方式vertical-align

使用垂直对齐方式vertical-align可以设置段落的垂直对齐方式。

语法：

```
vertical-align:排列取值
```

说明

vertical-align包括以下取值范围。

Baseline：浏览器的默认垂直对齐方式。

Sub：文字的下标。

Super：文字的上标。

Top：垂直靠上对齐。

text-top：使元素和上级元素的字体向上对齐。

middle：垂直居中对齐。

text-bottom：使元素和上级元素的字体向下对齐。

实例：

```
<!DOCTYPE html>
<html>
<head>
<meta charset="utf-8">
<title>垂直对齐方式</title>
<style type="text/css">
<!--
.ch {vertical-align: super;
  font-family: "宋体";
  font-size: 12px;}
-->
</style>
</head>
<body>
10<span class="ch">2</span>-2<span class="ch">2</span>=96
</body>
</html>
```

此段代码中首先在<head>和</head>之间用<style>定义了ch中的vertical-align属性为super，表示文字上标，然后对正文中的段落文本应用ch样式，在浏览器中的浏览效果如图7-9所示。

10^2-2^2=96

图7-9 纵向排列效果

7.4.5 课堂案例——设置文本转换text-transform

使用文本转换text-transform可以转换英文字母的大小写。

语法：

```
text-transform:转换值
```

说明

text-transform包括以下取值范围。

none：表示使用原始值。

lowercase：表示使每个单词的第一个字母大写。

uppercase：表示使每个单词的所有字母大写。

capitalize：表示使每个单词的所有字母小写。

实例：

```
<!DOCTYPE html>
<html>
<head>
<meta charset="utf-8">
<title>文本转换</title>
<style type="text/css">
<!--
.zh {font-size: 14px;
  text-transform: capitalize;}
.zh1 {font-size: 14px;
  text-transform: uppercase;}
.zh2 {font-size: 14px;
  text-transform: lowercase;}
.zh3 {font-size: 14px;
  text-transform: none;}
-->
</style>
</head>
<body>
<p>下面是一句话设置不同的转换值效果。</p>
<p class="zh">happy new year! </p>
<p class="zh1">happy new year! </p>
<p class="zh2">happy new year! </p>
<p class="zh3">happy new year! </p>
</body>
</html>
```

此段代码中首先在<head>和</head>之间定义了zh、zh1、zh2、zh3这4个样式，text-transform属性分别设置为capitalize（使每个单词的第一个字母大写）、uppercase（使每个单词的所有字母大写）、lowercase（使每个单词的所有字母小写）、none（使用原始值），在浏览器中的预览效果如图7-10所示。

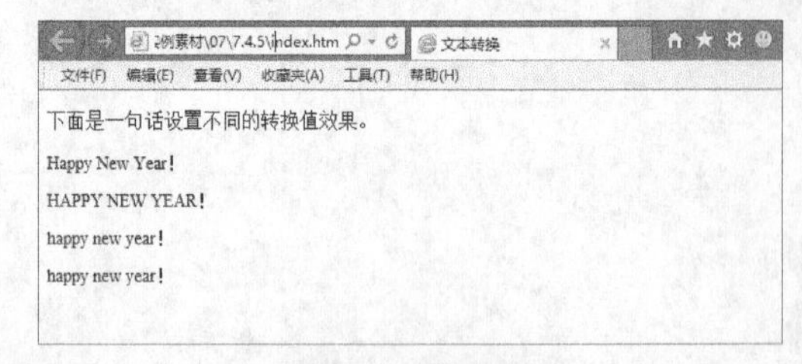

图7-10 文本转换效果

7.4.6 课堂案例——设置水平对齐方式text-align

使用水平对齐方式text-align可以设置元素中文本的水平对齐方式。

语法：

```
text-align:排列值
```

说明

水平对齐方式取值范围包括left、right、center、justify和inherit这5种对齐方式。

left：左对齐。

right：右对齐。

center：居中对齐。

justify：两端对齐。

inherit：规定从父元素继承text-align属性的值。

实例：

```
<!DOCTYPE html>
<html>
<head>
<meta charset="utf-8">
<title>文本排列</title>
<style type="text/css">
<!--
.a {font-family: "宋体";
  font-size: 16pt;
  text-align: left;}
.b {font-family: "宋体";
  font-size: 16pt;
  text-align: center;}
.c {font-family: "宋体";
  font-size: 16pt;
  text-align: right;}
-->
</style>
</head>
<body >
<p class="a">珍珠泉乡<br>
珍珠泉乡是北京市人口密度最低的乡镇，林木绿化率88%，被誉为 "松林氧吧"。菜食河流域风景更加独特。在这里住宿、吃饭很明智，民俗村农家院比较多，价格很公道，最主要是这里地面开阔景色怡人，又是通往很多美景的中转地。</p>
<p class="b">珠泉喷玉<br>
泉眼海拔650米，四季喷涌不断，泉水的温度常年保持在16℃，泉水富含二氧化碳，万珠滚动争相而上，串串气泡晶莹潋滟，珍珠泉由此得名。</p>
<p class="c">望泉亭<br>
全长6千米，海拔900米，这里植被丰茂，到达山顶即是望泉亭，可观珍珠泉村全景和百亩花海。</p>
</body>
</html>
```

此段代码中首先在<head>和</head>之间用<style>定义了text-align的不同属性，然后对不同的段落应用不同样式，在浏览器中的预览效果如图7-11所示，可以看到文本的不同对齐方式。

珍珠泉乡
珍珠泉乡是北京市人口密度最低的乡镇，林木绿化率88%，被誉为“松林氧吧”。菜食河流域风景更加独特。在这里住宿、吃饭很明智，民俗村农家院比较多，价格很公道，最主要是这里地面开阔景色怡人，又是通往很多美景的中转地。

珠泉喷玉
泉眼海拔650米，四季喷涌不断，泉水的温度常年保持在16℃，泉水富含二氧化碳，万珠滚动争相而上，串串气泡晶莹潋滟，珍珠泉由此得名。

望泉亭
全长6千米，海拔900米，这里植被丰茂，到达山顶即是望泉亭，可观珍珠泉村全景和百亩花海。

图7-11 文本不同对齐方式

7.4.7 课堂案例——设置文本缩进text-indent

在HTML中只能控制段落的整体向右缩进，如果不进行设置，浏览器则默认为不缩进；而在CSS中可以控制段落的首行缩进以及缩进的距离。

语法：

```
text-indent:缩进值
```

说明

文本的缩进值必须是一个长度值或一个百分比。

实例：

```
<!DOCTYPE html>
<html>
<head>
<meta charset= " utf-8 " >
<title>文本缩进</title>
<style type= " text/css " >
<!--
.k {font-family: " 宋体 " ;
  font-size: 16pt;
  text-indent: 40px;}
-->
</style>
</head>
<body>
<p class= " k " >山不在高，有仙则名。水不在深，有龙则灵。斯是陋室，惟吾德馨。苔痕上阶绿，草色入帘青。谈笑有鸿儒，往来无白丁。可以调素琴，阅金经。无丝竹之乱耳，无案牍之劳形。南阳诸葛庐，西蜀子云亭。孔子云：何陋之有？</p>
</body>
</html>
```

此段代码中首先在<head>和</head>之间用<style>定义了k中的text-indent属性为40px，表示缩进40个像素，然后对正文中的段落文本应用k样式，在浏览器中的浏览效果如图7-12所示。

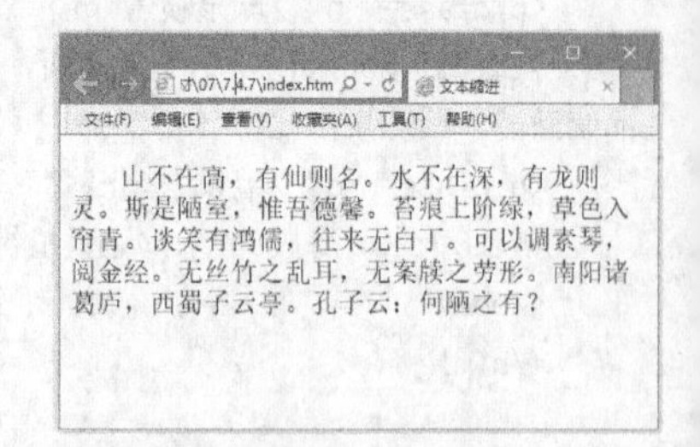

图7-12 文本缩进效果

7.4.8 课堂案例——设置文本行高line-height

使用文本行高line-height可以控制段落中行与行之间的距离。

语法：

```
line-height:行高值
```

说明

行高值可以为长度、倍数和百分比。

实例：

```
<!DOCTYPE html>
<html>
<head>
<meta charset="utf-8">
<title>文本行高</title>
<style type="text/css">
<!--
.k {font-family: "宋体"; font-size: 14pt; line-height: 50px;}
-->
</style>
</head>
<body>
<span class="k">延庆四海镇比市区海拔高，林木覆盖率高、日照充足，是一个天然大花圃，今年这里种植的花卉有数千余亩。四海镇种植了万寿菊、百合、茶菊、玫瑰、种籽种苗、宿根花卉和草盆花等，这些花会分季节开放，所以这里实现了四季鲜花不断的美景。延庆县四海镇、珍珠泉乡等地都形成了富有当地特色的旅游模式。周边有很多民俗村、民俗户都在发展农家乐旅游，农家院，好的标间也就一百多一间，普通的也就几十。</span>
</body>
</html>
```

此段代码中首先在<head>和</head>之间用<style>定义了k中的line-height属性为50px，表示行高为50像素，然后对正文中的段落文本应用k样式，在浏览器中的浏览效果如图7-13所示，可以看到行间距比默认的间距增大了。

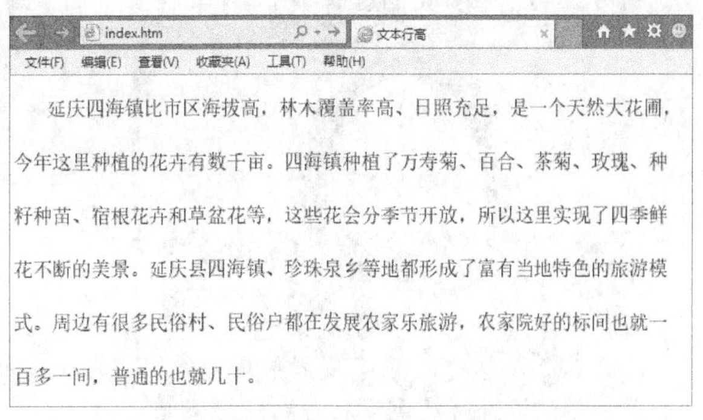

图7-13 文本行高效果

7.5 图片样式设置

在网页中恰当地使用图片，能够充分展现网页的主题和增强网页的美感，同时还能够吸引浏览者的目光。CSS提供了强大的图片样式控制能力，以帮助用户设计专业美观的网页。

7.5.1 课堂案例——定义图片边框

在 HTML中，我们使用表格来创建文本周围的边框。而通过使用 CSS 边框属性，我们可以创建出效果出色的边框，并且可以应用于任何元素。默认情况下，图片是没有边框的，通过“边框”属性可以为图片添加边框线。

下面是一个图片边框的实例，其代码如下。

```
<!doctype html>
<html>
<head>
<meta charset=" utf-8 ">
<title>图片边框</title>
<style type=" text/css ">
.wu {border: 5px solid  #F60;}
</style>
</head>
<body>
<img src=" tu.jpg "  width=" 350 "  height=" 385 "  class=" wu "  />
</body>
</html>
```

这里首先定义了一个样式，设置了边框宽度为5px，边框线为实线，边框颜色为#F60，然后在正文中对图片应用样式，效果如图7-14所示。

利用border: 5px dashed设置5px的虚线边框，效果如图7-15所示。

其CSS代码如下。

```
.wu {border: 5px dashed #F60;}
```

图7-14 实线边框效果

图7-15 虚线边框效果

通过改变边框样式、宽度和颜色，可以得到下列各种不同效果。

（1）设置“border: 5px dotted #F60”，效果如图7-16所示。

（2）设置“border: 5px double #F60”，效果如图7-17所示。

（3）设置“border: 30px groove #F60”，效果如图7-18所示。

（4）设置“border: 30px ridge #F60”，效果如图7-19所示。

图7-16 点划线边框效果

图7-17 双线边框效果

图7-18 槽状边框效果

图7-19 脊状边框效果

（5）设置“border: 30px inset #F60”，效果如图7-20所示。

（6）设置“border: 30px outset #F60”，效果如图7-21所示。

图7-20 凹陷边框效果

图7-21 凸出边框效果

7.5.2 课堂案例——设置文字环绕图片

网页中仅有文字是非常单调的，因此经常会在段落间插入图片。在网页构成的诸多要素中，图片是形成设计风格和吸引访问者的重要因素之一。

下面是一个通过float设置文字环绕图片的实例，预览效果如图7-22所示，其CSS代码如下。

```
<!doctype html>
<html>
<head>
<meta charset="utf-8">
<title>文字环绕</title>
<style type="text/css">
<!--
.wu {padding: 10px;float: left;}
</style>
</head>
<body>
<table width="90%" border=0 align="center" cellpadding=0 cellspacing=0>
  <tbody>
  <tr>
   <td height="450" ><span >水陆草木之花，可爱者甚蕃。晋陶渊明独爱菊。自李唐来，世人甚爱牡丹。予独
```

```
爱莲之出淤泥而不染，濯清涟而不妖，
    <img src="images/zp-2.jpg" width="230"
height="209" align="right" class="wu"><BR>
        中通外直，不蔓不枝，香远益清，亭亭净
植，可远观而不可亵玩焉。 予谓菊，花之隐逸者也；牡
丹，花之富贵者也；莲，花之君子者也。噫！菊之爱，
陶后鲜有闻。莲之爱，同予者何人？牡丹之爱，宜乎众
矣！</span>
    </td>
      </tr>
    </tbody>
    </table>
    </body>
    </html>
```

图7-22 文字环绕图片效果

7.6 课堂练习——设置网页背景颜色

网页中的背景设计是相当重要的，好的背景不但能提高访问者对网页内容的接受程度，还能加深访问者对整个网站的印象。如果你经常注意别人的网站，应该会发现在不同的网站上、甚至同一个网站的不同页面上，都会有各式各样的背景设计。

背景颜色的设置是最为简单的，但同时也是最为常用和最为重要的，因为相对于背景图片来说，它有显示速度上的优势。在HTML中，利用<body>标签中的bgcolor属性可以设置网页的背景颜色；而在CSS中，使用background-color属性不但可以设置网页的背景颜色，还可以设置文字的背景颜色。

实例：

```
<!doctype html>
<html>
<head>
<meta charset="utf-8">
<title>背景颜色</title>
<style type="text/css">
<!--
.gh {font-family: "宋体"; font-size: 24px; color: #9900FF;
  background-color: #FF99FF;}
body {background-color: #FF99CC;}
-->
</style>
</head>
<body>
  <span class="gh">水陆草木之花，可爱者甚蕃。晋陶渊明独爱菊。自李唐来，世人甚爱牡丹。予独爱莲之出
淤泥而不染，濯清涟而不妖，
  中通外直，不蔓不枝，香远益清，亭亭净植，可远观而不可亵玩焉。 予谓菊，花之隐逸者也；牡丹，花之富贵者
也；莲，花之君子者也。噫！菊之爱，陶后鲜有闻。莲之爱，同予者何人？牡丹之爱，宜乎众矣！</span>
</body>
</html>
```

此段代码中首先在<head>和</head>之间用<style>定义了gh标签中的背景颜色属性background-color为#ff99ff，然后在正文中对文本应用gh样式，利用body {background-color: #ff99cc;}定义整个网页的背景颜色。在浏览器中的预览效果如图7-23所示，可以看到应用样式的文本和整个网页有不同的背景颜色。

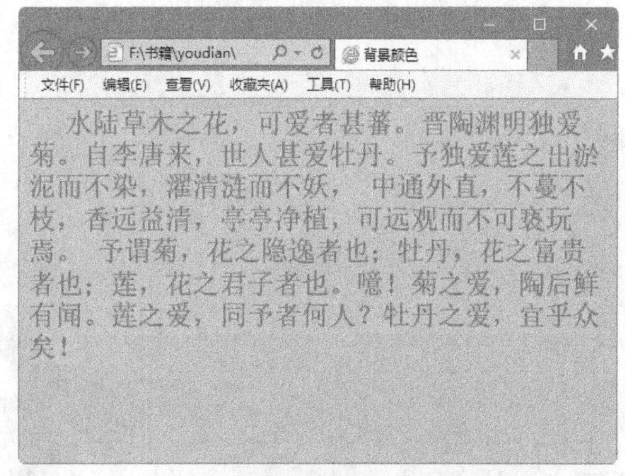

图7-23 设置文本和整个网页的背景色

7.7 课后习题

1. 填空题

（1）CSS的语法结构仅由3部分组成，即________、________和________。

（2）________是CSS样式控制的核心，对于每一个XHTML中的标签，CSS都提供了丰富的样式属性，如颜色、大小、定位、浮动方式等。

（3）添加CSS有4种方法：________、________、________、________。

（4）________是混合在HTML标签里使用的，使用这种方法可以简单地对某个元素单独定义样式。

2. 操作题

创建图7-24所示的模板效果。

图7-24 给网页添加CSS的效果

7.8 本章总结

要使网站中的每个页面都具有相同的布局和风格，若是采用常规的方法创建网页，就需要重复地在每个页面中输入和编辑很多类似的内容。显然，这对于网页制作者来说，是一件十分麻烦的事情，而使用CSS样式表就可以避免这些重复的工作。本章中我们学习了网页制作过程中普遍用到的CSS样式表。学会采用CSS技术控制网页，能够更轻松、更有效地对页面的颜色、字体、链接、背景，以及同一页面的不同部分、不同页面的外观和格式等效果实现更加精确的控制。

第8章

使用CSS+DIV布局网页

CSS + DIV是网站标准中常用的术语之一，现在CSS和DIV的结构被越来越多的人采用，很多人都抛弃了表格定位技术而使用CSS来布局网页。它的好处很多，如可以使结构简洁、定位更灵活。CSS布局的最终目的是搭建完善的页面架构。通常在XHTML网站设计标准中，不再使用表格定位技术，而是采用CSS+DIV的方式实现各种定位。

学习目标

- 初识DIV
- 了解CSS定位
- 了解CSS布局理念
- 学会实现不同方式的布局

8.1 初识DIV

在使用CSS布局的网页中，<DIV>与<span>都是常用的标签。利用这两个标签，加上CSS对其样式的控制，可以很方便地实现网页的布局。

8.1.1 DIV概述

过去最常用的网页布局工具是<table>标签，它本是用来创建电子数据表的。由于<table>标签本来不是用于布局的，因此设计师们不得不经常以各种不寻常的方式来使用这个标签，如把一个表格放在另一个表格的单元里面。这种方法的工作量很大，增加了大量额外的HTML代码，并使得后面修改设计的过程很难。

而CSS的出现使得网页布局有了新的方法。利用CSS属性，可以精确地设定元素的位置，还能将定位的元素叠放。当使用CSS布局时，主要把它用在DIV标签上，<DIV>与</DIV>之间相当于一个容器，可以放置段落、表格和图片等各种HTML元素。DIV是用来为HTML文档内大块的内容提供结构和背景的元素。DIV的起始标签和结束标签之间的所有内容都是用来构成这个块的，其中所包含元素的特性由DIV标签的属性或通过使用CSS来控制。

8.1.2 DIV与span的区别

DIV标签早在HTML3.0时代就已经出现，但那时并不常用，直到CSS出现后才逐渐发挥出它的优势。而span标签直到HTML4.0时才被引入，它是专门针对样式表而设计的标签。DIV简单而言是一个区块容器标签，即<DIV>与</DIV>之间相当于一个容器，可以容纳段落、标题、表格、图片乃至章节、摘要和备注等各种HTML元素。因此，可以把<DIV>与</DIV>中的内容视为一个独立的对象，用于CSS的控制。声明时只需要对DIV进行相应的控制，其中的各标记元素都会因此而改变。

span是行内元素，span的前后是不会换行的，它没有结构的意义，纯粹是应用样式。当其他行内元素都不合适时，可以使用span。

下面通过一个实例来说明DIV与span的区别，代码如下。

```
<!doctype html>
<html>
<head>
<meta http-equiv="Content-Type" content="text/html; charset=gb2312" />
<title>DIV与span的区别</title>
<style type="text/css">
.t {
font-weight: bold;
font-size: 16px;
}
.t {
font-size: 14px;
font-weight: bold;
}
</style>
</head>
<body>
<p class="t">DIV标记不同行：</p>
<div><img src="tu1.jpg" vspace="1" border="0"></div>
<div><img src="tu2.jpg" vspace="1" border="0"></div>
```

```
<div><img src="tu3.jpg" vspace="1" border="0"></div>
<p class="t">span 标记同一行：</p>
<span><img src="tu1.jpg" border="0"></span>
<span><img src="tu2.jpg" border="0"></span>
<span><img src="tu3.jpg" border="0"></span>
</body>
</html>
```

在浏览器中的浏览效果如图8-1所示。

正是由于两个对象有着不同的显示模式，因此在实际使用过程中两个对象有着不同的用途。DIV对象是一个大的块状内容，如一大段文本、一个导航区域、一个页脚区域等显示为块状的内容。而作为内联对象的span，其用途是对行内元素进行结构编码以方便样式设计，例如在一大段文本中，需要改变其中一段文本的颜色，可以将这一小部分文本使用span对象并进行样式设计，这样不会改变这一整段文本的显示方式。

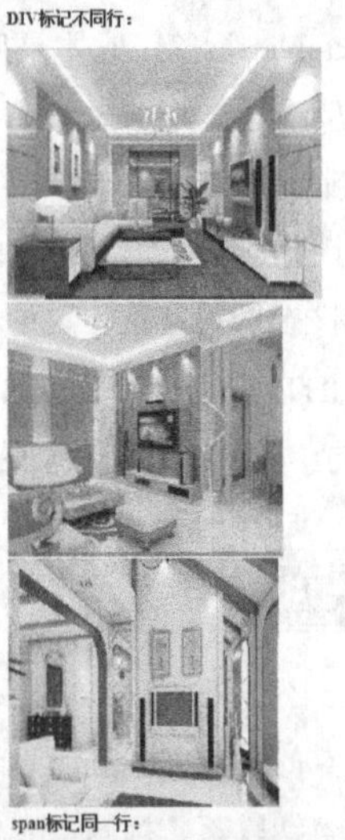

图8-1 DIV与span的区别

8.1.3 DIV与CSS的布局优势

掌握基于CSS的网页布局方式，是实现Web标准的基础。在制作主页时采用CSS技术，可以有效地对页面的布局、字体、颜色、背景和其他效果实现更加精确的控制。只要对相应的代码做一些简单的修改，就可以改变网页的外观和格式。采用CSS布局有以下优点。

- 大大缩减页面代码行数，提高页面浏览速度，缩减带宽成本。
- 缩短改版时间，只要简单地修改几个CSS文件就可以重新设计一个拥有成百上千页面的站点。
- 拥有强大的字体控制和排版能力。
- CSS非常容易编写，可以像编写HTML代码一样轻松编写CSS代码。
- 提高易用性，使用CSS可以结构化HTML，如<p>标签只用来控制段落、heading标签只用来控制标题、table标签只用来表现格式化的数据等。
- 表现和内容相分离，将设计部分分离出来放在一个独立样式文件中。
- 更方便搜索引擎的搜索，用只包含结构化内容的HTML代替嵌套的标签，搜索引擎将能够更有效地搜索到内容。
- table布局灵活性不大，只能遵循table、tr、td的格式，而DIV可以有各种格式。
- 在table布局中，垃圾代码会很多，一些修饰的样式及布局的代码混合在一起，很不直观。而DIV更能分开体现样式和结构，结构的重构性强。
- 在几乎所有的浏览器上都可以使用。

• 以前一些必须通过图片转换实现的功能，现在只需要用CSS就可以轻松实现，从而更快地加载页面。

• 使页面的字体变得更漂亮、更容易编排，使页面变得赏心悦目。

• 可以轻松地控制页面的布局。

• 可以将许多网页的风格格式同时更新，不用再一页一页地更新。可以将站点上所有的网页风格都使用一个CSS文件进行控制，只要修改这个CSS文件中相应的行，那么整个站点的所有页面都会随之发生变动。

8.2 CSS定位

CSS对元素的定位包括相对定位和绝对定位，同时，还可以把相对定位和绝对定位结合起来，形成混合定位。

8.2.1 盒子模型的概念

如果想熟练掌握DIV和CSS的布局方法，首先要对盒子模型有足够的了解。盒子模型是CSS布局网页时非常重要的概念，只有很好地掌握了盒子模型以及其中每个元素的使用方法，才能真正地布局网页中各个元素的位置。

页面中的所有元素都可以看作一个装了东西的盒子，盒子里面的内容到盒子的边框之间的距离即填充（padding），盒子本身有边框（border），而盒子边框外和其他盒子之间还有边界（margin）。

一个盒子由4个独立部分组成，如图8-2所示。

最外面的是边界（margin）；第二部分是边框（border），边框可以有不同的样式；第三部分是填充（padding），填充用来定义内容区域与边框（border）之间的空白；第四部分是内容区域。

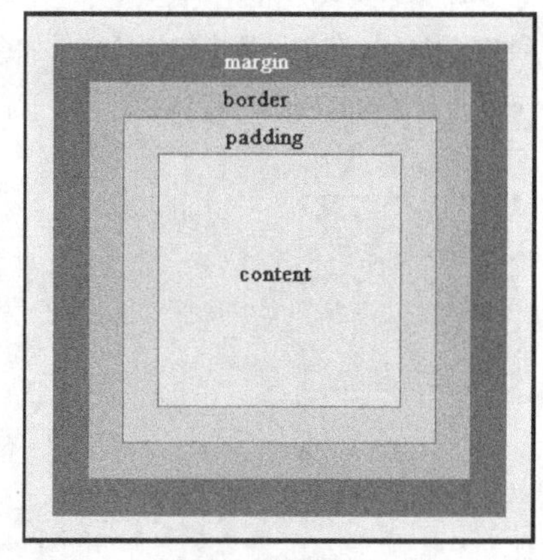

图8-2 盒子模型图

填充、边框和边界都分为上、右、下、左4个方向，既可以分别定义，也可以统一定义。当使用CSS定义盒子的width和height时，定义的并不是内容区域、填充、边框和边界所占的总区域，而是内容区域content的width和height。计算盒子所占的实际区域时必须加上填充、边框和边界。

实际宽度=左边界+左边框+左填充+内容宽度（width）+右填充+右边框+右边界。

实际高度=上边界+上边框+上填充+内容高度（height）+下填充+下边框+下边界。

8.2.2 float定位

float属性定义元素在哪个方向浮动。以往这个属性应用于图像，使文本围绕在图像周围。不过在CSS中，任何元素都可以浮动。浮动元素会生成一个块级框，而不论它本身是何种元素。float是相对定位的，会随着浏览器的大小和分辨率的变化而改变。float浮动属性是元素定位中非常重要的属性，常常通过对DIV元素应用float浮动来进行定位。

语法：

```
float:none|left|right
```

说明

none是默认值，表示对象不浮动；left表示对象浮在左边；right表示对象浮在右边。CSS允许任何元素浮动，不论是图像、段落还是列表。无论先前元素是什么状态，浮动后都成为块级元素。浮动元素的宽度默认为auto。如果float

取值为none，或没有设置float，则不会发生任何浮动，块元素独占一行，紧随其后的块元素将在新行中显示，其代码如下所示。在浏览器中浏览图8-3所示的网页时，可以看到由于没有设置DIV的float属性，因此每个DIV都单独占一行，两个DIV分两行显示。

```
<!doctype html>
<html>
<head>
<meta http-equiv= " Content-Type "  content= " text/html; charset=gb2312 "  />
 <title>没有设置float时</title>
 <style type= " text/css " >
  #content_a {width:250px; height:100px; border:3px solid #000000; margin:20px; background: #F90;}
  #content_b {width:250px; height:100px; border:3px solid #000000; margin:20px; background: #6C6;}</
style>
</head>
<body>
  <div id= " content_a " >这是第一个DIV</div>
  <div id= " content_b " >这是第二个DIV</div>
</body>
</html>
```

下面修改一下代码，使用float:left对content_a应用向左的浮动，而使用float:right对content_b应用向右的浮动，其代码如下所示，在浏览器中的浏览效果如图8-4所示。可以看到content_a向左浮动，content_b向右浮动，content_b在水平方向跟在它的后面，两个DIV，在一行上并列显示。

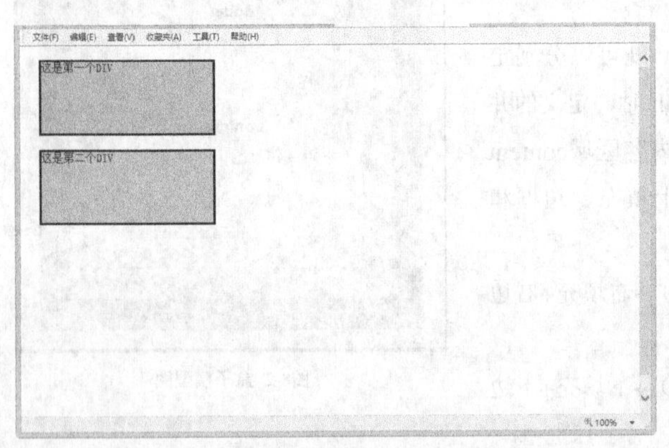

图8-3 没有设置float属性

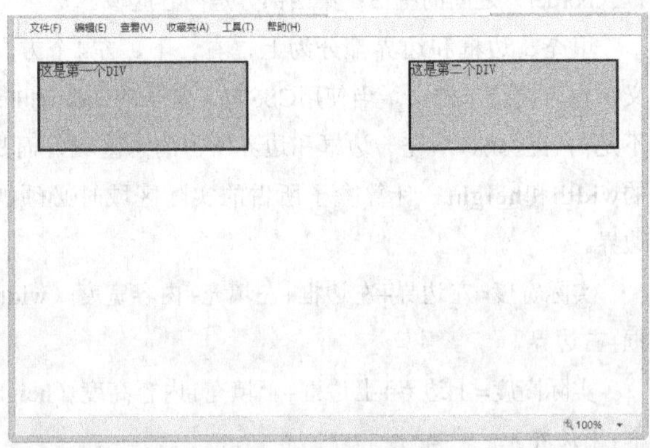

图8-4 两个DIV并列显示

```
<!doctype html>
<html>
<head>
<meta http-equiv= " Content-Type "  content= " text/html; charset=gb2312 " />
<title>设置浮动时</title>
<style type= " text/css " >
#content_a {width:250px; height:100px; float:left; border:3px solid #000000; margin:20px; background:
#F90;}
#content_b {width:250px; height:100px; float:right;border:3px solid #000000; margin:20px; background:
#6C6;}    </style>
</head>
<body>
<div id= " content_a " >这是第一个DIV</div>
```

```
    <div id=" content_b ">这是第二个DIV</div>
    </body>
    </html>
```

8.2.3 position定位

position的原意为位置、状态、安置。在CSS布局中，position属性非常重要，很多特殊容器的定位必须用position属性来完成。position属性有4个值，分别是static、absolute、fixed、relative。

定位允许用户精确定义元素框出现的相对位置，可以是相对于它通常出现的位置、相对于其上级元素的位置、相对于另一个元素的位置，或者相对于浏览器视窗本身的位置。每个显示元素都可以用定位的方法来描述，而其位置是由此元素的包含块来决定的。

语法：

```
Position：static | absolute | fixed | relative
```

static表示默认值，无特殊定位，对象遵循HTML定位规则；absolute表示采用绝对定位，需要同时使用left、right、top和bottom等属性进行绝对定位，而其层叠通过z-index属性定义，此时对象不具有边框，但仍有填充和边框；fixed表示当页面滚动时，元素保持在浏览器视区内，其行为类似absolute；relative表示采用相对定位，对象不可层叠，但将依据left、right、top和bottom等属性来设置元素在页面中的偏移位置。

8.3 CSS布局理念

无论使用表格还是CSS，网页布局都是把大块的内容放进网页的不同区域里面。CSS中最常用来组织内容的元素就是<DIV>标签。CSS排版首先要使用<DIV>标签将页面整体划分为几个板块，然后对各个板块进行CSS定位，最后在各个板块中添加相应的内容。

8.3.1 将页面用DIV分块

在利用CSS布局页面时，首先要有一个整体的规划，包括整个页面分成哪些模块、各个模块之间的父子关系等。以最简单的框架为例，页面由横幅（banner）、主体内容（content）、菜单导航（links）和脚注（footer）几个部分组成，各个部分分别用自己的id来标识，如图8-5所示。

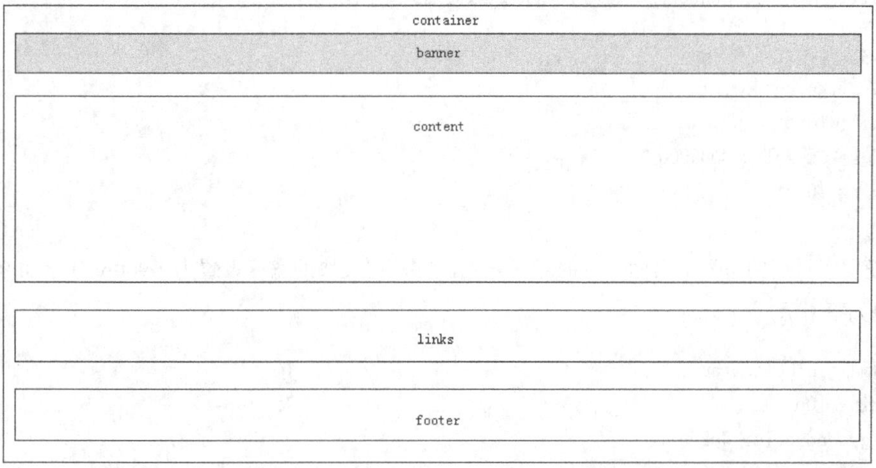

图8-5 页面内容框架

页面中的HTML框架代码如下所示。

```
<div id= " container " >container
<div id= " banner " >banner</div>
  <div id= " content " >content</div>
  <div id= " links " >links</div>
  <div id= " footer " >footer</div>
</div>
```

实例中每个板块都是一个<DIV>，这里直接使用CSS中的id来表示各个板块，页面的所有DIV块都属于container（容器），一般的DIV排版都会在最外面加上这个父DIV，以便对页面的整体进行调整。对于每个DIV块，还可以再加入各种元素或行内元素。

8.3.2 设计各块的位置

当页面的内容确定后，则需要根据内容本身考虑整体的页面布局类型，如是单栏、双栏还是三栏等，这里采用的布局如图8-6所示。

由图8-6可以看出，在页面外部有一个整体的框架container，banner位于页面整体框架中的最上方，content与links位于页面的中部，其中content占据着页面的绝大部分区域，最下面是footer。

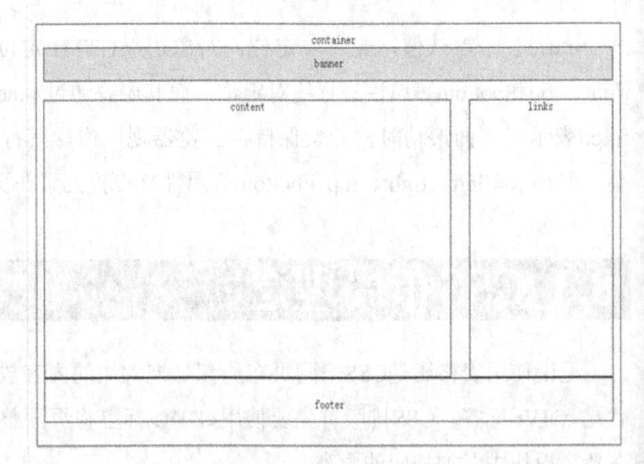

图8-6 简单的页面框架

8.3.3 用CSS定位

整理好页面的框架后，就可以利用CSS对各个板块进行定位，实现对页面的整体规划，然后再往各个板块中添加内容。

下面首先对body标记与container父块进行设置，CSS代码如下所示。

```
body{margin:10px;
    text-align:center;}
#container{width:900px;
    border:2px solid #000000;
    padding:10px;}
```

上面代码设置了页面的边界、页面文本的对齐方式，以及将父块的宽度设置为了900px。下面来设置banner板块，其CSS代码如下所示。

```
#banner{margin-bottom:5px;
    padding:10px;
    background-color:#a2d9ff;
    border:2px solid #000000;
```

```
    text-align:center;}
```

这里设置了banner板块的边界、填充、背景颜色等。

下面利用float属性将content移动到页面左侧，将links移动到页面右侧，这里分别设置了这两个板块的宽度和高度，读者可以根据需要自己调整。

```
#content{float:left;
    width:600px;
    height:300px;
    border:2px solid #000000;
    text-align:center;}
#links{float:right;
    width:290px;
    height:300px;
    border:2px solid #000000;
    text-align:center;}
```

由于content和links对象都设置了float属性，因此footer需要设置clear属性，使其不受float的影响，代码如下所示。

```
#footer{clear:both;  /* 不受float的影响 */
    padding:10px;
    border:2px solid #000000;
    text-align:center;}
```

这样，页面的整体框架便搭建好了。这里需要指出的是，content中不能放置宽度过长的元素，如很宽的图片或不换行的英文等，否则links将再次被挤到content下方。

如果后期维护时希望将content的位置与links对调，仅仅只需要将content和links属性中的left和right改变。这是传统的排版方式所不可能简单实现的，也正是使用CSS排版的好处之一。

另外，如果links的内容比content的长，那么在IE浏览器上footer就会贴在content下方，从而与links出现重合。

8.4 课堂练习

课堂练习1——一列固定宽度布局

一列式布局是所有布局的基础，也是最简单的布局形式。一列固定宽度中，宽度的属性值是固定的。下面举例说明一列固定宽度的布局方法，具体操作步骤如下。

01 在HTML文档的<head>与</head>之间相应的位置输入定义的CSS样式代码，如下所示。

```
<style>
#Layer{background-color:#00cc33;
     border:3px solid #ff3399;
     width:500px;
     height:350px;}
</style>
```

技巧与提示

这里使用background-color:#00cc33;将DIV设定为绿色背景，使用border:3px solid #ff3399;为DIV设置粉红色的3像素宽度边框，使用width:500px;设置宽度为500像素固定宽度，使用height:350px;设置高度为350像素。

02 然后在HTML文档的<body>与</body>之间输入以下代码，给DIV使用了Layer作为id名称。

```
<div id=" Layer ">一列固定宽度</div>
```

03 在浏览器中浏览效果，由于是固定宽度，所以无论怎样改变浏览器窗口大小，DIV的宽度都不改变，如图8-7和图8-8所示。

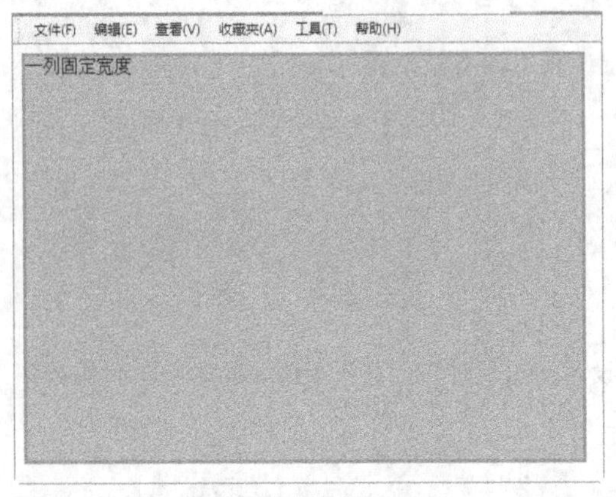

图8-7 浏览器窗口变小效果

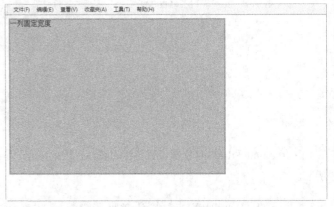

图8-8 浏览器窗口变大效果

课堂练习2——一列自适应布局

自适应布局是网页设计中常见的一种布局形式。自适应布局能够根据浏览器窗口的大小，自动改变其宽度值或高度值，是一种非常灵活的布局形式。良好的自适应布局网站对不同分辨率的显示器都能提供最好的显示效果。自适应布局需要将宽度由固定值改为百分比。下面是一列自适应布局的CSS代码。

这里将宽度值设置为了80%，从浏览效果中可以看到，DIV的宽度已经变为浏览器宽度80%的值，当扩大或缩小浏览器窗口大小时，其宽度还将维持在浏览器当前宽度比例的80%，如图8-9所示。

```
<style>
#Layer{background-color:#00cc33;
  border:3px solid #ff3399;
  margin:0 auto;
  width:80%;
  height: auto;}
</style>
<body>
<div id=" Layer ">一列自适应</div>
</body>
</html>
```

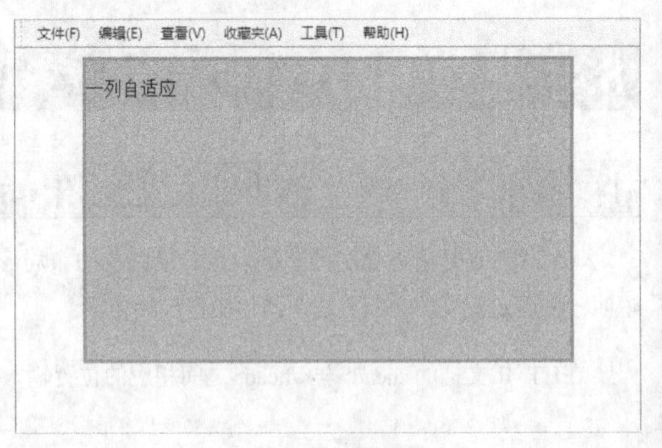

图8-9 一列自适应布局

课堂练习3——两列固定宽度布局

两列固定宽度布局非常简单，两列的布局需要用到两个DIV，然后分别将两个DIV的id设置为left与right，表示两个DIV的名称。首先为它们指定宽度，然后让两个DIV在水平线中并排显示，从而形成两列式布局，具体操作步骤如下。

01 在HTML文档的<head>与</head>之间相应的位置输入定义的CSS样式代码，如下所示。

```
<style>
#left{
    background-color:#00cc33;
    border:1px solid #ff3399;
    width:250px;
    height:250px;
    float:left;
    }
#right{
    background-color:#ffcc33;
    border:1px solid #ff3399;
    width:250px;
    height:250px;
    float:left;
}
</style>
```

技巧与提示

left与right两个DIV的代码与前面类似，两个DIV使用相同宽度实现两列式布局。float属性是CSS布局中非常重要的属性，用于控制对象的浮动布局方式，大部分DIV布局基本上都是通过float属性的控制来实现的。

02 然后在HTML文档的<body>与</body>之间输入以下代码，DIV使用left和right作为id名称。

```
<div id=" left ">左列</div>
<div id=" right ">右列</div>
```

03 在浏览器中预览效果，图8-10所示的是两列固定宽度布局。

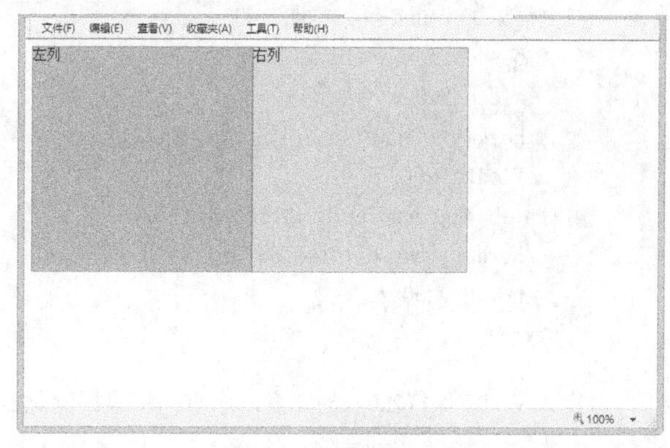

图8-10 两列固定宽度布局

课堂练习4——两列宽度自适应布局

下面使用两列宽度自适应布局，以实现左右列宽度能够做到自动适应。自动适应主要通过设置宽度的百分比值来实现，CSS代码如下。

```
<style>
#left{background-color:#00cc33;
    border:1px solid #ff3399;
    width:60%;
```

```
      height:250px;
      float:left;}
  #right{background-color:#ffcc33;
      border:1px solid #ff3399;
      width:30%;
      height:250px;
      float:left;}
  </style>
```

这里主要将左列宽度修改为60%，右列宽度修改为30%。在浏览器中的浏览效果如图8-11和图8-12所示。无论怎样改变浏览器窗口大小，左右两列的宽度与浏览器窗口的比例都不改变。

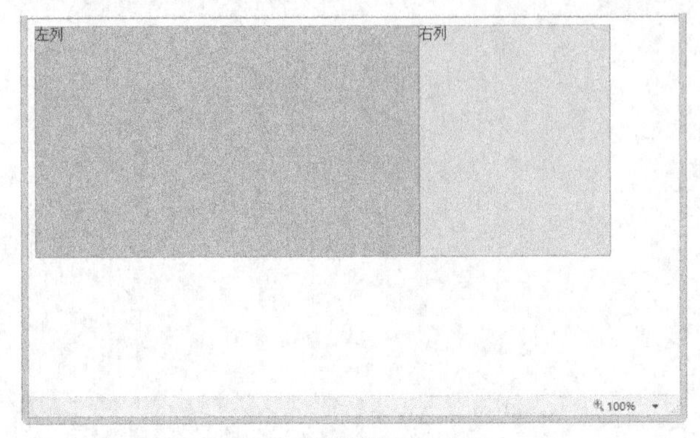

图8-11 浏览器窗口变小效果

图8-12 浏览器窗口变大效果

课堂练习5——两列右列宽度自适应布局

如果想右列根据浏览器窗口大小自动适应，那么在CSS中只需要设置左列的宽度。如上例中左右列都采用了百分比实现宽度自适应，这里只要将左列宽度设定为固定值，右列不设置任何宽度值，并且右列不浮动即可，CSS样式代码如下。

```
  <style>
  #left{background-color:#00cc33;
      border:1px solid #ff3399;
      width:200px;
      height:250px;
      float:left;}
  #right{background-color:#ffcc33;
      border:1px solid #ff3399;
      height:250px;}
  </style>
```

这样，左列将保持200px的宽度，而右列将根据浏览器窗口大小自动适应，如图8-13和图8-14所示。

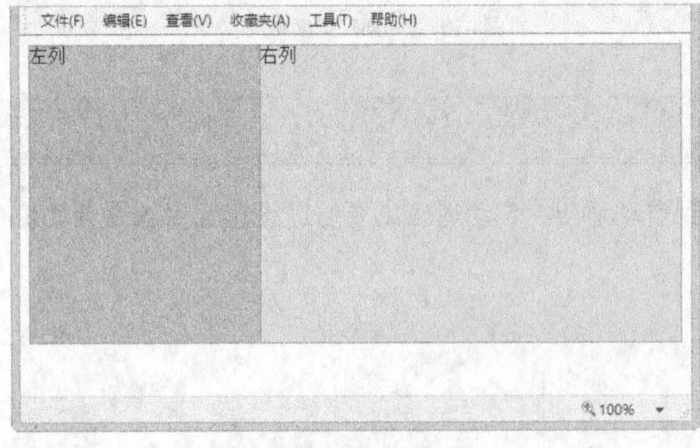

图8-13 右列宽度自适应效果1

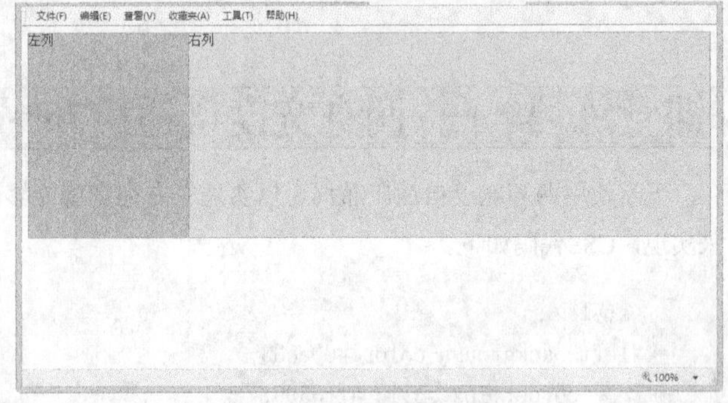

图8-14 右列宽度自适应效果2

课堂练习6——三列浮动中间宽度自适应布局

使用浮动定位方式，从一列到多列的固定宽度及自适应，基本上可以简单完成，包括三列的固定宽度。而在这里提出了一个新的要求，即希望有一个三列式布局，其中左列要求固定宽度并居左显示；右列要求固定宽度并居右显示；而中间列需要在左列和右列的中间，根据左右列的间距变化自动适应。

在创建这样的三列布局之前，有必要了解一个新的定位方式——绝对定位。前面的浮动定位方式主要由浏览器根据对象的内容自动进行浮动方向的调整，但是当这种方式不能满足定位需求时，就需要用新的方法来实现。CSS提供的除去浮动定位之外的另一种定位方式，即绝对定位，绝对定位使用position属性来实现。

下面讲解三列浮动中间宽度自适应布局的创建方法，具体操作步骤如下。

01 在HTML文档的<head>与</head>之间相应的位置输入定义的CSS样式代码，如下所示。

```
<style>
body{margin:0px;}
#left{background-color:#00cc00;
    border:2px solid #333333;
    width:100px;
    height:250px;
    position:absolute;
    top:0px;
    left:0px;}
#center{background-color:#ccffcc;
    border:2px solid #333333;
    height:250px;
    margin-left:100px;
    margin-right:100px;}
#right{background-color:#00cc00;
    border:2px solid #333333;
    width:100px;
    height:250px;
    position:absolute;
    right:0px;
    top:0px;}
</style>
```

02 然后在HTML文档的<body>与</body>之间输入以下代码，给DIV使用left、right和center作为id名称。

```
<div id=" left ">左列</div>
<div id=" center ">右列</div>
<div id=" right ">右列</div>
```

03 浏览器中的浏览效果如图8-15所示，可以看到随着浏览器窗口的改变，中间列的宽度是变化的。

图8-15 三列浮动中间宽度自适应布局

8.5 课后习题

1. 填空题

（1）在使用CSS布局的网页中，________与________都是常用的标签。利用这两个标签，加上CSS对其样式的控制，可以很方便地实现网页的布局。

（2）页面中的所有元素都可以看作一个装了东西的盒子，盒子里面的内容到盒子的边框之间的距离即________，盒子本身有________，而盒子边框外和其他盒子之间，还有________。

（3）在CSS布局中，________属性非常重要，很多特殊容器的定位必须用________来完成。

（4）在利用CSS布局页面时，首先要有一个整体的规划，包括整个页面分成哪些模块、各个模块之间的父子关系等。以最简单的框架为例，页面由________、________、________和________几个部分组成，各个部分分别用自己的id来标识。

2. 操作题

制作一个三列浮动中间宽度自适应布局的网页，要求左右两列的宽度为100px，中间列的宽度自适应，如图8-16所示。

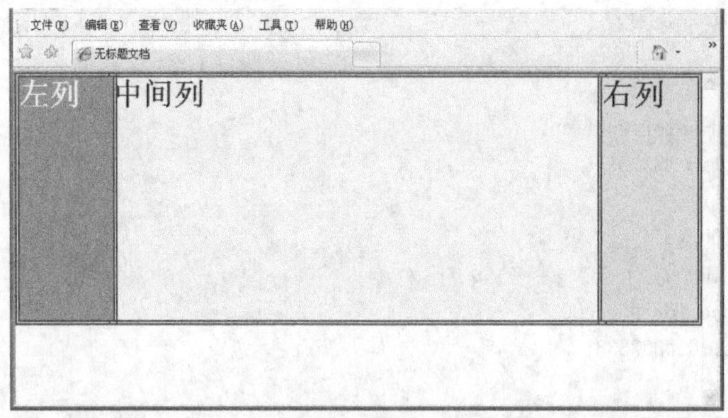

图8-16 三列浮动中间宽度自适应布局

8.6 本章总结

本章以几种不同的布局方式演示了如何灵活地运用CSS的布局性质，使页面按照需要的方式进行排版。希望读者能彻底地理解和掌握本章的内容，如果有需要就反复多实验几次，把本章的实例彻底搞清楚，这样在实际工作中遇到具体的案例时，就可以灵活地选择解决方法。

第9章

初识Photoshop CC

Photoshop是当今世界上最为流行的图像处理软件之一，其强大的功能和友好的界面深受广大用户的喜爱，它可以用来处理网页中的图像。本章主要讲解Photoshop CC的工作界面和使用Photoshop CC快速调整图像的操作。

学习目标

- 了解Photoshop CC工作界面
- 学会调整图像
- 学会图像的优化与保存
- 学会制作电影图片效果

9.1 Photoshop CC工作界面

Photoshop的工作界面提供了一个可充分表现自我的设计空间，在方便操作的同时也提高了工作效率。Photoshop CC工作界面是编辑、处理图形图像的操作平台，它主要由菜单栏、工具箱、工具选项栏、面板组、文档窗口和时间轴等组成，工作界面如图9-1所示。

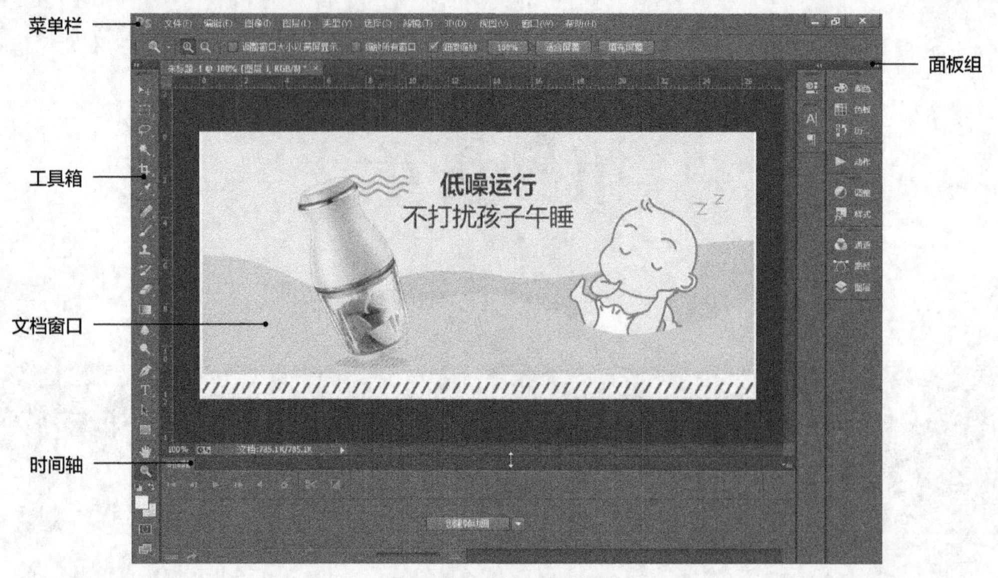

图9-1 Photoshop CC工作界面

9.1.1 菜单栏

Photoshop CC的菜单栏中包括“文件”“编辑”“图像”“图层”“类型”“选择”“滤镜”“3D”“视图”“窗口”“帮助”11个菜单，如图9-2所示。

Ps 文件(F) 编辑(E) 图像(I) 图层(L) 类型(Y) 选择(S) 滤镜(T) 3D(D) 视图(V) 窗口(W) 帮助(H)

图9-2 菜单栏

- 文件：对所修改的图像进行打开、关闭、存储、输出、打印等操作。
- 编辑：包括编辑图像过程中所用到的各种操作，如复制、粘贴等一些基本操作。
- 图像：用来修改图像的各种属性，包括调整图像和画布的大小、调整图像颜色、修正图像等。
- 图层：包括图层基本操作命令。
- 类型：用于设置文本的相关属性。
- 选择：可以对选区中的图像添加各种效果或进行各种变化而不改变选区外的图像，还提供了各种控制和变换选区的命令。
- 滤镜：用来添加各种特殊效果。
- 3D：可以制作许多的立体效果，使图像看起来比较三维化。
- 视图：主要用于标尺、参考线等的设置，规范图像。
- 窗口：用于改变活动文档，以及打开和关闭Photoshop CC的各个浮动面板。
- 帮助：可以引导用户到官网完成注册、问题解决等。

9.1.2 工具箱及工具选项栏

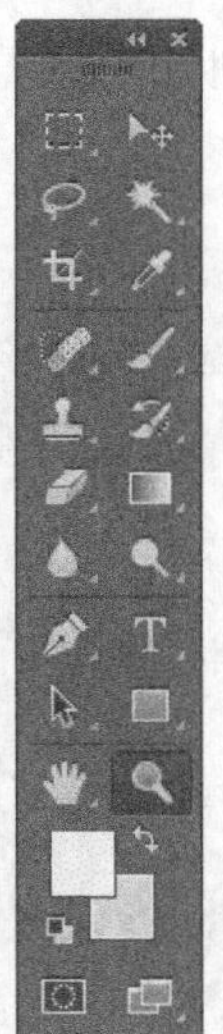

Photoshop的工具箱包含了多种工具，要使用这些工具，只需要单击工具箱中的工具按钮即可，如图9-3所示。

使用Photoshop CC绘制图像或处理图像时，需要在工具箱中选择工具，同时也需要在工具选项栏中进行相应的设置，如图9-4所示。

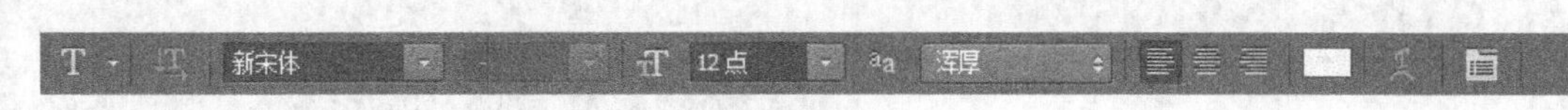

图9-3 工具箱

图9-4 工具选项栏

9.1.3 文档窗口及状态栏

图像文档窗口就是显示图像的区域，也是编辑和处理图像的区域。在文档窗口中可以实现Photoshop中所有的功能，也可以对文档窗口进行多种操作，如改变窗口大小和位置、对窗口进行缩放等。文档窗口如图9-5所示。

状态栏位于图像文档窗口的最底部，主要用于显示图像处理的各种信息，如图9-6所示。

图9-5 文档窗口

100% 文档:785.1 K/785.1K

图9-6 状态栏

9.1.4 面板

在默认情况下，面板位于文档窗口的右侧，其主要功能是查看和修改图像。一些面板中的菜单提供了其他命令和选项。可使用多种不同方式组织工作区中的面板，也可以将面板存储在面板箱中以使它们不干扰工作且易于访问，或者可以让常用面板在工作区中保持打开。用户可以将面板编组，或将一个面板停放在另一个面板的底部。面板组如图9-7所示。

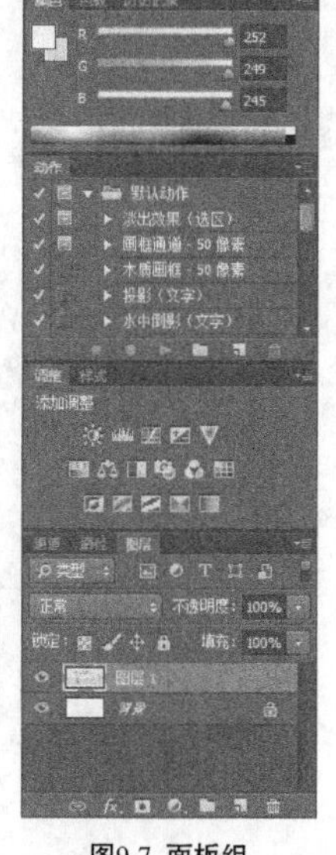

图9-7 面板组

9.2 调整图像

“调整”菜单命令为用户提供了几种快速调整图像的命令，下面通过具体的实例并使用Photoshop来讲解调整图像的操作。

9.2.1 课堂案例——调整图像大小

对于经常使用Photoshop应用程序的用户，一定少不了对图像的大小进行操作，通过使用这个命令，可以合理有效地将图像改变为需要的大小。下面讲述调整图像大小的具体操作步骤。

01 启动Photoshop CC，执行“文件”→“打开”命令，弹出“打开”对话框，在该对话框中选择图像文件“调整图像.jpg”，如图9-8所示。

02 单击“确定”按钮，打开图像文件，如图9-9所示。

图9-8 “打开”对话框

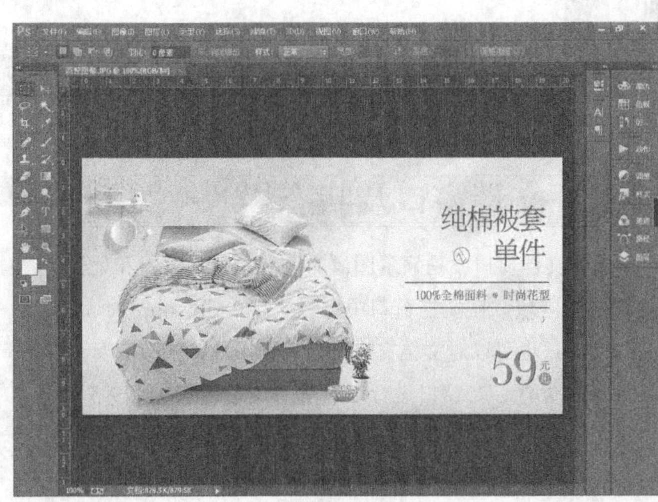

图9-9 打开图像文件

03 执行“图像”→“图像大小”命令，弹出“图像大小”对话框，在该对话框中将“宽度”设置为500像素，如图9-10所示。

04 单击“确定”按钮，即可调整图像大小，如图9-11所示。

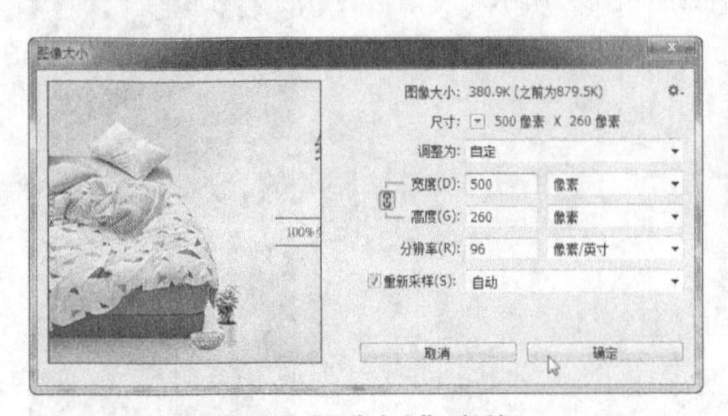

图9-10 “图像大小”对话框

图9-11 调整图像大小后的效果

9.2.2 课堂案例——使用色阶命令美化图像

通过“色阶”命令可以调整整个图像或某个选区内的图像的色阶。下面讲解利用色阶命令美化图像的方法，具体操作步骤如下。

01 启动Photoshop CC，执行的“文件”→“打开”命令，弹出“打开”对话框，在对话框中选择图像文件“色阶.jpg”，单击“确定”按钮，打开图像文件，如图9-12所示。

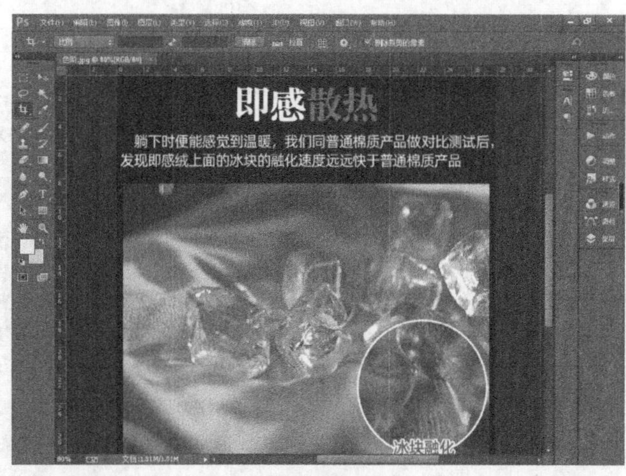

图9-12 打开图像文件

02 执行“图像”→“调整”→“色阶”命令，弹出“色阶”对话框，在对话框中调整输入色阶，如图9-13所示。

03 单击“确定”按钮，即可调整图像色阶，如图9-14所示。

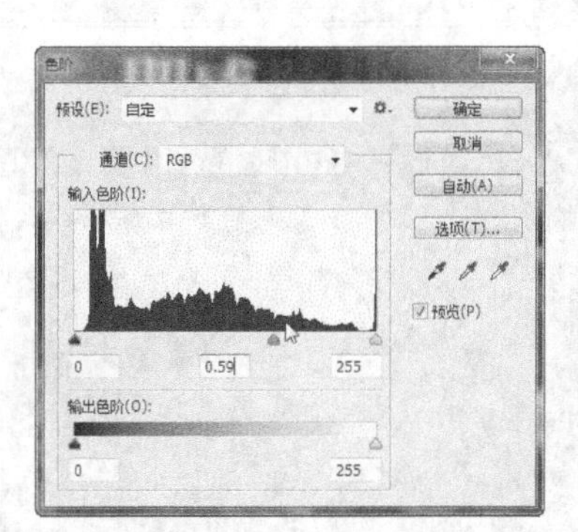

图9-13 “色阶”对话框

图9-14 调整图像色阶

9.2.3 课堂案例——使用曲线命令美化图像

曲线是用来改善图像质量的首选方法之一。曲线可以精确地调整图像，赋予那些原本应当报废的图片新的生命力。下面讲解利用曲线命令美化图像的方法，具体操作步骤如下。

01 启动Photoshop CC，执行“文件”→“打开”命令，弹出“打开”对话框，在该对话框中选择文件“曲线.jpg”，单击“确定”按钮，打开图像文件，如图9-15所示。

图9-15 打开图像文件

02 选择菜单中的“图像”→“调整”→“曲线”命令，弹出“曲线”对话框，在对话框中调整曲线，如图9-16所示。

03 单击“确定”按钮，即可调整图像曲线，如图9-17所示。

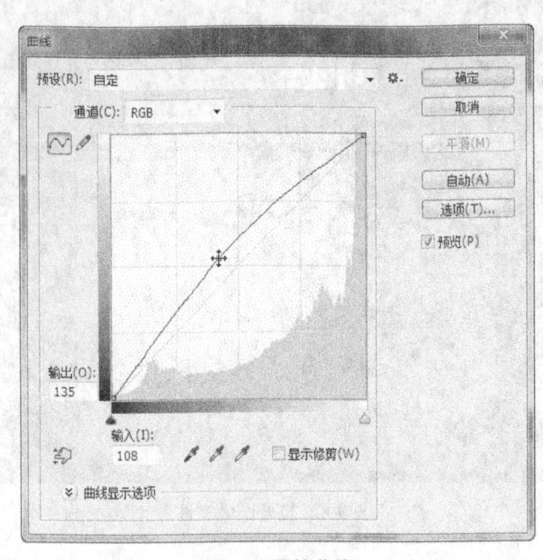

图9-16 调整曲线

图9-17 调整曲线后的效果

9.2.4 课堂案例——调整图像亮度与对比度

在图像处理中，大家最熟悉的就是对于图像亮度和对比度的调整了。下面讲解调整图像亮度与对比度的方法，具体操作步骤如下。

01 启动Photoshop CC，执行“文件”→“打开”命令，弹出“打开”对话框，在该对话框中选择图像文件“亮度与对比度.jpg”，单击“确定”按钮，打开图像文件，如图9-18所示。

图9-18 打开图像文件

02 执行“图像”→“调整”→“亮度对比度”命令，弹出“亮度/对比度”对话框，在对话框中调整亮度和对比度，如图9-19所示。

03 单击“确定”按钮，即可调整图像亮度和对比度，如图9-20所示。

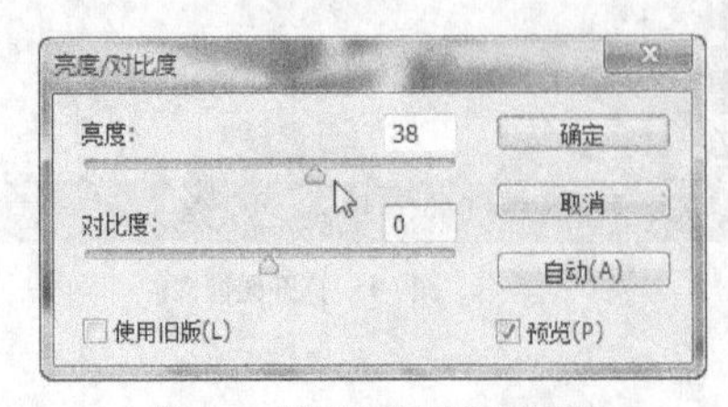

图9-19 “亮度/对比度”对话框

图9-20 调整亮度和对比度后的效果

9.2.5 课堂案例——使用色彩平衡命令调整图像

色彩平衡是图像处理中一个重要的环节。通过对图像的色彩平衡处理，可以校正图像颜色过饱和或饱和度不足的情况；也可以根据自己的喜好和制作需要，调制需要的色彩，以便更好地呈现画面效果。下面讲解使用色彩平衡调整图像的方法，具体操作步骤如下。

01 启动Photoshop CC，执行“文件”→“打开”命令，弹出“打开”对话框，在该对话框中选择图像文件“色彩平衡.jpg”，单击“确定”按钮，打开图像文件，如图9-21所示。

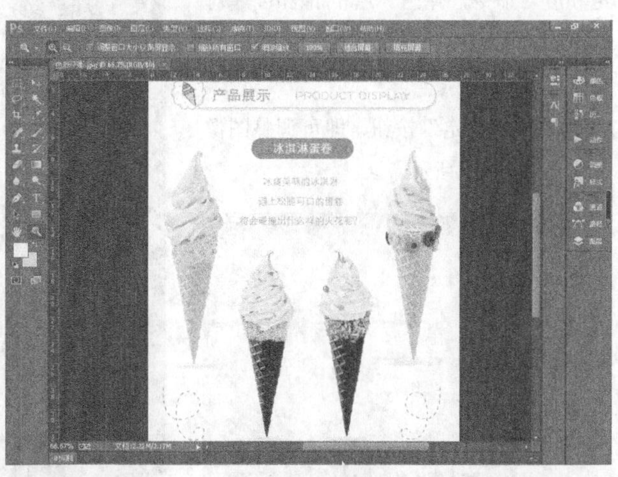

图9-21 打开图像文件

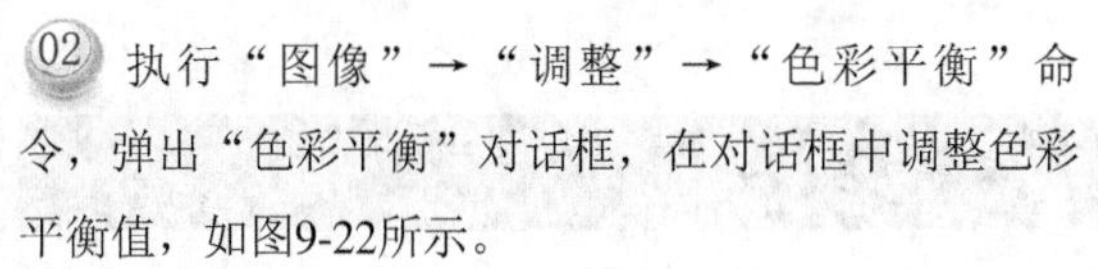

02 执行“图像”→“调整”→“色彩平衡”命令，弹出“色彩平衡”对话框，在对话框中调整色彩平衡值，如图9-22所示。

03 单击“确定”按钮，即可调整图像色彩平衡，如图9-23所示。

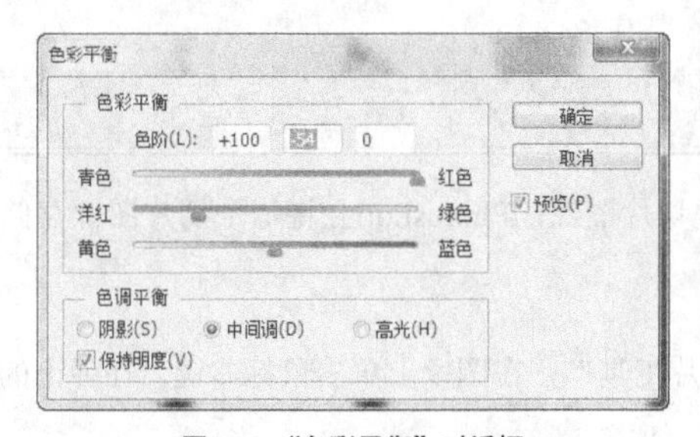

图9-22 “色彩平衡”对话框

图9-23 调整色彩平衡后的效果

9.2.6 课堂案例——调整图像色相与饱和度

“色相饱和度”命令用于快速调色及调整图片色彩浓淡及明暗。下面讲解调整图像色相和饱和度的方法，具体操作步骤如下。

01 启动Photoshop CC，执行“文件”→“打开”命令，弹出“打开”对话框，在该对话框中选择图像文件“色相与饱和度.jpg”，单击“确定”按钮，打开图像文件，如图9-24所示。

图9-24 打开图像文件

02 执行“图像”→“调整”→“色相饱和度”命令，弹出“色相/饱和度”对话框，在对话框中设置相应的参数，如图9-25所示。

03 单击“确定”按钮，即可调整图像色彩，如图9-26所示。

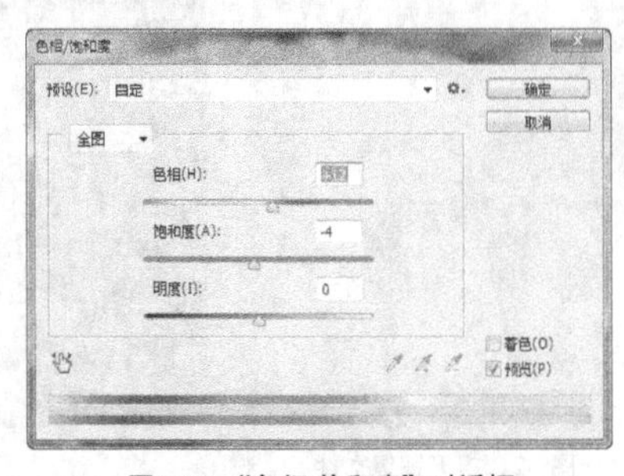

图9-25 “色相/饱和度”对话框

图9-26 调整色相和饱和度后的效果

9.3 图像的优化与保存

优化网页可以使之能快速下载，是页面制作中很重要的考虑因素。网页优化涉及方方面面，图像优化则是其中重要手段之一，本节就讲解网页图像的优化与保存的方法。

9.3.1 课堂案例——图像的优化

使用“存储为Web和设备所用格式”命令可以导出和优化切片图像，Photoshop会将每个切片图像存储为单独的文件并生成显示切片图像所需的HTML或CSS代码。

01 启动Photoshop CC，打开图像文件，选择工具箱中的“切片工具”，在图像上单击鼠标右键，在弹出的快捷菜单中选择“划分切片”命令，如图9-27所示。

02 弹出“划分切片”对话框，将“水平划分为”设置为3，“垂直划分为”设置为2，如图9-28所示。

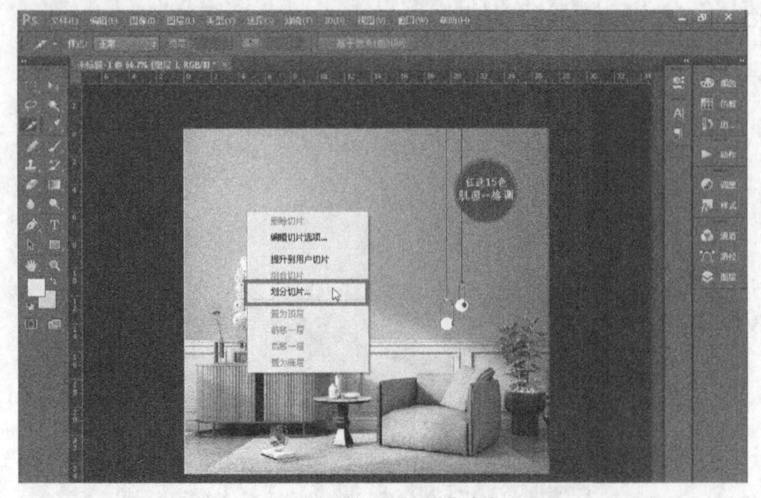

图9-27 选择“划分切片”命令

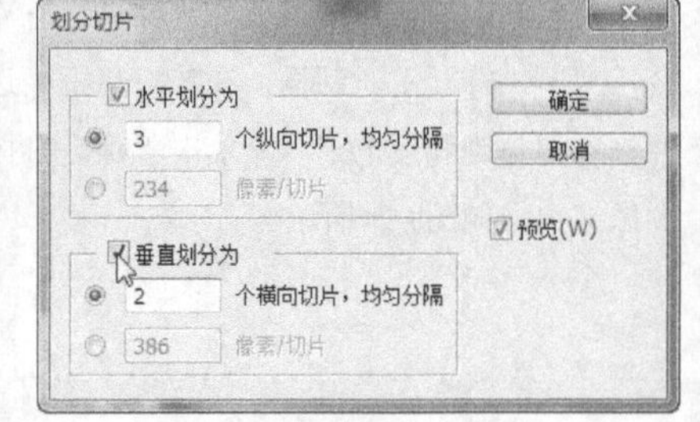

图9-28 “划分切片”对话框

03 单击“确定”按钮，划分切片，如图9-29所示。

04 在图像上单击鼠标右键，在弹出的快捷菜单中选择“编辑切片选项”选项，弹出“切片选项”对话框，在对话框中可以设置切片的URL、目标、信息文本等属性，如图9-30所示。

图9-29 划分切片

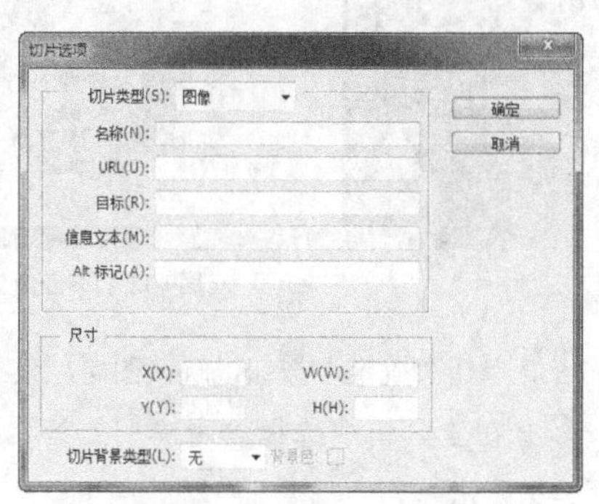

图9-30 “切片选项”对话框

9.3.2 课堂案例——保存图像

当我们制作完成一张图片后需要将它进行保存，以备未来使用时，这时就需要对图片进行存储，在存储的时候也会相应地出现一些文件格式待选择。启动Photoshop，执行“文件”→“存储为”命令，弹出“另存为”对话框，在该对话框中选择文件存储的位置，如图9-31所示，单击“保存”按钮，即可保存图像。

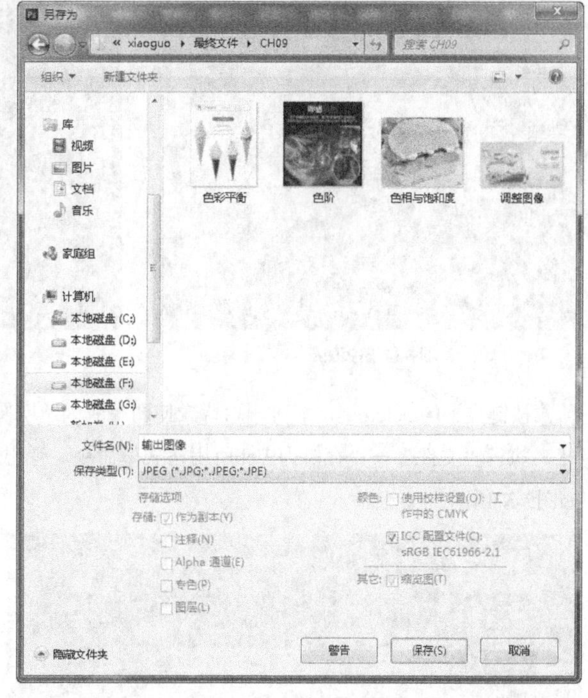

图9-31 “另存为”对话框

9.3.3 保存为透明GIF图像

下面就来讲解保存为透明GIF图像的方法，具体操作步骤如下。

01 执行“文件”→“打开”命令，打开图像文件，如图9-32所示。

02 在“图层”面板中双击“背景”层，弹出“新建图层”对话框，如图9-33所示。

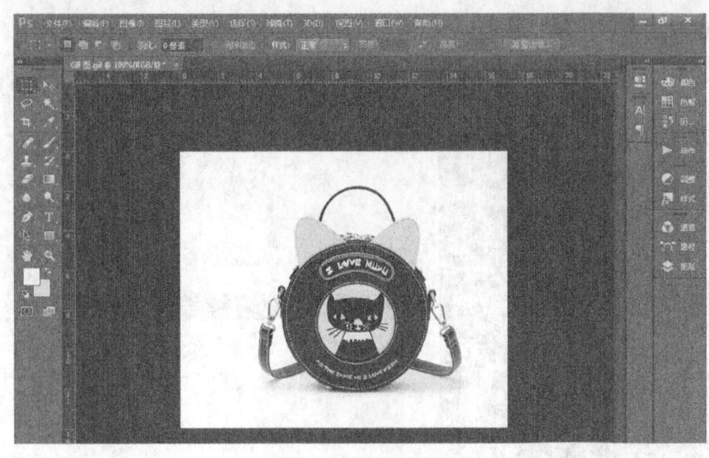

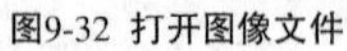
图9-32 打开图像文件

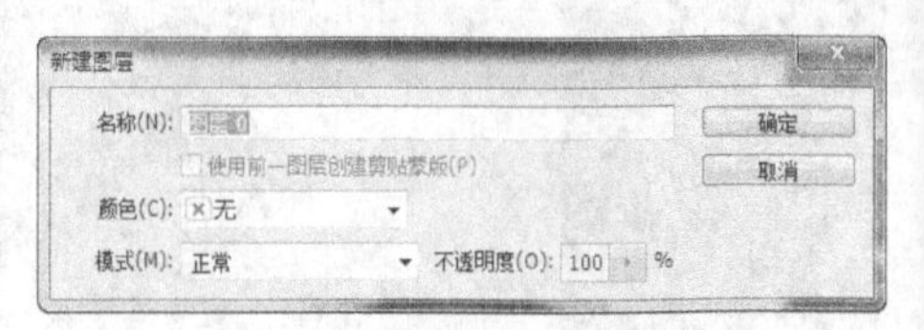

图9-33 “新建图层”对话框

03 单击“确定”按钮，解锁图层，效果如图9-34所示。

04 在工具箱中选择“魔棒”工具，在选项栏中将“容差”设置为25，在舞台中单击以选择相应区域，如图9-35所示。

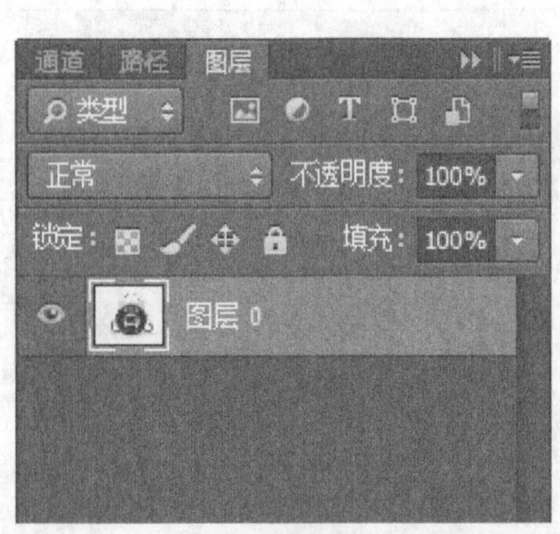

图9-34 解锁图层

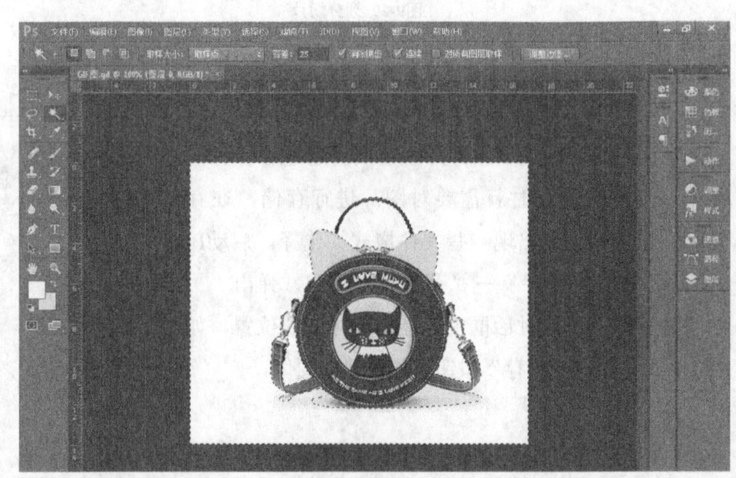
图9-35 选择相应区域

05 按键盘上的Delete键，即可删除背景使图像成为透明图像，效果如图9-36所示。

06 执行“文件”→“存储为Web所用格式”命令，弹出“存储为Web所用格式”对话框，将“预设”设置为GIF，如图9-37所示。

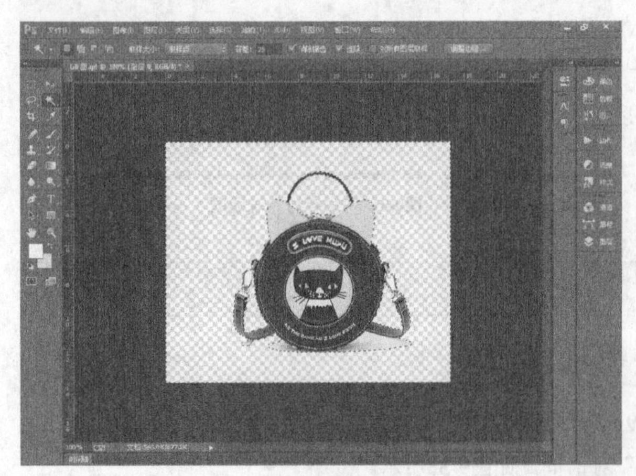
图9-36 删除背景

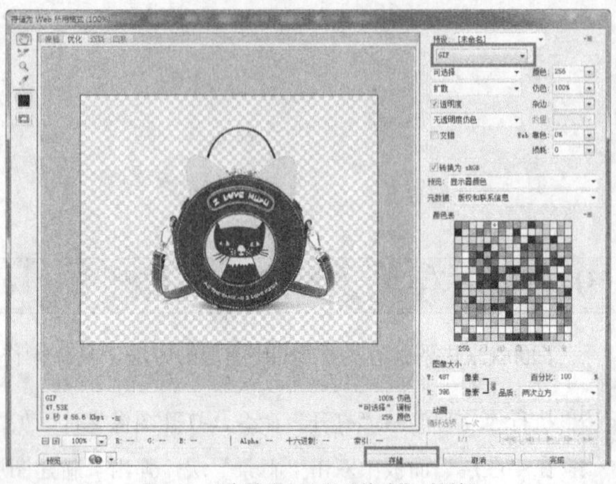
图9-37 “存储为Web所用格式”对话框

07 单击“确定”按钮，弹出“将优化结果存储为”对话框，如图9-38所示。

08 单击“保存”按钮，即可将图像保存为透明GIF图像，如图9-39所示。

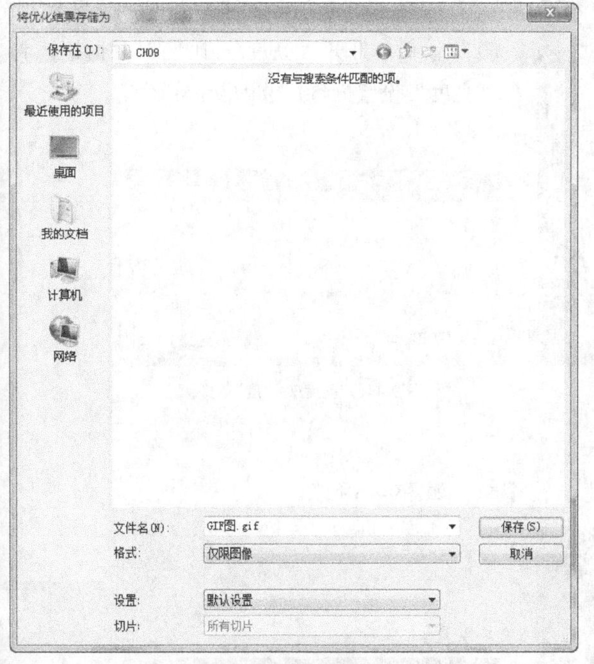

图9-38 “将优化结果存储为”对话框

图9-39 保存为透明GIF图像

9.4 课堂练习——制作电影图片效果

本例制作的电影图片效果如图9-40所示，具体操作步骤如下。

图9-40 电影图片效果

01 打开原始图像文件“电影效果.jpg”，如图9-41所示。

02 执行“图像”→“调整”→“色相饱和度”命令，打开“色相/饱和度”对话框，将“饱和度”设置为-70，如图9-42所示。

图9-41 打开原始图像文件

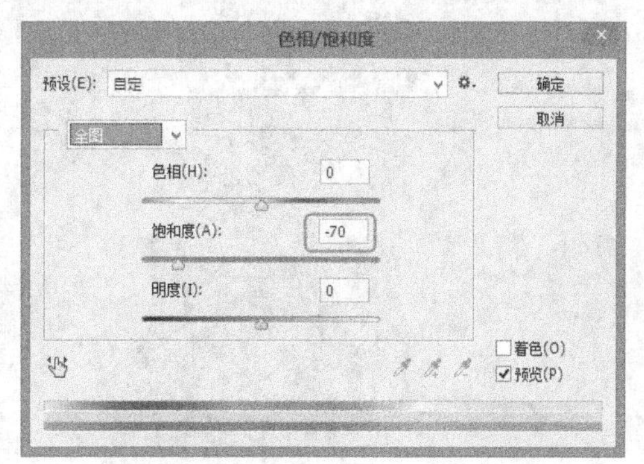

图9-42 “色相/饱和度”对话框

图9-43 调整色相和饱和度

03 单击“确定”按钮，调整色相和饱和度，如图9-43所示。

04 执行“图像”→“调整”→“亮度/对比度”命令，打开“亮度/对比度”对话框，将“亮度”设置为-50，如图9-44所示。

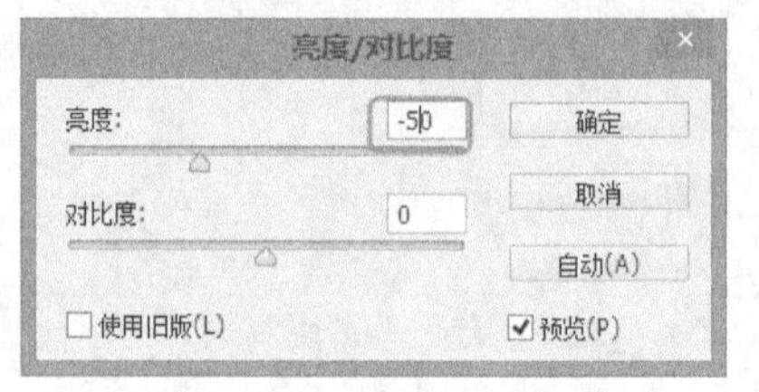

图9-44 “亮度/对比度”对话框

05 单击“确定”按钮，设置亮度和对比度，如图9-45所示。

06 单击“图层”面板底部的“创建新图层”按钮，新建一个图层1，如图9-46所示。

图9-45 调整亮度和对比度

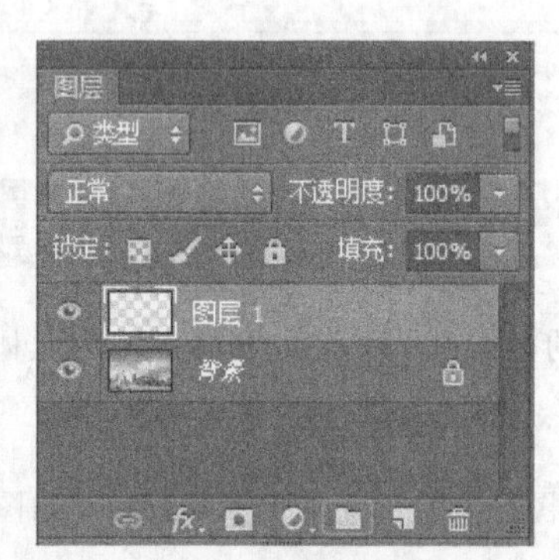

图9-46 新建图层

07 选择工具箱中的“矩形”工具，将“填充颜色”设置为黑色，在舞台中绘制矩形，在“图层”面板中将“不透明度”设置为65%，如图9-47所示。

08 选择矩形图像并右击，在弹出的菜单中选择“栅格化图层”选项，如图9-48所示。

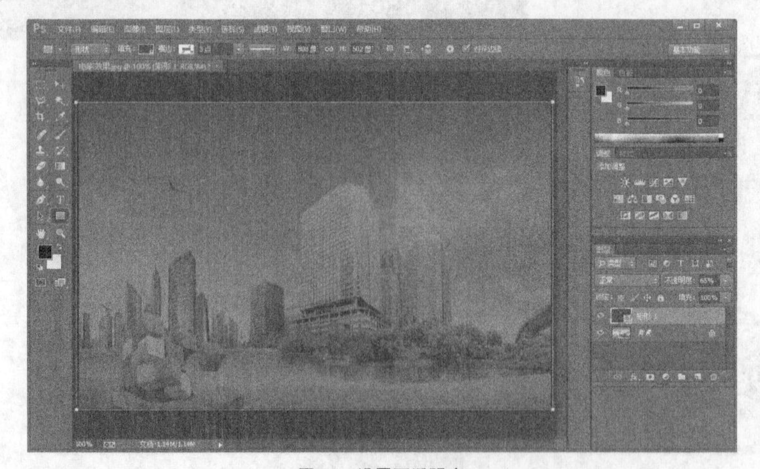

图9-47 设置不透明度

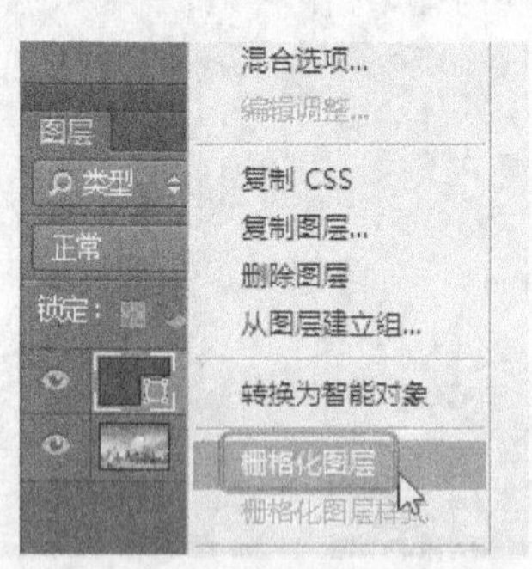

图9-48 选择“栅格化图层”选项

09 选择工具箱中的“橡皮擦工具”，在舞台中擦除相应的部分，如图9-49所示。

10 执行“图层”→“合并可见图层”命令，即可合并图层，如图9-50所示。

图9-49 擦除图像

图9-50 合并图层

11 执行“滤镜”→“杂色”→“添加杂色”命令，弹出“添加杂色”对话框，将“数量”设置为13%，如图9-51所示。

12 单击“确定”按钮，添加杂色效果，如图9-52所示。

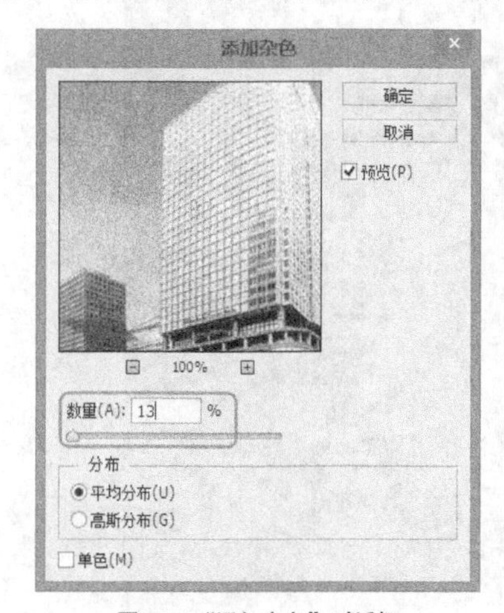

图9-51 “添加杂色”对话框

图9-52 添加杂色效果

13 执行“图像”→“调整”→“色彩平衡”命令，弹出“色彩平衡”对话框，在该对话框中设置相应的参数，如图9-53所示。

14 单击“确定”按钮，效果如图9-54所示。

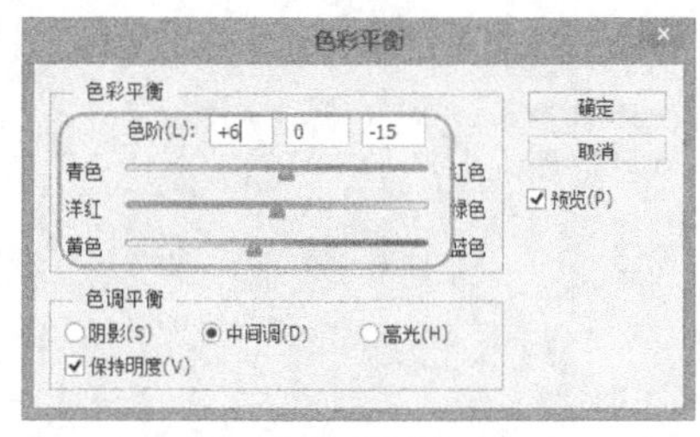

图9-53 “色彩平衡”对话框

图9-54 调整后的效果

9.5 课后习题

1. 填空题

（1）Photoshop CC工作环境是编辑、处理图形图像的操作平台，它主要由________、________、________、________、________和________等组成。

（2）________位于图像文档窗口的最底部，主要用于显示图像处理的各种信息。

（3）通过________命令可以调整整个图像或某个选区内的图像的色阶。

（4）通过对图像的________处理，可以校正图像颜色过饱和或饱和度不足的情况；也可以根据自己的喜好和制作需要，调制需要的色彩，以便更好地呈现画面效果。

2. 操作题

调整图9-55所示图片的大小和色彩。

图9-55 调整图片的大小和色彩

9.6 本章总结

本章介绍了Photoshop的基本概念、Photoshop CC的工作界面，以及对图像文件进行的基本调整操作。对颜色的处理一向都是图像编辑工作的难点，相信读者只要细细地揣摩其中的含义，明白各命令的工作原理，掌握其调整方法并不是一件难事。

第10章

使用绘图工具绘制图像

绘图工具是Photoshop非常重要的工具，只要用户熟练掌握这些工具并有着一定的美术造型能力，就能绘制出精美的作品。在平面设计中经常会用到绘图工具，所以掌握绘图工具十分必要。

学习目标

- 学会创建选择区域
- 了解基本绘图工具
- 了解形状工具
- 学会制作网站标志

10.1 创建选择区域

精确快速地选取图像十分重要，本节将讲解各种选择工具的使用方法，使选取的图像尽可能精确、合适，为以后的各种操作提供方便。

10.1.1 选框工具

“选框”工具位于工具箱的左上角，它包括“矩形选框”“椭圆选框”“单行选框”“单列选框”这4个工具。用户可以单击进行选择，也可以按键盘上的快捷键M进行选择，如图10-1所示。

图10-1 “选框”工具

选择工具箱中的“矩形选框工具”，在工具选项栏中可以设置“羽化”“样式”参数，如图10-2所示。

羽化：0像素 消除锯齿 样式：正常 宽度： 高度： 调整边缘...

图10-2 “矩形选框工具”选项栏

• 工具预设选取器：用来存放各项参数已经设置完成的工具。如果下次再使用该工具，可以直接单击它的下拉按钮，从弹出的下拉列表中选择该工具即可。

• 布尔按钮组：该按钮组用于进行选区操作，分别是“新选区”“添加到选区”“从选区中减去”“与选区交叉”这4个按钮。

• 羽化 羽化：0像素：可以通过建立选区并将选区周围的像素转换来模糊图像的边缘。在“羽化”文本框中输入数值即可达到想要的羽化效果。

• 消除锯齿 消除锯齿：勾选该复选框后，可以消除边缘的锯齿，使其变得光滑。

• 样式 样式：正常：用于控制选区的创建形式，单击文本框右侧的下拉按钮可打开样式下拉列表框，在此列表框中选择所需的样式即可。

选择工具箱中的“矩形选框”工具，在图像中按住鼠标左键，然后拖动到合适的位置松开鼠标左键，即可绘制一个矩形选区，如图10-3所示。

选择工具箱中的“椭圆选框”工具，在图像中按住鼠标左键，然后拖动到合适的位置松开鼠标左键，即可绘制一个椭圆选区，如图10-4所示。

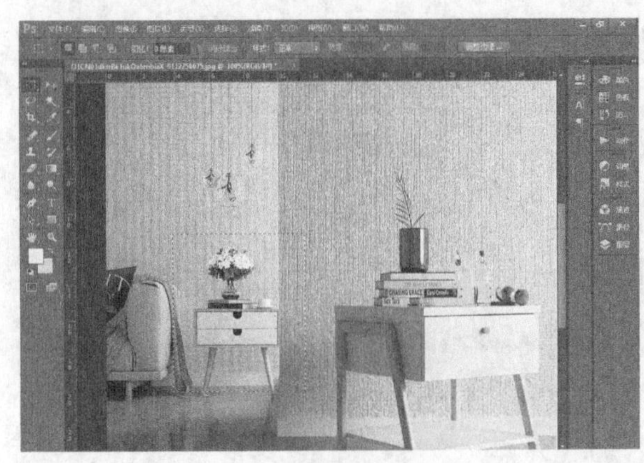

图10-3 绘制矩形选区

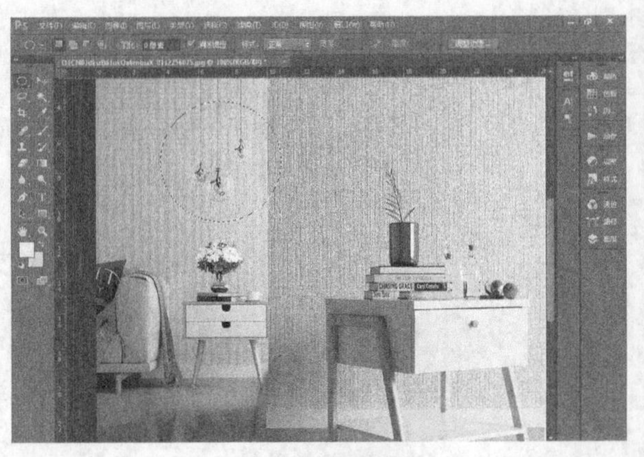

图10-4 绘制椭圆选区

选择工具箱中的“单行选框”工具，按住Shift键，在舞台中单击即可绘制多个单行选框，如图10-5所示。

选择工具箱中的“单列选框”工具，按住Shift键，在舞台中单击即可绘制多个单列选框，如图10-6所示。

图10-5 绘制单行选框

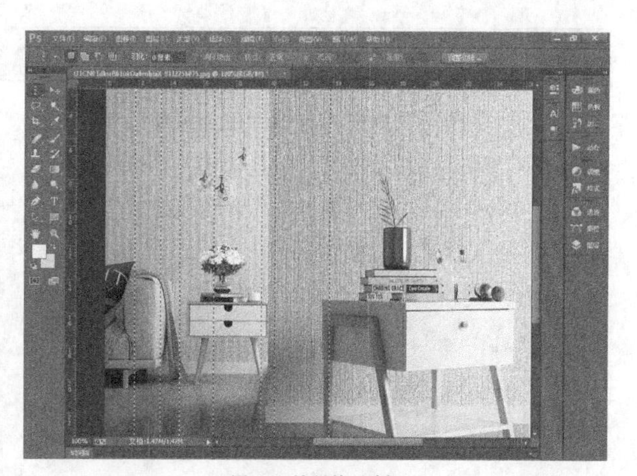

图10-6 绘制单列选框

10.1.2 套索工具

当需要选取不规则的形状时，常常会使用“套索”工具。该工具可用来绘制直线、线段或徒手描绘外框的选取范围。“套索”工具包含3种工具，分别为“套索”工具、“多边形套索”工具、“磁性套索”工具，如图10-7所示。

选择工具箱中的“套索”工具，当鼠标指针变为形状时，在文档中拖动，松开鼠标后会自动形成一个不规则的选区，如图10-8所示。

图10-7 “套索”工具

图10-8 “套索”工具

“磁性套索”工具特别适用于快速选择与背景对比强烈且边缘复杂的对象。在图像中单击，设置第一个紧固点，紧固点会将选框固定住。要绘制手绘线段，可以松开鼠标左键或按住鼠标左键不放，然后沿着想要跟踪的边缘移动鼠标指针。图10-9所示为使用“磁性套索”工具选择对象。

“多边形套索”工具对于绘制选区边框的直边线段十分有用。选择“多边形套索”工具，并选择相应的选项，在选项栏中指定一个选区选项，在图像中单击以设置起点。图10-10所示为使用“多边形套索”工具选择对象。

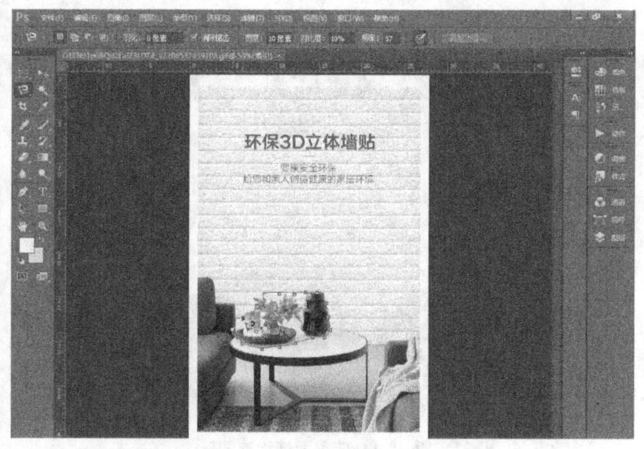

图10-9 “磁性套索”工具

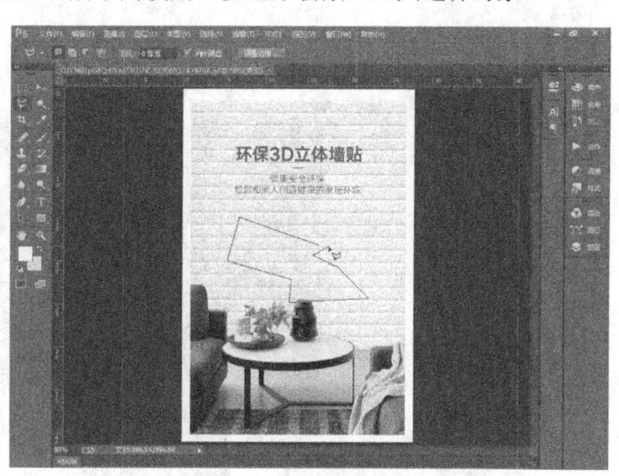

图10-10 “多边形套索”工具

10.1.3 魔棒工具

使用“魔棒”工具可以选择颜色一致的区域，而不必跟踪其轮廓。当用“魔棒”工具单击某个点时，与该点颜色相似和相近的区域将被选中，可以节省大量的精力来达到令人意想不到的结果。

选择工具箱中的“魔棒”工具，按住Shift键并单击，即可选择选区，如图10-11所示。

图10-11 使用“魔棒”工具选择选区

10.2 基本绘图工具

Photoshop CC提供了大量绘画与修饰工具，如“画笔”工具、“铅笔”工具、“仿制图章”工具等，利用这些工具可以对图像进行细节修饰。

10.2.1 课堂案例——使用画笔工具

“画笔”工具是工具箱中经常用到的工具，下面将讲解“画笔”工具的具体使用方法。

01 执行“文件”→“打开”命令，打开图像文件“画笔工具.jpg”，选择工具箱中的“画笔”工具，如图10-12所示。

02 在工具选项栏中单击“点按可打开‘画笔预设’选取器”，在弹出的对话框中选择相应的画笔，并设置画笔大小，如图10-13所示。

03 在图像中单击，即可得到相应的形状，如图10-14所示。

图10-12 打开图像文件

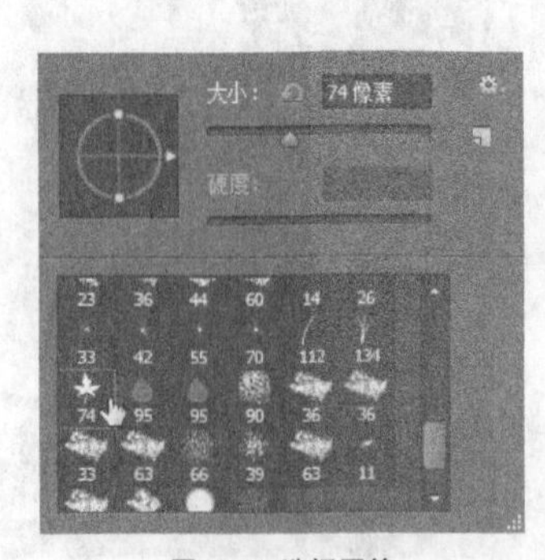

图10-13 选择画笔

图10-14 使用画笔绘制图形

10.2.2 课堂案例——使用仿制图章工具

“仿制图章”工具可以将一幅图像的全部或者部分复制到同一幅图像或者另外一幅图像中。下面讲解“仿制图章”工具的具体使用方法。

01 执行“文件”→“打开”命令，打开图像文件“仿制图章工具.jpg”，如图10-15所示。

02 选择工具箱中的“仿制图章”工具，在工具选项栏中点击顶部的“画笔预设”，设置“大小”为152像素，如图10-16所示。

图10-15 打开图像文件

03 将鼠标指针移动到图像中需要复制的区域，按住键盘上的Alt键并单击，即可复制区域。在图像中相应位置单击，即可粘贴区域，如图10-17所示。

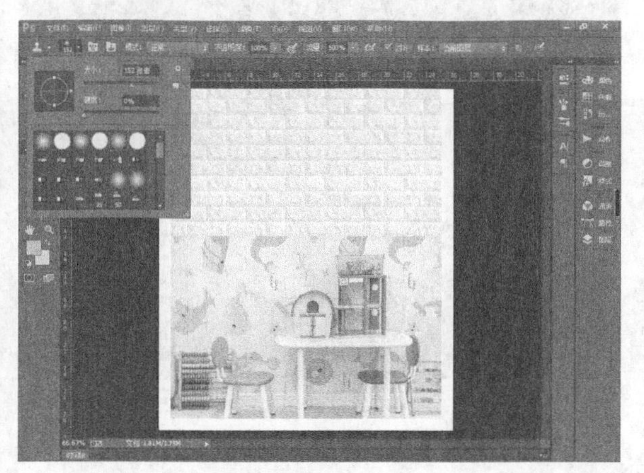

图10-16 设置“大小”

图10-17 粘贴图案

10.2.3 课堂案例——使用图案图章工具

“图案图章”工具可以用于绘制图案，也可以将图案库中的图案或自定义的图案复制到同一图像或者其他图像中。下面讲解“图案图章”工具的具体使用方法。

01 执行“文件”→“打开”命令，打开图像文件“图案图章工具.jpg”，选择工具箱中的“图案图章”工具，如图10-18所示。

图10-18 打开图像文件

02 在“图案拾色器”样式面板中选择相应的图案，如图10-19所示。

03 在图像中按住鼠标左键并拖动，绘制图案，如图10-20所示。

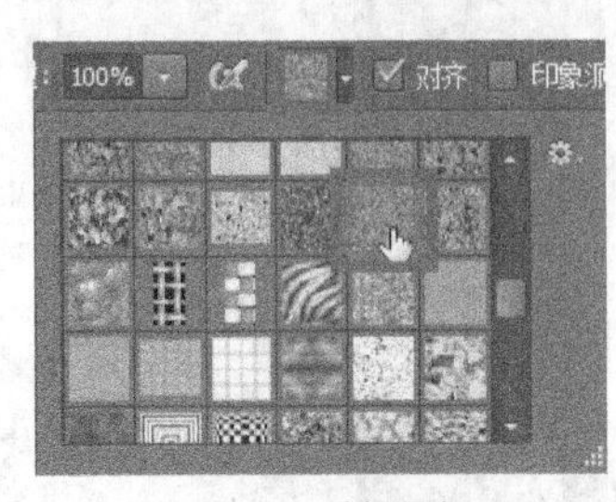

图10-19 选择图案

图10-20 绘制图案

10.2.4 课堂案例——使用橡皮擦工具

工具箱中的“橡皮擦”工具、“魔术橡皮擦”工具和“背景色橡皮擦”工具，可将图像区域变成透明或者背景色。下面讲解“橡皮擦”工具的具体使用方法。

01 执行“文件”→“打开”命令，打开图像文件，选择工具箱中的“橡皮擦”工具，如图10-21所示。

图10-21 打开图像文件

02 将橡皮擦透明度设置为30%，擦除的效果如图10-22所示。

03 将橡皮擦透明度设置为100%，擦除的效果如图10-23所示。

图10-22 30%透明度的擦除效果

图10-23 100%透明度的擦除效果

10.2.5 课堂案例——使用油漆桶工具和渐变工具

“油漆桶”工具用于向单击处色彩相近并相连的区域填充前景色或指定图案，“油漆桶”工具和“渐变”工具都是色彩填充工具，如图10-24所示。

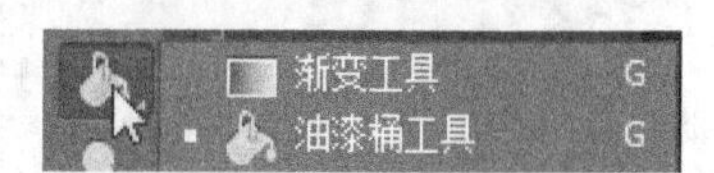

图10-24 “油漆桶”工具和“渐变”工具

使用“油漆桶”工具的具体操作步骤如下。

01 打开图像文件，选择工具箱中的“油漆桶”工具，如图10-25所示。

02 选择工具箱中的“魔棒”工具，单击色彩相近并相连的区域，将背景色设置为红色，如图10-26所示。

03 按Ctrl+Delete组合键填充背景色，如图10-27所示。

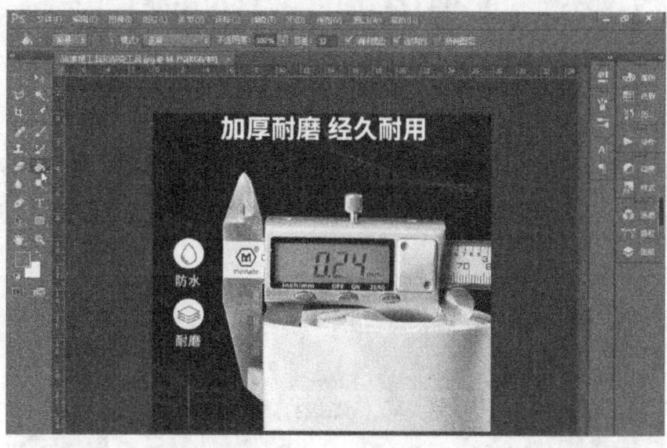

图10-25 打开图像文件

图10-26 填充前景色

图10-27 填充背景色

04 选择工具箱中的“渐变”工具，在选项栏中单击“点按可编辑渐变”按钮，弹出“渐变编辑器”对话框，选择“前景色到背景色渐变”选项，如图10-28所示。

05 单击“确定”，设置渐变，在舞台中填充选区，在填充区域从上向下填充背景色，如图10-29所示。

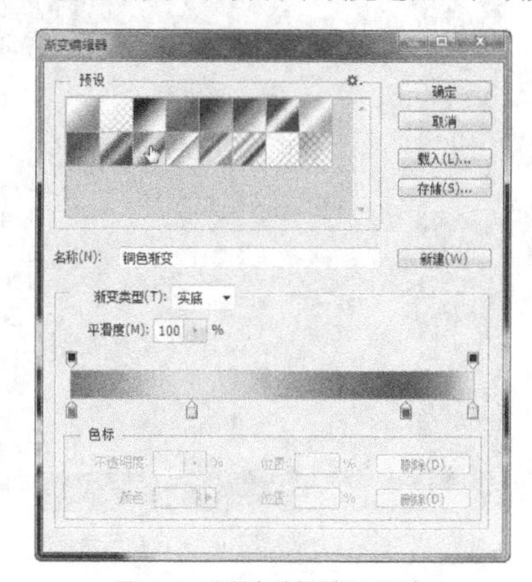

图10-28 “渐变编辑器”对话框

图10-29 填充选区

10.3 形状工具

形状工具包含有“矩形”工具、“圆角矩形”工具、“椭圆”工具、“多边形”工具等。本节将详细讲解这些工具的具体使用方法。

10.3.1 课堂案例——绘制矩形

使用“矩形”工具绘制矩形的具体操作步骤如下。

01 打开图像文件，选择“矩形”工具，如图10-30所示。

02 在选项栏中设置矩形的颜色为黑色，在图像上按住鼠标左键不放并拖动到合适的位置，即可绘制矩形，如图10-31所示。

图10-30 打开图像文件

图10-31 绘制矩形

10.3.2 课堂案例——绘制圆角矩形

使用“圆角矩形”工具绘制图形的具体操作步骤如下。

01 打开图像文件，选择工具箱中的“圆角矩形”工具，如图10-32所示。

02 在圆角矩形选项栏中，将“填充”颜色设置为#00ccb6，将“描边”颜色设置为#fff799，将“半径”的值设置为2，按住鼠标左键不放并拖动到合适的位置，即可绘制圆角矩形，如图10-33所示。

图10-32 打开图像文件

图10-33 绘制圆角矩形

10.3.3 课堂案例——绘制椭圆

“椭圆”工具可以在绘图区内绘制出所需要的椭圆图形。使用“椭圆”工具绘制图形的具体操作步骤如下。

01 打开图像文件，选择工具箱中的“椭圆”工具，如图10-34所示。

02 在圆角矩形选项栏中，将“填充”颜色设置为#fff45c，将“描边”颜色设置为#ff0000，按住鼠标左键不放并拖动到合适的位置，即可绘制椭圆，如图10-35所示。

图10-34 打开图像文件

图10-35 绘制椭圆

10.3.4 课堂案例——绘制多边形

“多边形”工具用来绘制多边形。使用“多边形”工具绘制图形的具体操作步骤如下。

01 打开图像文件，选择工具箱中的“多边形”工具，如图10-36所示。

02 在选项栏中将“填充”颜色设置为#486a00，将“边”的值设置为10，按住鼠标左键不放并拖动到合适的位置，即可绘制多边形，如图10-37所示。

图10-36 打开图像文件

图10-37 绘制多边形

10.4 课堂练习——制作网站标志

下面讲解绘制网页标志的方法，效果如图10-38所示，具体操作步骤如下。

图10-38 网页标志效果

01 启动Photoshop CC，执行“文件”→“新建”命令，弹出“新建”对话框，将“宽度”设置为600像素，“高度”设置为400像素，如图10-39所示。

02 单击“确定”按钮，新建空白文档，如图10-40所示。

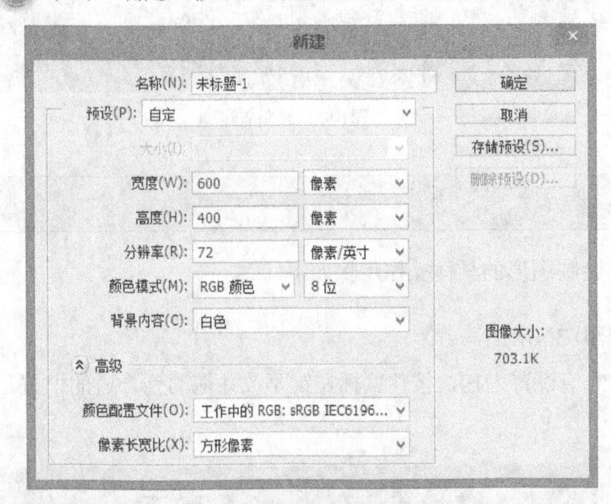

图10-39 “新建”对话框

图10-40 新建空白文档

03 选择工具箱中的“画笔”工具，在选项栏中单击“填充”右边的按钮，在弹出的列表框中选择画笔，如图10-41所示。

04 在工具箱中将前景色设置为#24a9e1，在舞台中按住鼠标左键不放并拖动绘制形状1，如图10-42所示。

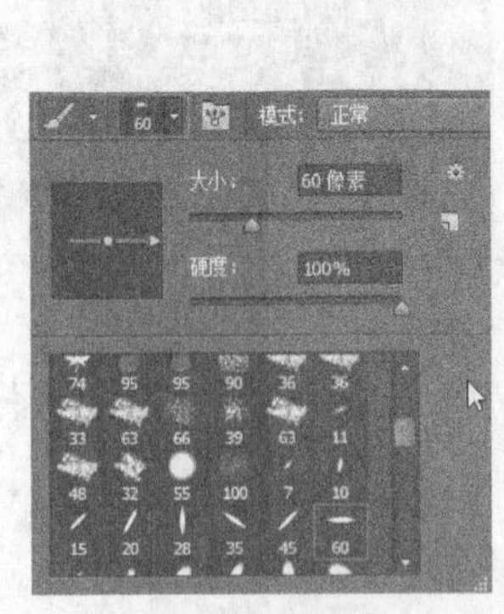

图10-41 选择画笔

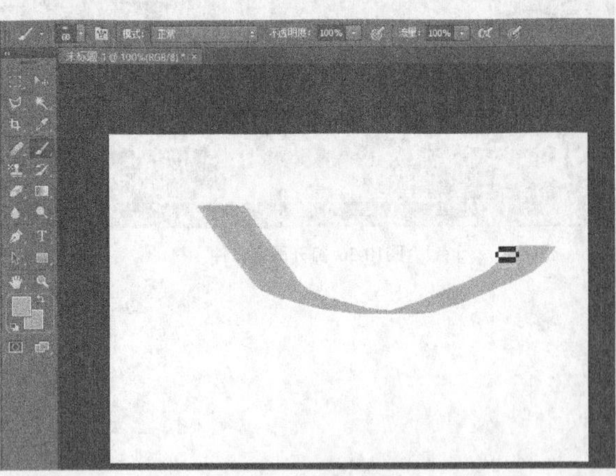

图10-42 绘制形状1

05 在工具箱中将前景色设置为#203f9a，在舞台中按住鼠标左键不放并拖动，绘制形状2，如图10-43所示。

06 选择工具箱中的"自定义形状"工具，在选项栏中单击"形状"右边的按钮，在弹出的列表框中选择形状，如图10-44所示。

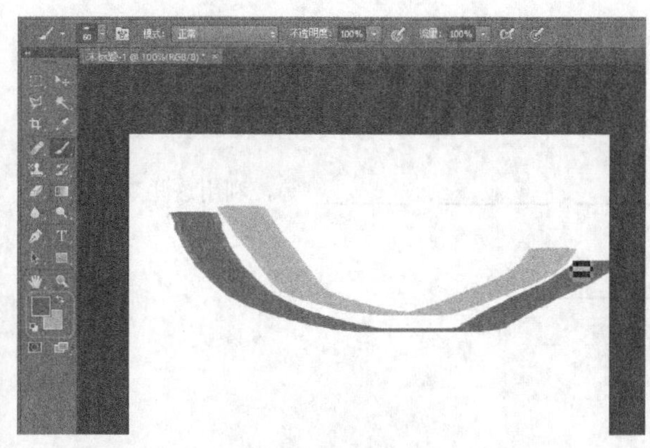

图10-43 绘制形状2

图10-44 选择形状

07 在舞台中按住鼠标左键不放并拖动，绘制形状3，如图10-45所示。

08 选择工具箱中的"横排文字"工具，在选项栏中将"字体"设置为"黑体"，"字体大小"设置为72，"字体颜色"设置为#203f9a，然后输入文本"旭阳科技"，如图10-46所示。

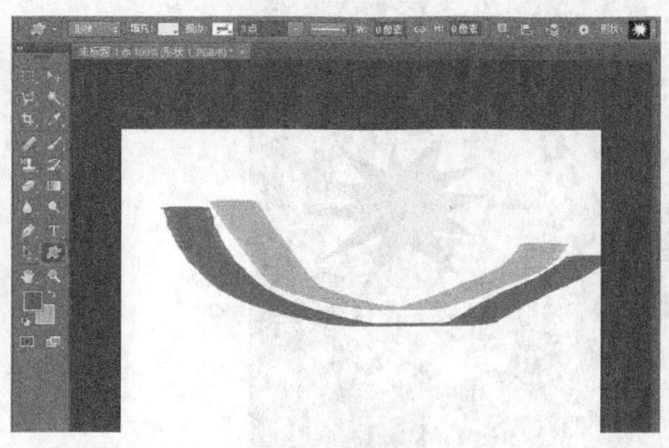

图10-45 绘制形状3

图10-46 输入文字

09 执行"图层"→"图层样式"→"描边"命令，弹出"图层样式"对话框，在该对话框中设置"描边"颜色为#ffa7fe，"大小"为4，如图10-47所示。

10 单击"确定"按钮，设置图层描边效果，如图10-48所示。

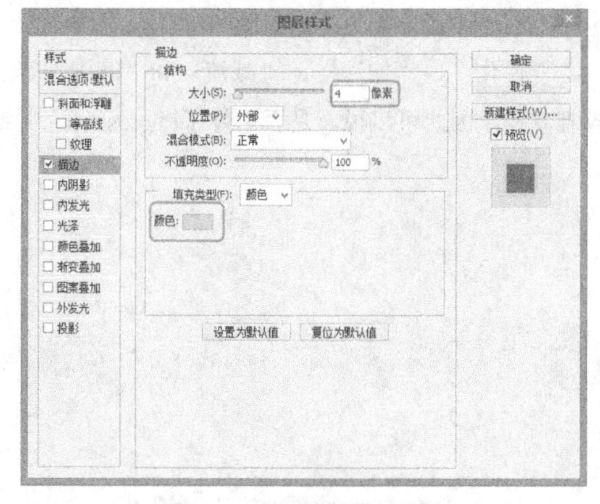

图10-47 "图层样式"对话框

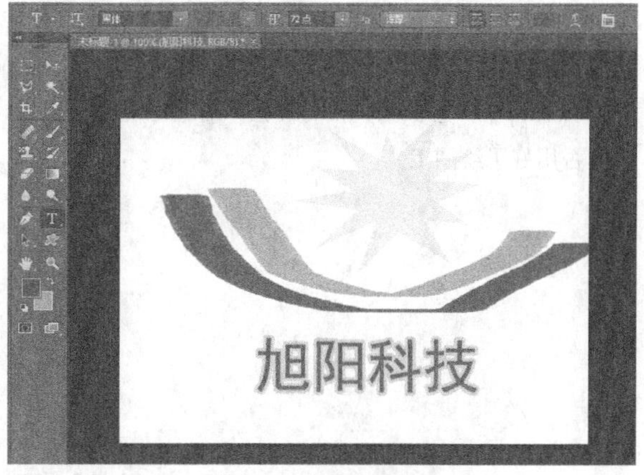

图10-48 设置图层描边效果

10.5 课后习题

1. 填空题

（1）“选框”工具位于工具箱的左上角，它包括________、________、________、________这4个工具。

（2）当需要选取不规则的形状时，常常会使用________，该工具包含3种工具，分别为________、________、________。

（3）Photoshop CC提供了大量绘画与修饰工具，如________、________、________等，利用这些工具可以对图像进行细节修饰。

（4）形状工具包含有________、________、________、________等。

2. 操作题

使用画笔工具绘制图10-49所示的图片效果。

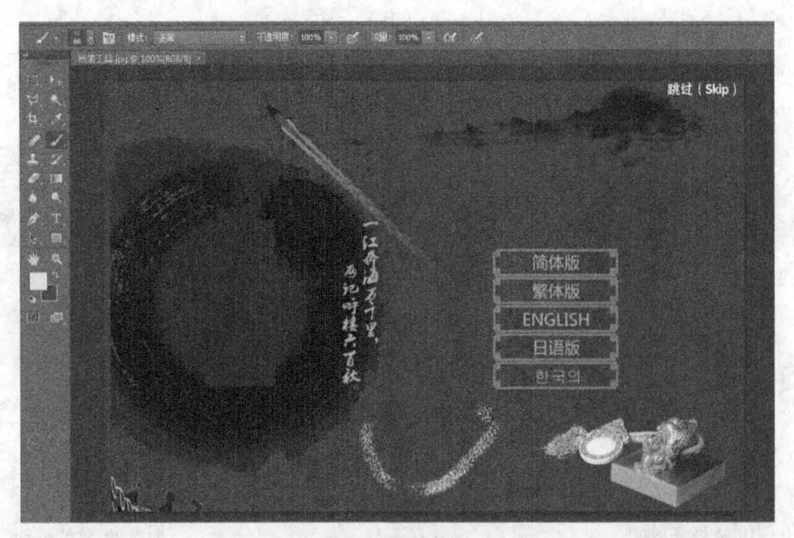

图10-49 图片效果

10.6 本章总结

Photoshop有许多绘图工具，包括“画笔”、“铅笔”、“历史记录画笔”、“像皮图章”、“图案图章”、“橡皮擦”、“背景橡皮擦”、“魔术橡皮檫”、“模糊”、“锐化”、“加深”、“减淡”和“海绵”等工具。在Photoshop中，绘图工具技巧性强，对绘画能力要求高，较难掌握。因此可以说，是否用好了Photoshop，关键是要看是否用好了绘图工具。

第11章

文字、图层与图层样式的使用

文字在网页中能够起到注释与说明的作用。在使用图像进行表达后，需要用文字这种语言符号加以强化。图层是Photoshop CC中非常重要的功能。图层给图像的编辑带来了极大的便利。在理解图层时，可以把图层理解为一张张透明的白纸，每张白纸上都有不同的对象，用户可以单独对每张白纸的对象进行处理，而不影响其他白纸上的对象。

学习目标

- 学会创建文字
- 学会编辑图层
- 学会使用图层样式
- 学会制作立体文字效果

11.1 创建文字

Photoshop提供了丰富的文字工具，用户可以在图像背景上制作多种复杂的文字效果。

11.1.1 课堂案例——输入文字并设置属性

使用文本工具输入文字的具体操作步骤如下。

01 打开图像文件，如图11-1所示。

02 选择工具箱中的“横排文字”工具，将鼠标指针移动到文档窗口中，在图像上单击，弹出文本输入框，输入文本“繁花似锦”，如图11-2所示。

图11-1 打开图像文件

图11-2 输入文本

03 双击输入的文本，即可选中文本，如图11-3所示。

04 在工具选项栏中“字体”下拉列表中选择要更改的字体，如图11-4所示。

05 更改字体后的效果如图11-5所示。

图11-3 选中文本

图11-4 选择字体

图11-5 更改字体

06 在工具选项栏中“大小”下拉列表中，可以设置文本的大小，如图11-6所示。

07 在工具选项栏中单击“设置文本颜色”按钮，弹出“拾色器”对话框，在该对话框中将“字体颜色”设置为#22952a，如图11-7所示。

图11-6 设置文本的大小

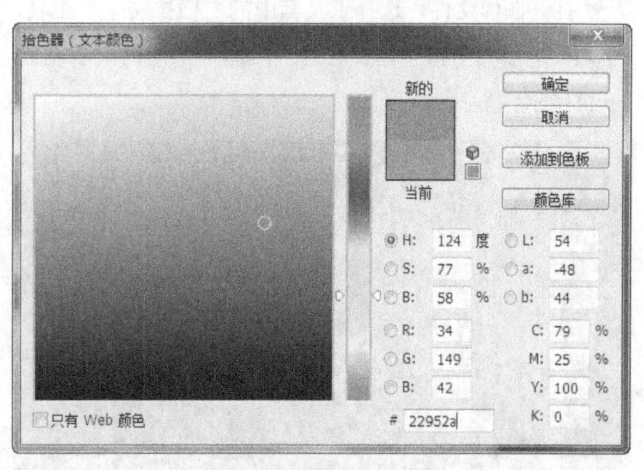

图11-7 “拾色器”对话框

08 单击“确定”按钮，即可设置文本颜色，如图11-8所示。

图11-8 设置文本颜色

11.1.2 课堂案例——制作立体文字

本例制作的立体文字效果如图11-9所示，具体操作步骤如下。

图11-9 立体文字效果

01 打开图像文件，选择工具箱中的“横排文字”工具，如图11-10所示。

02 在选项栏中将字体设置为“黑体”，字体大小设置为150，字体颜色设置为# e0a86b，舞台中的文字“爱”如图11-11所示。

图11-10 打开图像文件

图11-11 输入文字

03 在“图层”面板中选择文本图层，单击鼠标右键弹出“复制图层”对话框，如图11-12所示。

04 单击“确定”按钮，即可复制图层，如图11-13所示。

图11-12 “复制图层”对话框

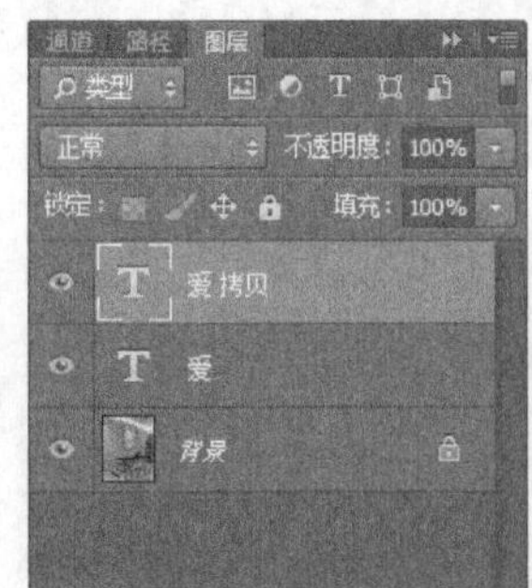

图11-13 复制图层

05 执行“图层”→“图层样式”→“渐变叠加”命令，弹出“图层样式”对话框，如图11-14所示。

06 在该对话框中单击“渐变”右边的按钮，在弹出的“渐变编辑器”对话框中选择渐变颜色，如图11-15所示。

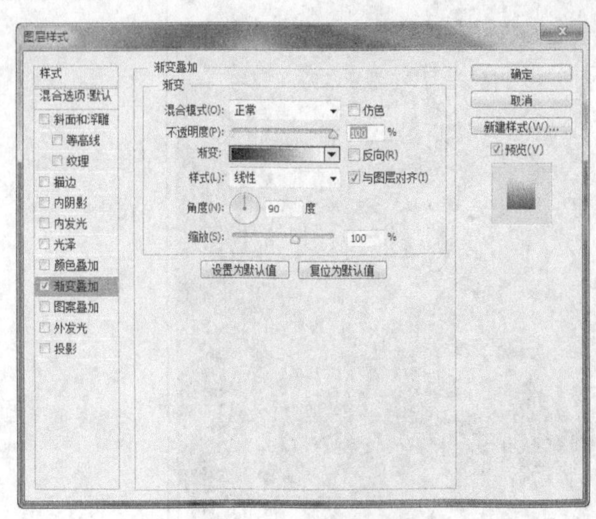

图11-14 “图层样式”对话框

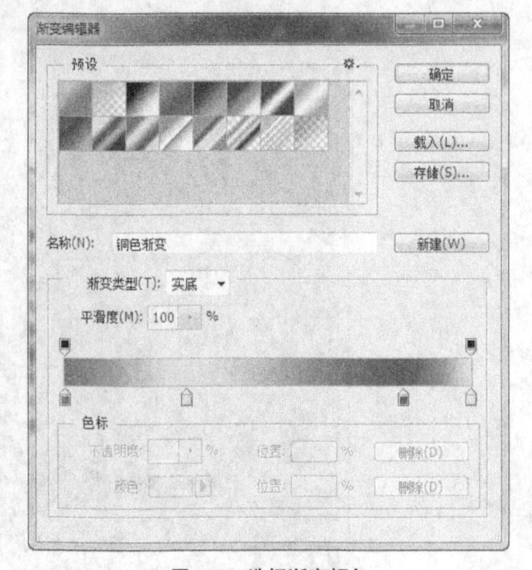

图11-15 选择渐变颜色

07 勾选“内阴影”选项，在弹出的面板中设置相应的参数，如图11-16所示。

08 勾选“描边”选项，在弹出的面板中设置相应的参数，如图11-17所示。

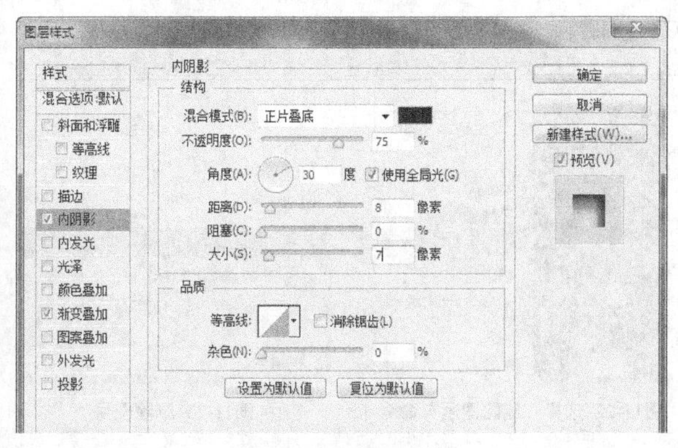

图11-16 设置内阴影选项

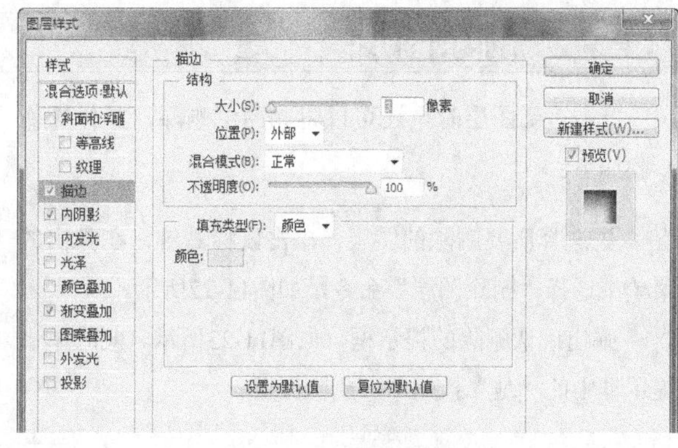

图11-17 设置描边选项

09 单击“确定”按钮，设置图层样式，如图11-18所示。

10 选择工具箱中的“移动”工具，将文字向下移动一段距离，使文字具有立体效果，如图11-19所示。

图11-18 设置图层样式

图11-19 立体文字

11.2 编辑图层

图层用于在不影响图像中其他图像元素的情况下处理某一图像元素。下面讲解图层的编辑，包括新建图层、删除图层。

11.2.1 新建图层

下面讲解新建图层的方法，具体操作步骤如下。

01 执行“窗口”→“图层”命令，打开“图层”面板，如图11-20所示。

02 单击“图层”面板底部的“新建图层”按钮，在当前图层上新建一个图层，如图11-21所示。

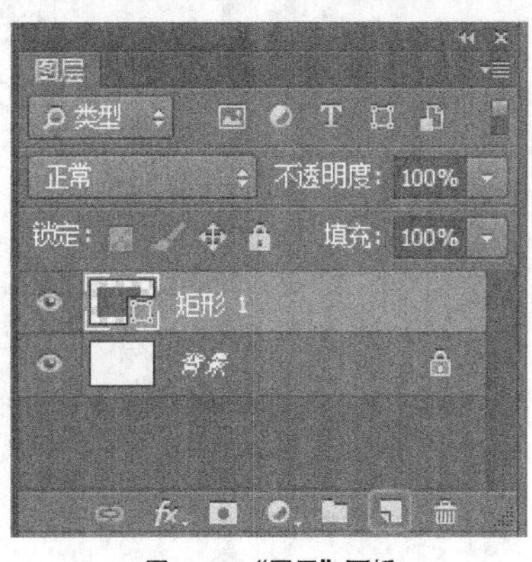

图11-20 “图层”面板

图11-21 新建图层

11.2.2 删除图层

当不需要图层时，还可以将此图层删除，具体操作步骤如下。

01 先选择所要删除的图层，单击鼠标右键，在弹出的菜单中选择“删除图层”命令，如图11-22所示。

02 弹出确认删除的提示框，如图11-23所示。此时单击提示框中的“是”按钮即可删除图层。

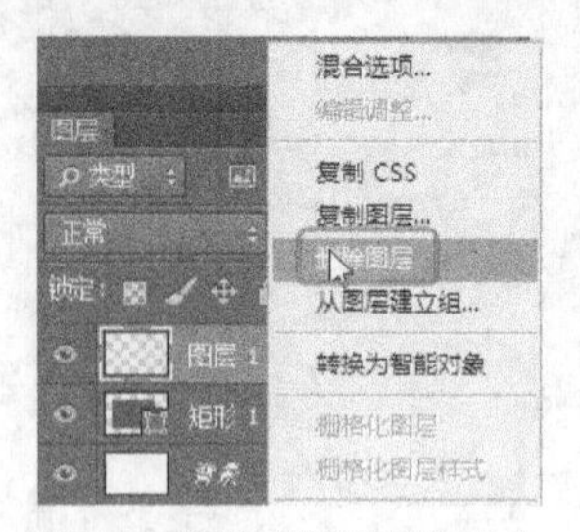

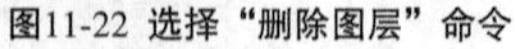

图11-22 选择“删除图层”命令

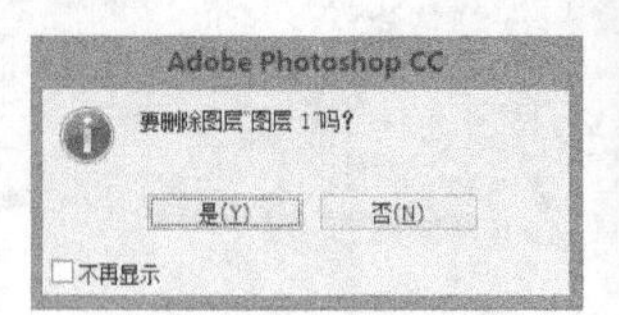

图11-23 删除图层

11.2.3 课堂案例——制作网站横排导航条

下面讲解横排导航条的制作方法，具体操作步骤如下。

01 执行“文件”→“打开”命令，打开图像文件“导航.jpg”，如图11-24所示。

02 选择工具箱中的“圆角矩形”工具，在舞台中绘制圆角矩形，如图11-25所示。

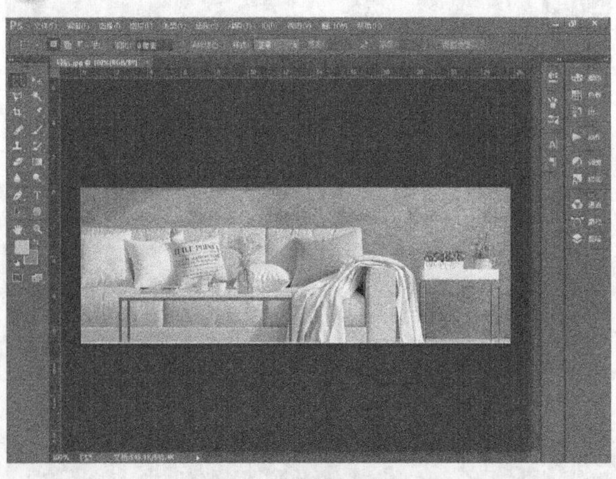

图11-24 打开图像文件

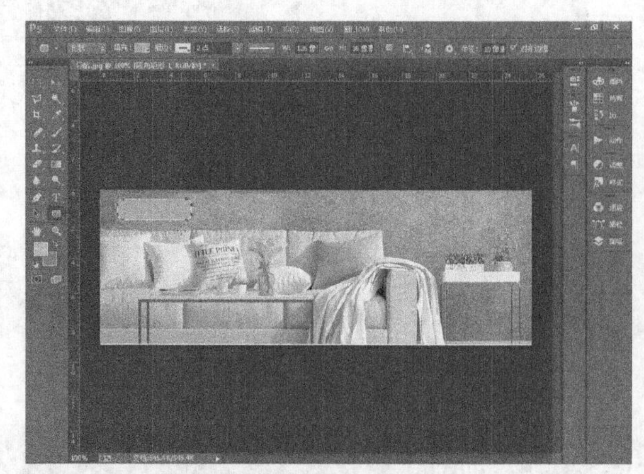

图11-25 绘制圆角矩形

03 执行“图层”→“图层样式”→“描边”命令，弹出“图层样式”对话框，设置描边大小和颜色，如图11-26所示。

04 勾选“投影”选项，设置投影参数，如图11-27所示。

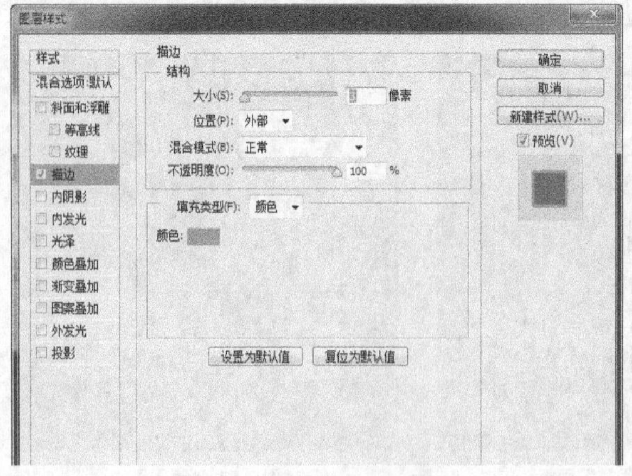

图11-26 设置描边大小和颜色

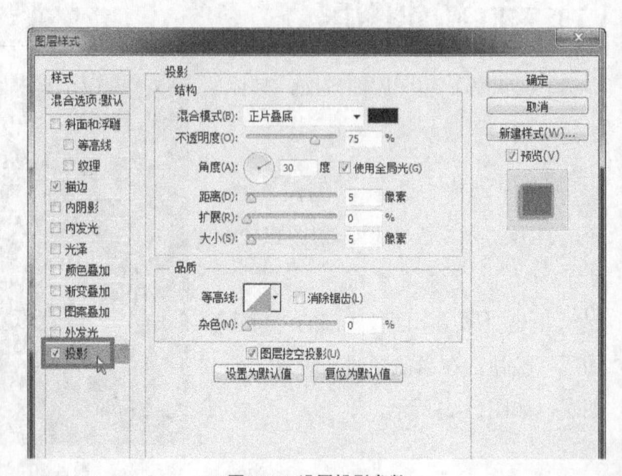

图11-27 设置投影参数

05 单击“确定”按钮，设置图层样式效果，如图11-28所示。

06 选择工具箱中的“横排文字”工具，在圆角矩形上面输入文字“网站首页”，如图11-29所示。

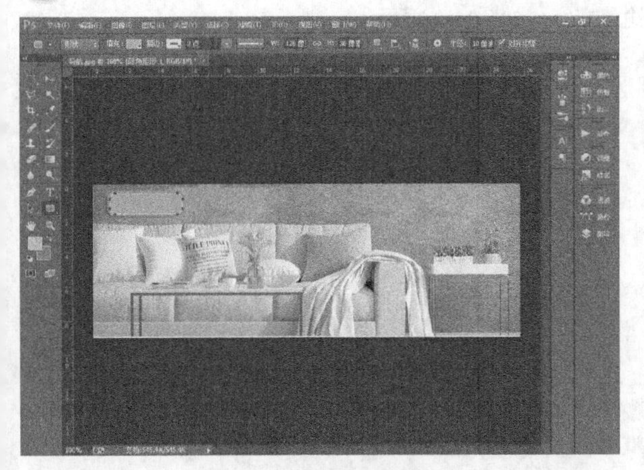

图11-28 设置图层样式效果

图11-29 输入文字

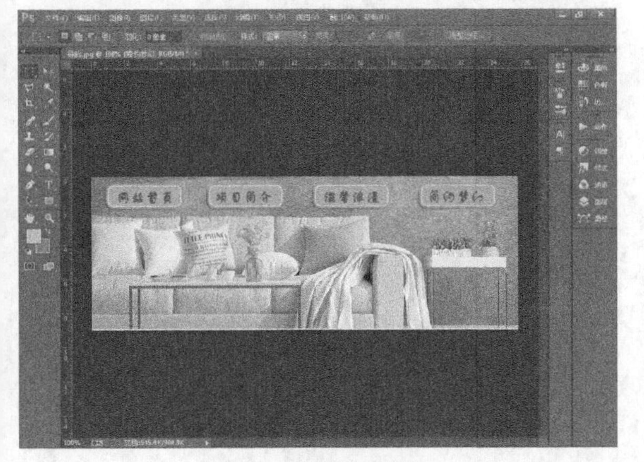

图11-30 制作其余导航条

07 按照步骤02~步骤06的操作绘制圆角矩形，并在上面输入导航文本，如图11-30所示。

08 执行“文件”→“存储”命令，保存图像文件，如图11-31所示。

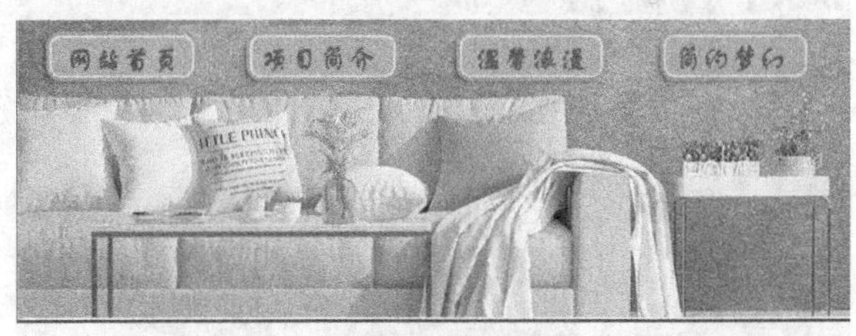

图11-31 保存图像文件

11.3 使用图层样式

Photoshop中有多种图层样式可供选择，用户可以单独为图像添加一种样式，还可以同时为图像添加多种样式。

11.3.1 课堂案例——设置投影样式

投影在图层中原始像素的外边生成阴影，从而产生一种立体效果。执行“图层”→“图层样式”→“投影”命令，弹出“图层样式”对话框，如图11-32所示。

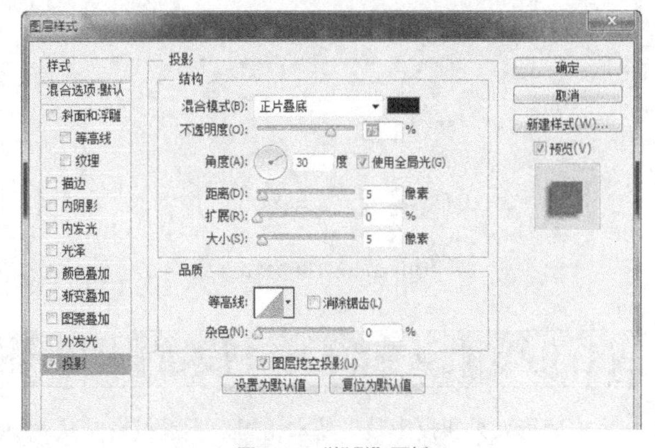

图11-32 “投影”面板

下面讲解投影样式的设置方法，具体操作步骤如下。

01 执行“文件”→“打开”命令，打开图像文件，如图11-33所示。

02 选择工具箱中的“横排文字”工具，在图像上单击并输入文字，如图11-34所示。

图11-33 打开图像文件

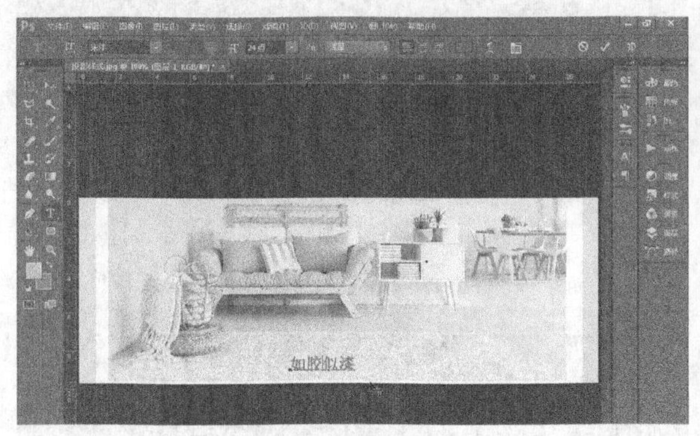

图11-34 输入文字

03 选中输入的文字，在工具选项栏中设置“字体”为“方正姚体”，“字体大小”为60，如图11-35所示。

04 执行“图层”→“图层样式”→“投影”命令，弹出“图层样式”对话框，如图11-36所示。

图11-35 设置字体样式

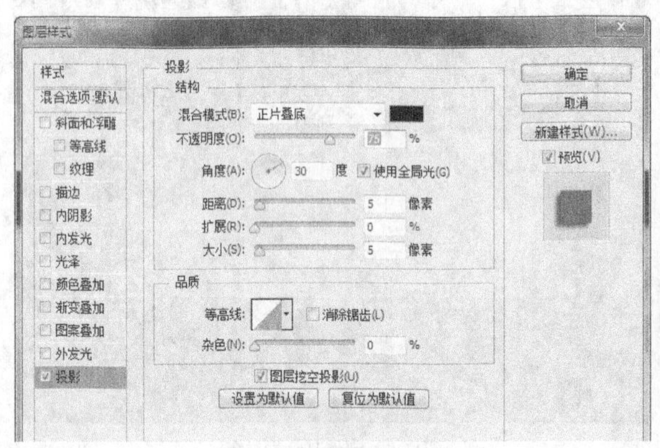

图11-36 “图层样式”对话框

05 在对话框中进行相应的设置，如图11-37所示。

06 单击“确定”按钮，效果如图11-38所示。

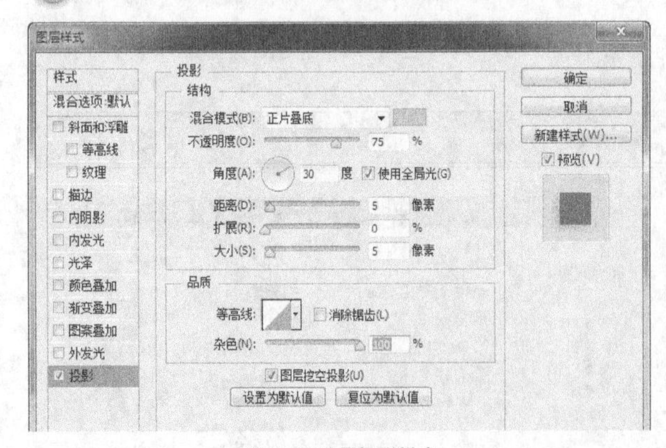

图11-37 设置投影样式

图11-38 投影效果

11.3.2 课堂案例——设置内阴影样式

内阴影效果和投影效果基本相同，不过投影是从对象边缘向外，而内阴影是从对象边缘向内。内阴影主要用来创作简单的立体效果，如果配合投影效果一起使用，那么立体效果就更加生动。图11-39所示为“内阴影”面板。

设置内阴影样式的具体操作步骤如下。

01 执行“文件”→“打开”命令，打开图像文件，如图11-40所示。

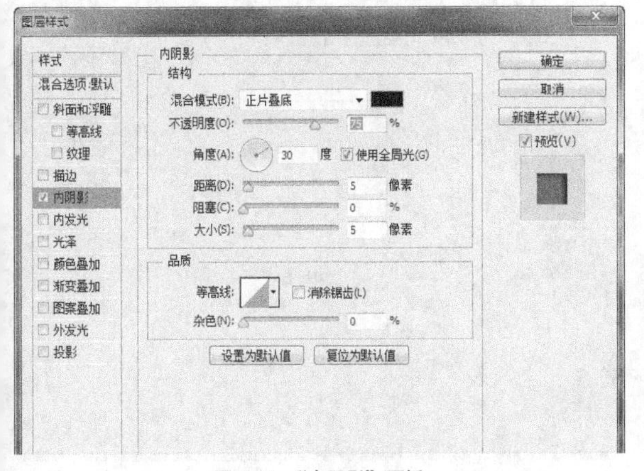

图11-39 “内阴影”面板

图11-40 打开图像文件

02 选择工具箱中的“横排文字”工具，在图像上单击并输入文字，如图11-41所示。

03 选中输入的文字，在工具选项栏中设置“字体”为“黑体”，“字体大小”为100，如图11-42所示。

图11-41 输入文字

图11-42 设置字体样式

04 执行“图层”→“图层样式”→“内阴影”命令，弹出“图层样式”对话框，如图11-43所示。

05 在对话框中进行相应的设置，单击“确定”按钮，效果如图11-44所示。

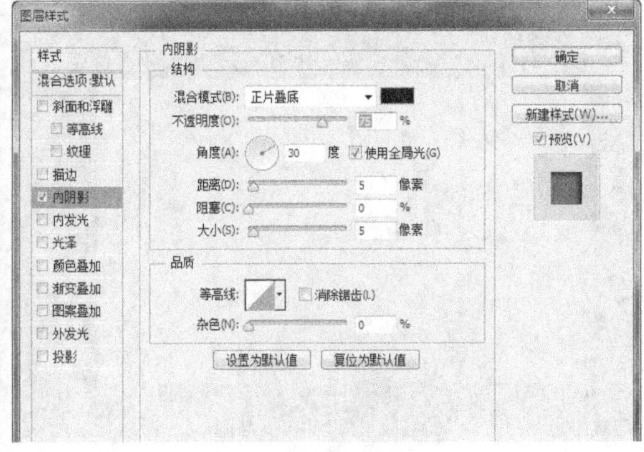

图11-43 “图层样式”对话框

图11-44 内阴影效果

11.3.3 课堂案例——设置外发光样式

使用外发光样式可以制作出好像从图像外侧发光的效果。通过“扩展”选项可以设置应用照明发光效果的范围，通过“大小”选项则可以设置发光的大小。执行“图层”→“图层样式”→“外发光”命令，弹出“图层样式”对话框，如图11-45所示，在对话框中可以设置外发光的样式。

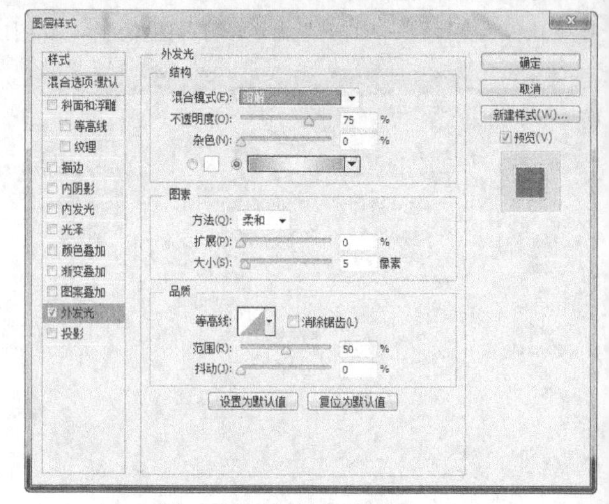

图11-45 “外发光”面板

设置外发光样式的具体操作步骤如下。

01 执行“文件”→“打开”命令，打开图像文件，如图11-46所示。

02 选择工具箱中的“横排文字”工具，在图像上单击并输入文字，如图11-47所示。

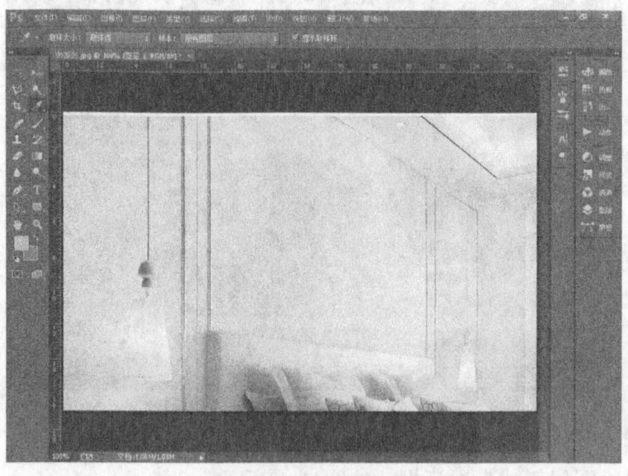

图11-46 打开图像文件

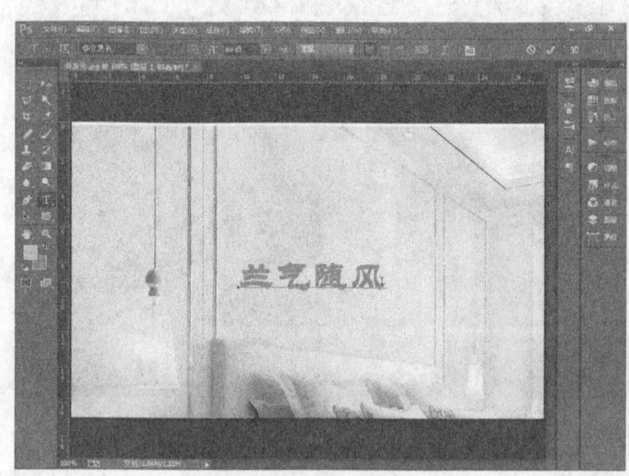

图11-47 输入文字

03 选中输入的文字，在工具选项栏中设置“字体”为“华文隶书”，“字体大小”为60，“文本颜色”设置为红色，如图11-48所示。

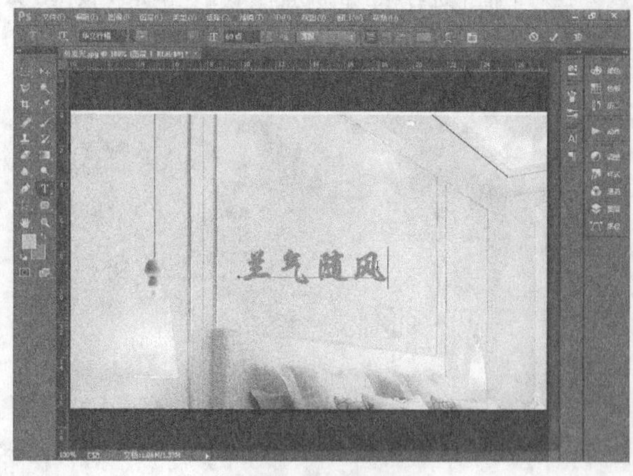

图11-48 设置字体样式

04 执行“图层”→“图层样式”→“外发光”命令，弹出“图层样式”对话框，如图11-49所示。

05 在对话框中进行相应的设置，单击“确定”按钮，效果如图11-50所示。

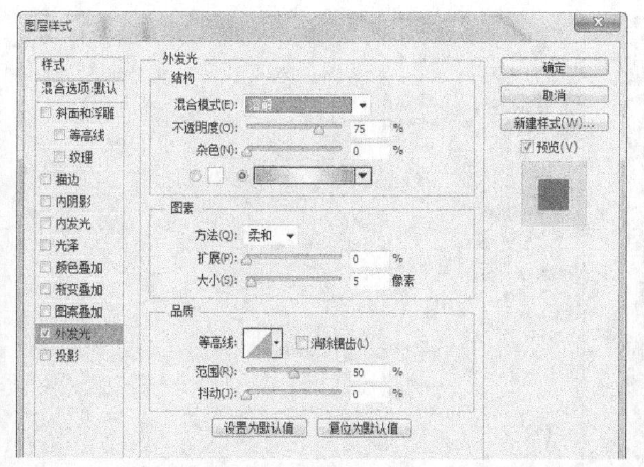

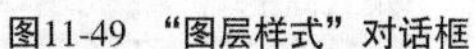

图11-49 “图层样式”对话框

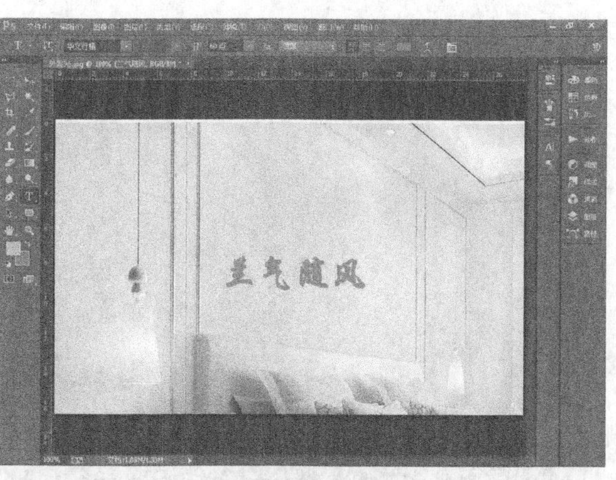

图11-50 外发光效果

11.3.4 课堂案例——设置内发光样式

添加了内发光样式的图层上方会多出一个虚拟的图层，这个图层由半透明的颜色填充，并且沿着下面图层的边缘分布。默认的光晕颜色为黄色，通过“大小”选项则可以设置发光范围的大小。

执行“图层”→“图层样式”→“内发光”命令，弹出“图层样式”对话框，如图11-51所示。

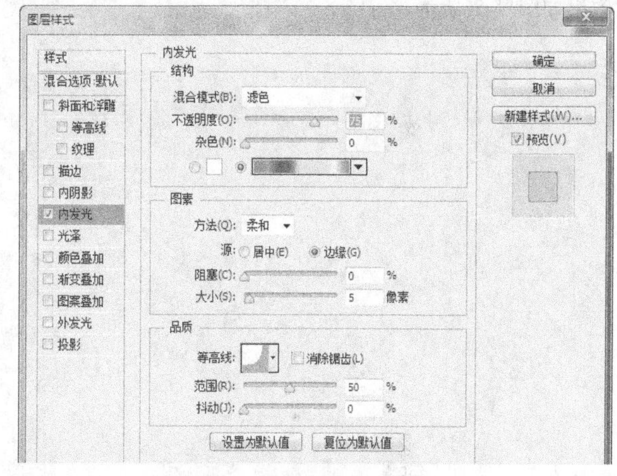

图11-51 “图层样式”对话框

01 设置内发光样式的具体操作步骤如下。执行“文件”→“打开”命令，打开图像文件，如图11-52所示。

02 选择工具箱中的“横排文字”工具，在图像上单击并输入文字，如图11-53所示。

图11-52 打开图像文件

图11-53 输入文字

03 选中输入的文字，在工具选项栏中设置“字体”为“华文楷体”，“字体大小”为65，如图11-54所示。

04 执行“图层”→“图层样式”→“内发光”命令，弹出“图层样式”对话框，如图11-55所示。

图11-54 设置字体样式

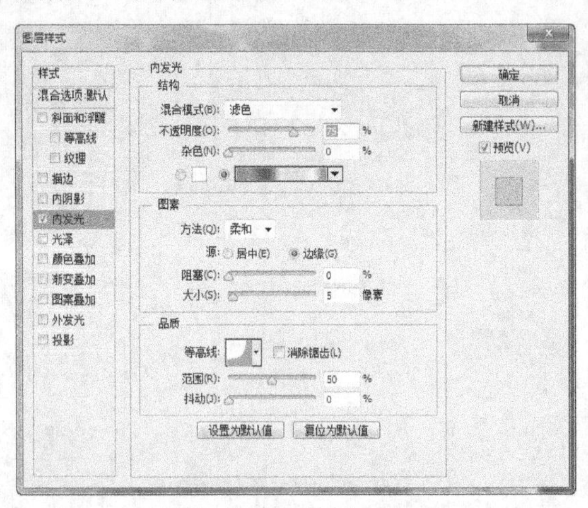

图11-55 “图层样式”对话框

05 在对话框中进行相应的设置，单击“确定”按钮，效果如图11-56所示。

图11-56 内发光效果

11.4 课堂练习——制作立体文字效果

下面通过图层样式和文本工具制作立体文字效果，效果图如图11-57所示，具体操作步骤如下。

01 打开图像文件，选择工具箱中的“横排文字”工具，如图11-58所示。

02 在选项栏中将字体设置为“黑体”，字体大小设置为200，字体颜色设置为#ff0000，在舞台中输入文字“爱”，如图11-59所示。

图11-57 立体文字效果

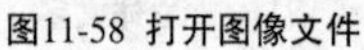

图11-58 打开图像文件

图11-59 输入文字

03 在“图层”面板中选择文本图层，单击鼠标右键弹出“复制图层”对话框，如图11-60所示。

04 单击“确定”按钮，即可复制图层，如图11-61所示。

05 执行“图层”→“图层样式”→“渐变叠加”命令，弹出“图层样式”对话框，如图11-62所示。

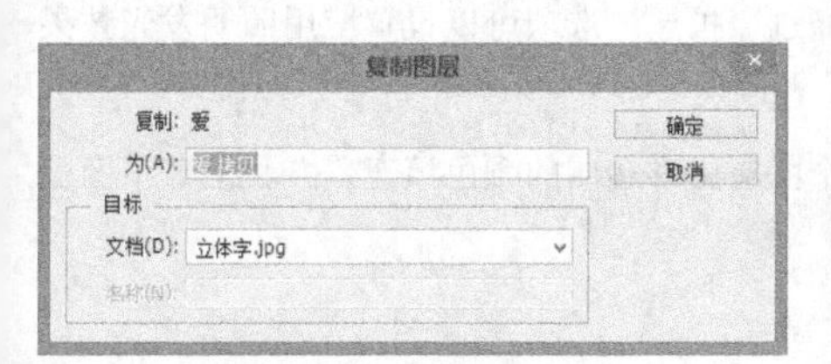

图11-60 “复制图层”对话框

图11-61 复制图层

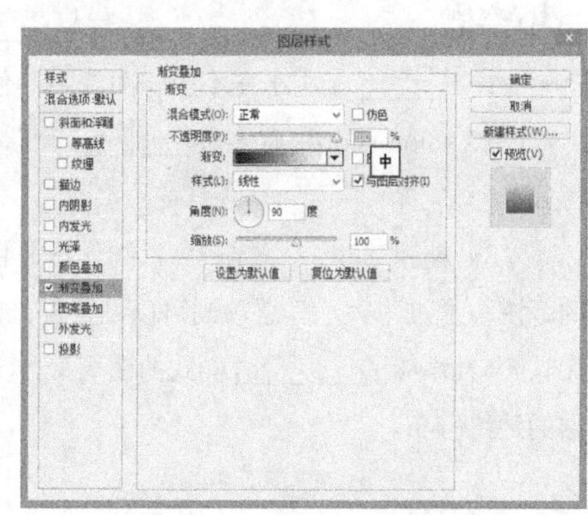

图11-62 “图层样式”对话框

06 在该对话框中单击“渐变”右边的按钮，在弹出的“渐变编辑器”对话框中选择渐变颜色，如图11-63所示。

07 勾选“内阴影”选项，在弹出的面板中设置相应的参数，如图11-64所示。

08 勾选“描边”选项，在弹出的面板中设置相应的参数，如图11-65所示。

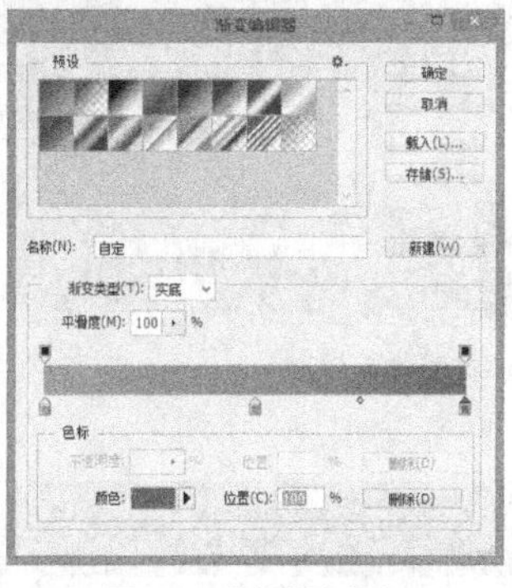

图11-63 选择渐变颜色

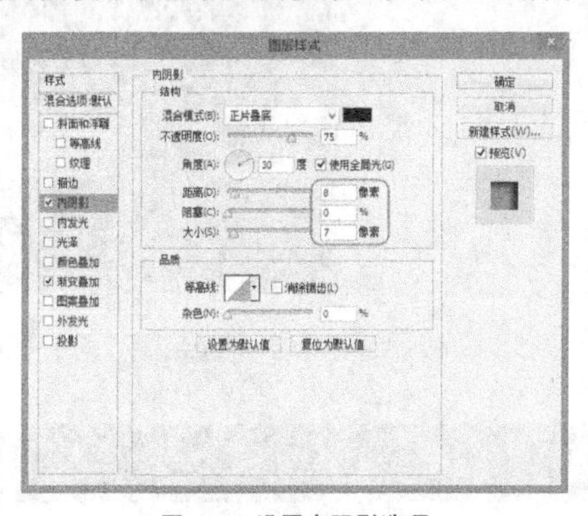

图11-64 设置内阴影选项

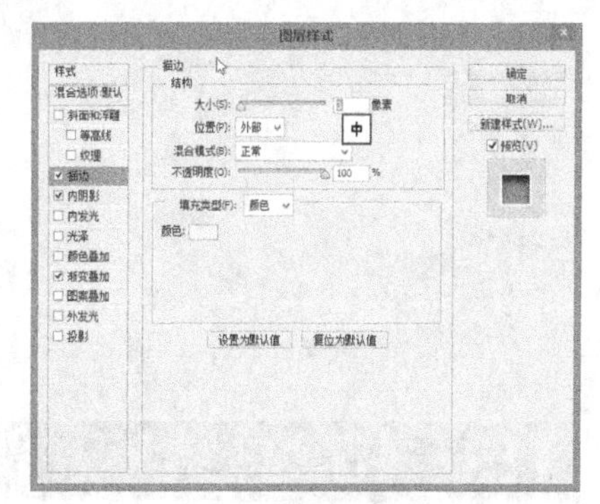

图11-65 设置描边选项

09 单击“确定”按钮，设置图层样式，如图11-66所示。

10 选择工具箱中的“移动”工具，将文字向下移动一段距离，使其具有立体效果，如图11-67所示。

图11-66 设置图层样式

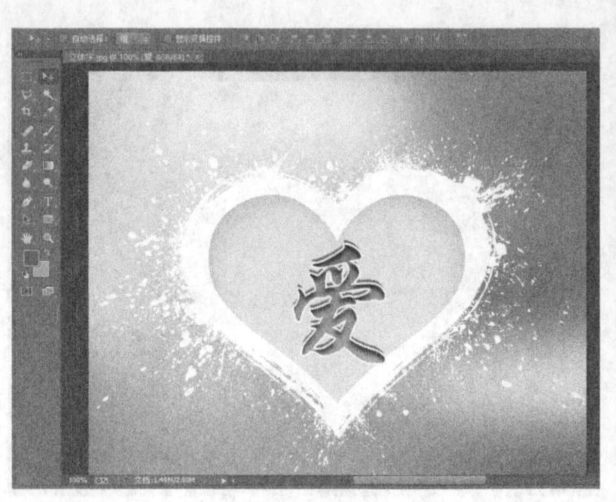

图11-67 立体文字

11.5 课后习题

1. 填空题

（1）________用于在不影响图像中其他图像元素的情况下处理某一图像元素。

（2）Photoshop中有多种________可供选择，用户可以单独为图像添加一种样式，还可以同时为图像添加多种样式。

（3）使用________样式可以制作出好像从图像外侧发光的效果。通过“扩展”选项可以设置应用照明发光效果的范围，通过“大小”选项则可以设置发光的大小。

（4）添加了________样式的图层上方会多出一个虚拟的图层，这个图层由半透明的颜色填充，并且沿着下面图层的边缘分布。

2. 操作题

制作图11-68所示的文字效果。

图11-68 文字效果

11.6 本章总结

在网站设计中，网页特效文字的设计也是非常重要的，漂亮美观的特效文字可以大大增加网页的美观程度。本章重点介绍了图层和图层样式的应用、文字工具的使用，以及常见的网页特效文字的制作。

第12章

设计制作网页中的图像元素

在网页中，图像的应用能够使网页更加美观、生动，而且图像是传达信息的一种重要手段，它具有很多文字无法比拟的优点。Photoshop CC是当前最流行的图像处理软件之一，广泛应用于广告设计制作、平面设计制作、网页设计制作等领域。本章将讲解利用Photoshop设计制作网站Logo（标志）和网络广告、切割网页图像的方法。

学习目标

- 学会网站Logo的制作
- 学会网络广告的制作
- 学会网页切片输出

12.1 网站Logo的制作

Logo是网站形象的重要体现，它可以反映网站及制作者的某些信息，使浏览者可从中了解网站的类型及内容。

12.1.1 网站Logo设计指南

一个网站Logo不应只考虑在设计师屏幕上的显示效果，还应该考虑到网站整体发展到一个高度时进行相应推广活动所要求的效果，使其在应用于各种媒体时都能显示充分的视觉效果。所以设计师应考虑到Logo在传真、报纸、杂志等纸介质上的单色效果，反白效果，在织物上的纺织效果，在车体上的油漆效果，制作徽章时的金属效果，墙面立体的造型效果等。

为了便于网络上信息的传播，网站的Logo目前有以下4种规格。

- 88×31：互联网上最普遍的Logo规格。
- 120×60：用于一般大小的Logo规格。
- 120×90：用于大型的Logo规格。
- 200×70：一种新型规格的Logo。

12.1.2 课堂练习——设计网站Logo

本例将讲解网站Logo的设计方法，效果如图12-1所示，具体操作步骤如下。

图12-1 网站Logo

01 启动Photoshop CC，执行“文件”→“新建”命令，弹出“新建”对话框，在该对话框中将“宽度”设置为800像素，“高度”设置为600像素，如图12-2所示。

02 单击“确定”按钮，新建空白文档，将文档保存为Logo.psd，如图12-3所示。

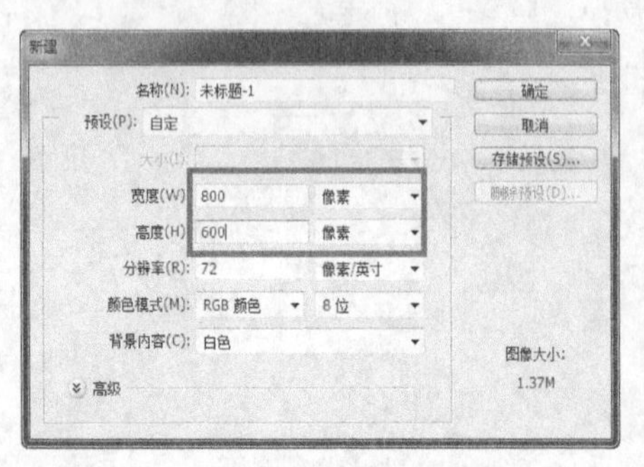

图12-2 “新建”对话框

图12-3 新建空白文档

03 选择工具箱中的“椭圆”工具，在舞台中绘制蓝色椭圆，如图12-4所示。

04 选择工具箱中的“自定义”工具形状，在选项栏中单击“形状”后面的按钮，在弹出的列表框中选择形状，这里选择三角形，如图12-5所示。

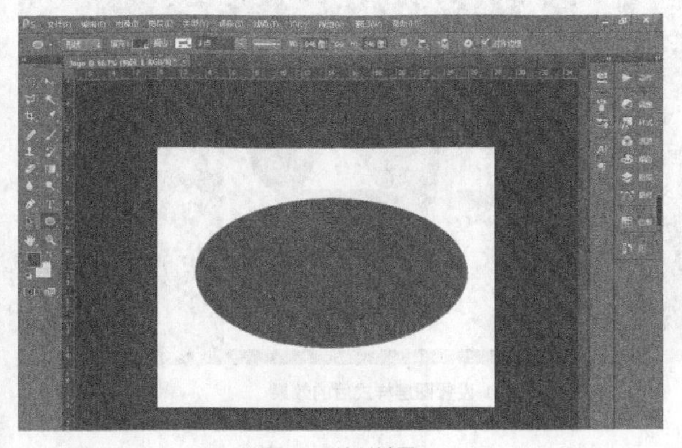

图12-4 绘制椭圆

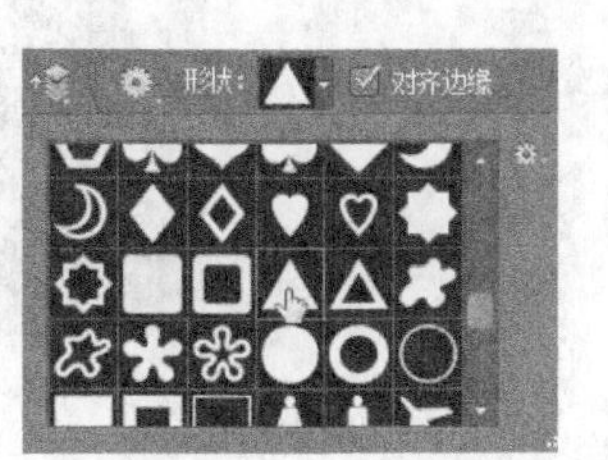

图12-5 选择形状

05 在舞台中按住鼠标左键并拖动，绘制三角形，如图12-6所示。

06 选中绘制的三角形，按住键盘上的Alt键两次拖动复制出另外两个三角形，如图12-7所示。

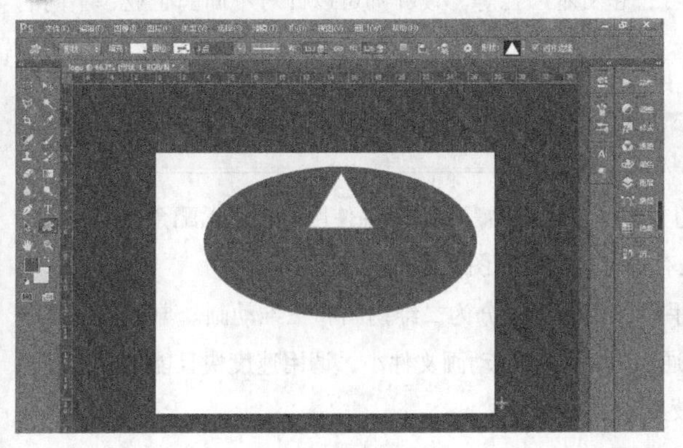

图12-6 绘制三角形

图12-7 拖动复制出另外两个三角形

07 选择工具箱中的“横排文字”工具，在选项栏中设置相应的参数，在舞台中输入文字“某某科技”，如图12-8所示。

08 执行“图层”→“图层样式”→“混合选项”命令，弹出“图层样式”对话框，单击左上侧的“样式”选项，在弹出的列表框中选择相应的样式，如图12-9所示。

图12-8 输入文字

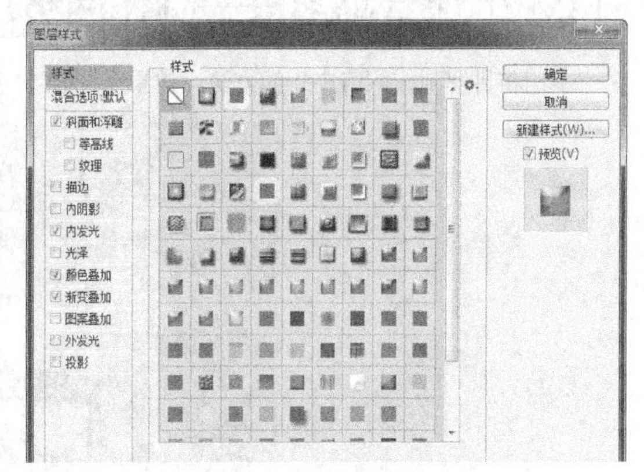

图12-9 “图层样式”对话框

09 单击“确定”按钮，设置图层样式效果，如图12-10所示。

图12-10 设置图层样式后的效果

12.2 网络广告的制作

网络广告的形式有很多种，包括图片广告、多媒体广告、超文本广告等。设计师可以针对不同的企业、不同的产品、不同的客户对象，采用不同的广告形式。

12.2.1 网络广告设计要素

网络广告包括多种设计要素，如图像、动画、文字和超文本等，这些要素可以单独使用，也可以配合使用。

- 图像。网页中最常用的图像格式是GIF和JPG，另外还有不常用的PNG图像格式。
- 电脑动画。动画是一种表现力极强的网络广告设计手段。电脑动画分为二维动画和三维动画。典型的二维动画制作软件如Flash，它是一款专业的网页动画编辑软件，通过Flash制作的动画文件小、调用速度快且能实现交互功能。三维动画在网络广告中的应用能增强广告画面的视觉效果和层次感。
- 文字。在网络广告设计中，标题和内文的设计、编排都要用到文字。
- 数字影（音）像。数字影（音）像也被广泛应用在网络广告中。但是由于带宽的限制，数字影（音）像一般都会经过压缩。虽然压缩会使音频、视频文件的精度在一定程度上发生损失，但是采取这种方法可以大大提高它们在网上的传输速度。

12.2.2 课堂练习——制作网络广告

本例将讲解制作网络广告的方法，效果如图12-11所示，具体操作步骤如下。

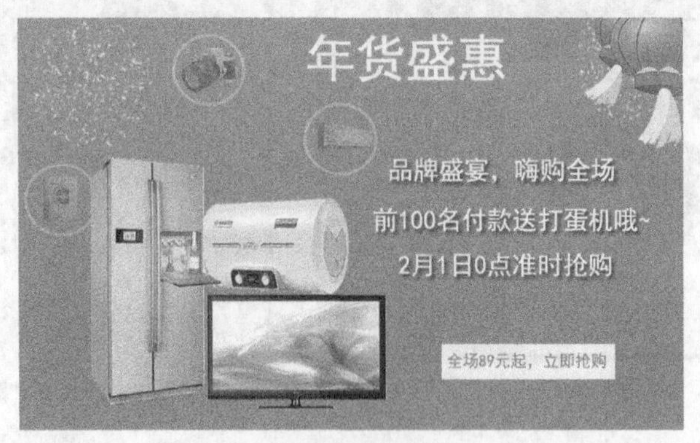

图12-11 网络广告

01 启动Photoshop CC，执行“文件”→“新建”命令，弹出“新建”对话框，在该对话框中将“宽度”设置为800像素，“高度”设置为400像素，如图12-12所示。

02 单击“确定”按钮，新建空白文档，如图12-13所示。

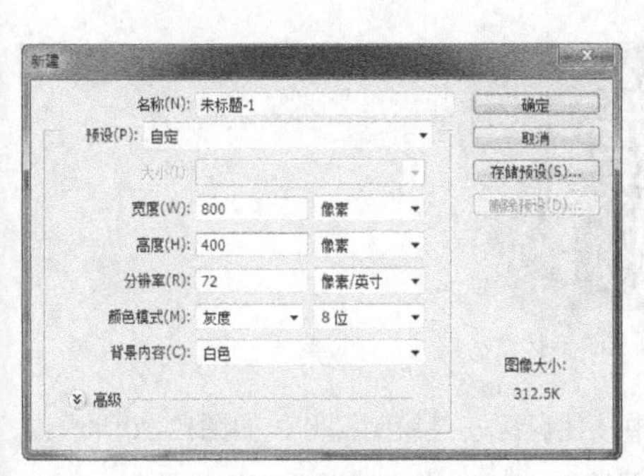

图12-12 “新建”对话框

图12-13 新建空白文档

03 选择工具箱中的“渐变”工具，在选项栏中单击“点按可编辑渐变”按钮，弹出“渐变编辑器”对话框，设置渐变颜色，如图12-14所示。

04 单击“确定”按钮，然后，按住鼠标左键在舞台中从上往下拖动，填充背景颜色，如图12-15所示。

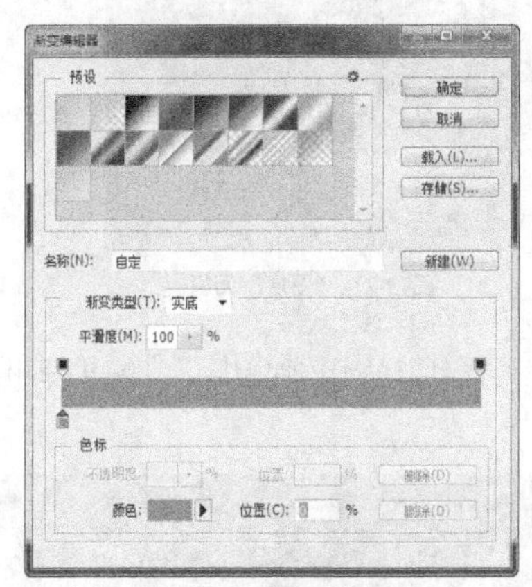

图12-14 设置渐变颜色

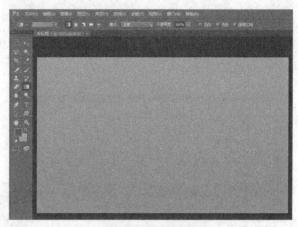

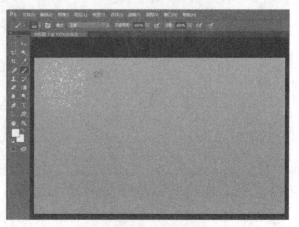

图12-15 填充背景颜色

05 选择工具箱中的“画笔”工具，在选项栏中单击画笔右侧的按钮，在弹出的列表框中选择画笔，如图12-16所示。

06 在舞台左侧单击以绘制画笔形状，如图12-17所示。

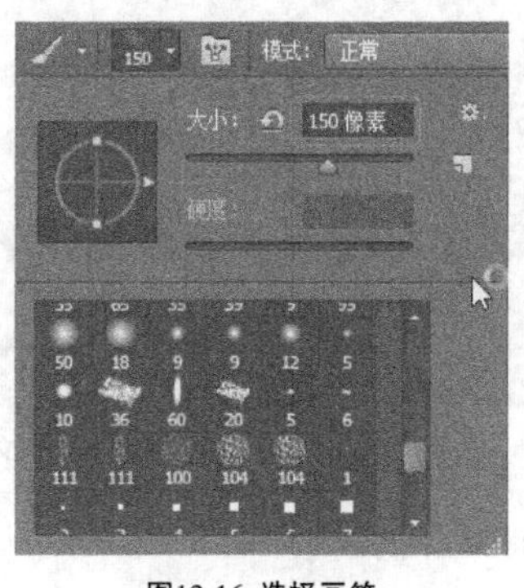

图12-16 选择画笔

图12-17 绘制舞台左侧的画笔形状

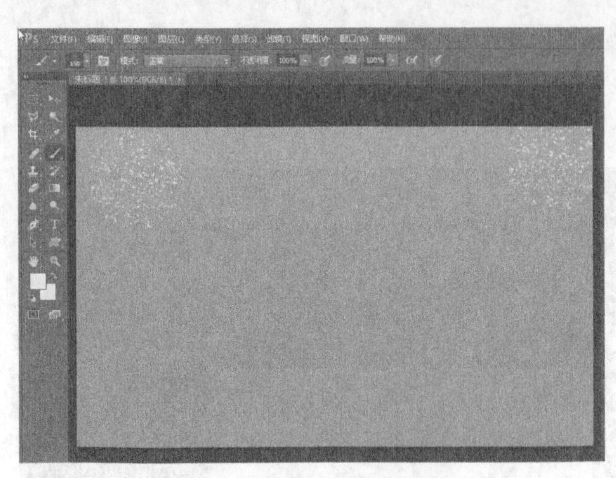

图12-18 绘制舞台右侧的画笔形状

07 在舞台右侧单击以绘制画笔形状，如图12-18所示。

08 选择工具箱中的“自定义形状”工具，在选项栏中单击“形状”按钮，在弹出的列表框中选择合适的形状，这里选择椭圆，如图12-19所示。

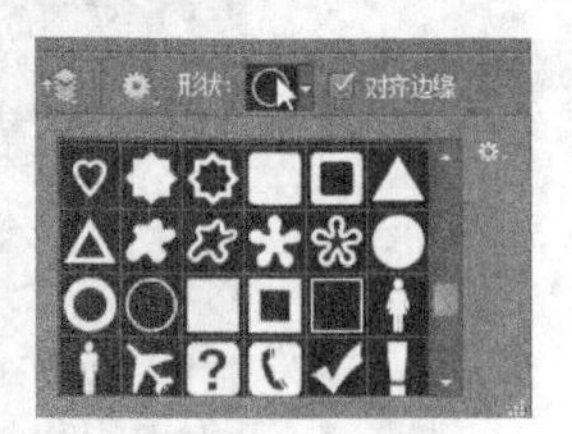

图12-19 选择形状

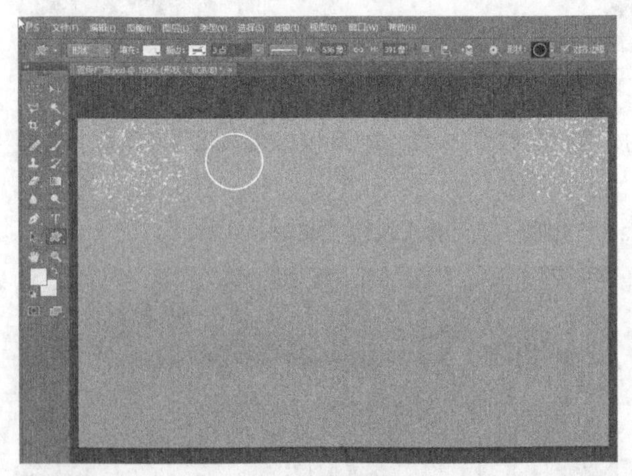

图12-20 绘制椭圆

09 在舞台中按住鼠标左键绘制椭圆，如图12-20所示。

10 打开“图层”面板，将“不透明度”设置为40%，在舞台中按住Shift键绘制直线，如图12-21所示。

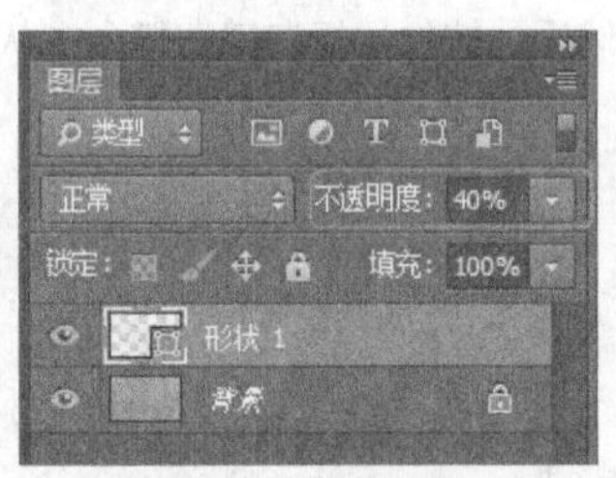

图12-21 “图层”面板

11 执行“文件”→“置入”命令，弹出“置入”对话框，在该对话框中选择图像文件6.gif，如图12-22所示。

12 单击“置入”按钮，置入图像文件，如图12-23所示。

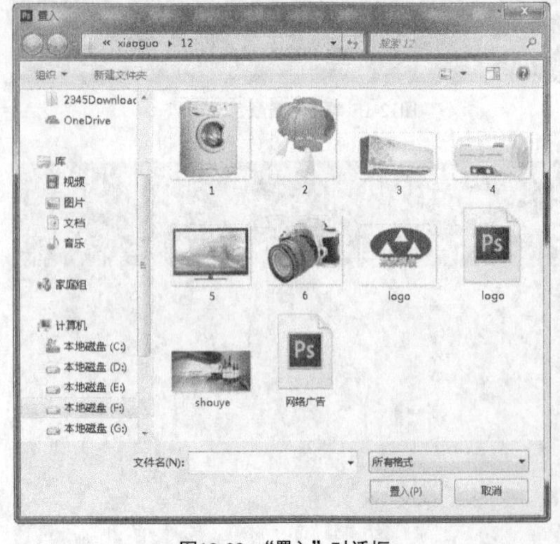

图12-22 “置入”对话框

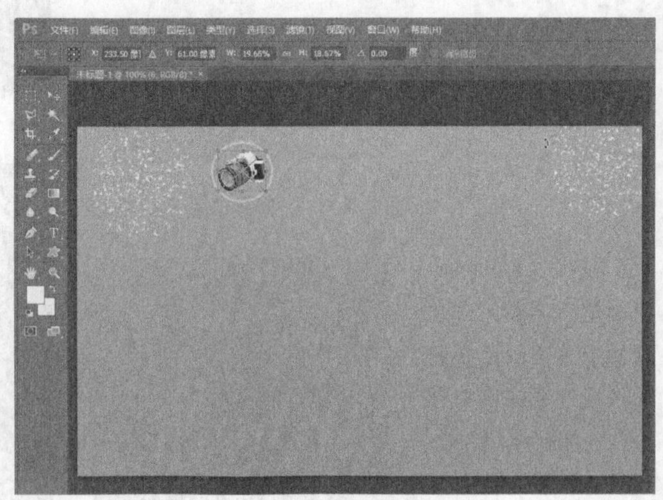

图12-23 置入图像文件

13 打开“图层”面板，将“不透明度”设置为40%，如图12-24所示。

14 按照步骤9~步骤13的操作，绘制椭圆并设置椭圆的不透明度，然后导入两个图像，设置图像的“不透明度”为40%，如图12-25所示。

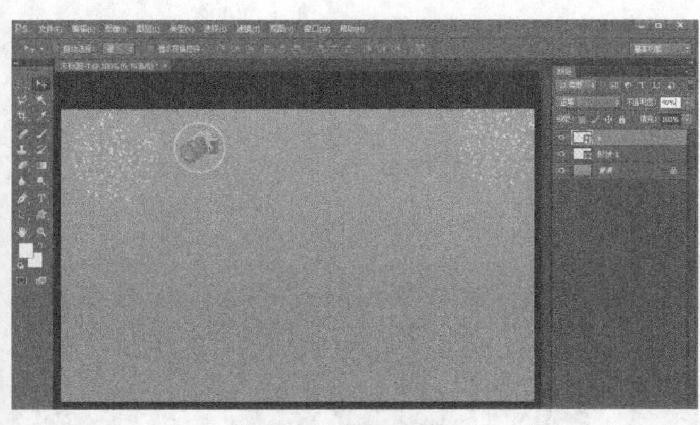

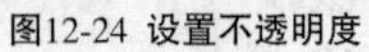

图12-24 设置不透明度

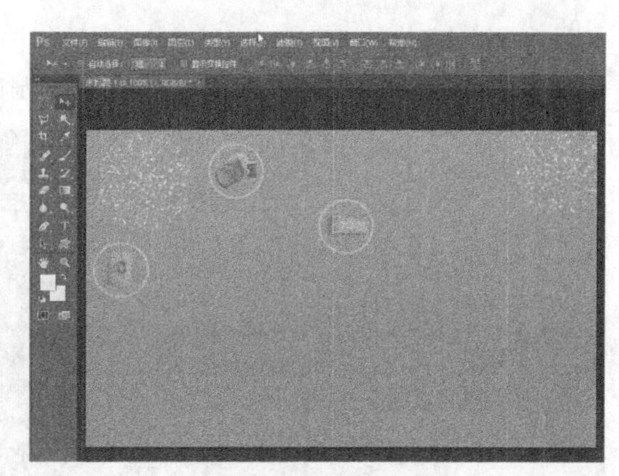

图12-25 导入两个图像

15 按步骤11~12的操作，导入其余的商品图片，如图12-26所示。

16 选择工具箱中的“横排文字”工具，在舞台中输入“年货盛惠”，如图12-27所示。

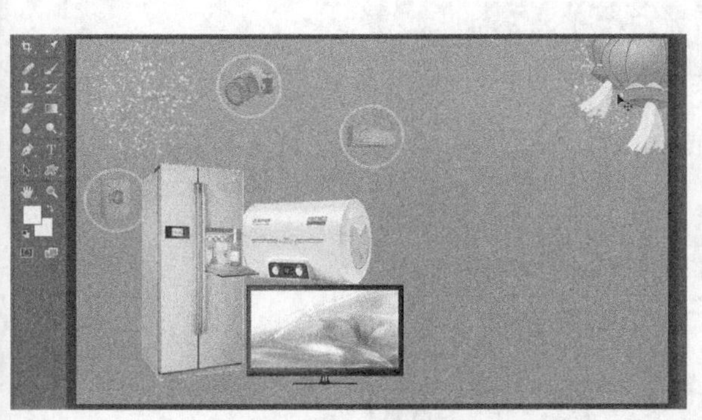

图12-26 导入其余商品图片

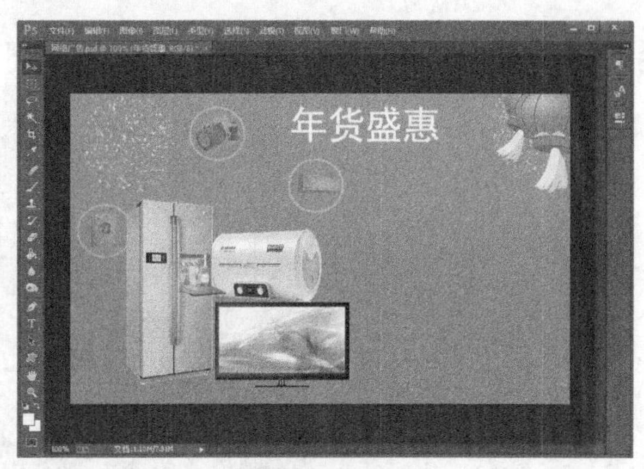

图12-27 输入文字

17 执行“图层”→“图层样式”→“描边”命令，弹出“图层样式”对话框，设置描边颜色，如图12-28所示。

18 单击“确定”按钮，设置图层样式效果，如图12-29所示。

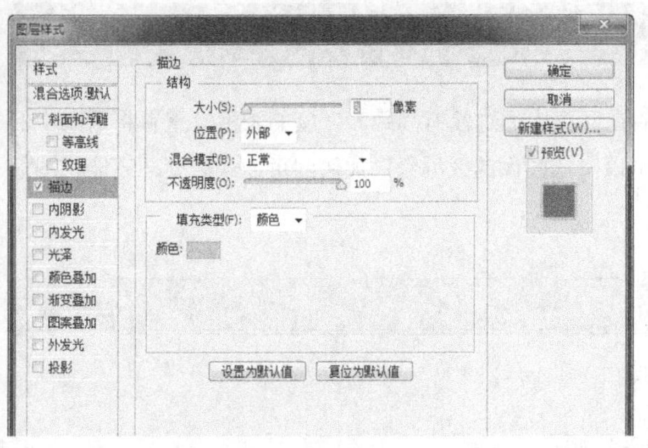

图12-28 “图层样式”对话框

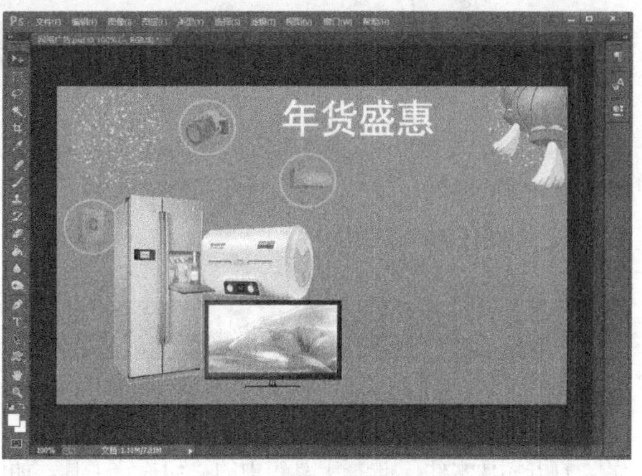

图12-29 设置图层样式后的效果

19 选择工具箱中的“横排文字”工具，在舞台中输入广告文字，如图12-30所示。

20 选择工具箱中的“矩形”工具，在舞台中绘制黄色的矩形，如图12-31所示。

图12-30 输入广告 文字

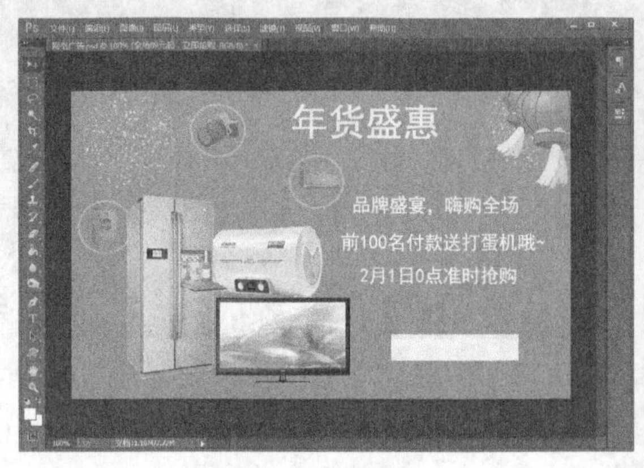

图12-31 绘制矩形

21 选择工具箱中的“横排文字”工具，在黄色矩形上面输入文字，如图12-32所示。

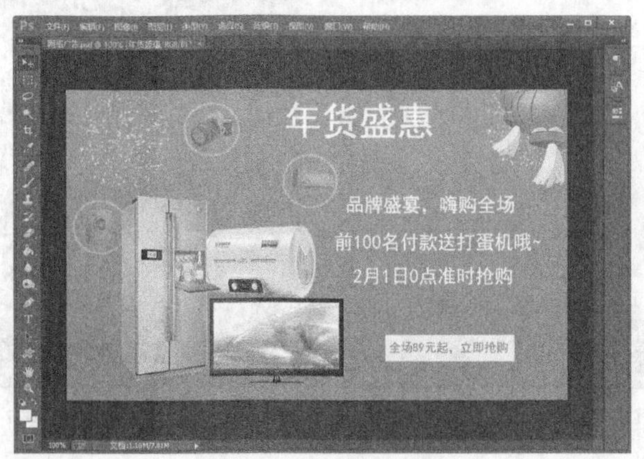

图12-32 输入底部文字

12.3 网页切片输出

切片就是将一幅大图像分割为一些小的图像切片，然后在网页中通过没有间距和宽度的表格，重新将这些小的图像没有缝隙地拼接起来，成为一幅完整的图像。这样做可以降低图像的数据量，加快网页加载速度，还能将图像的一些区域用HTML来代替。

12.3.1 创建切片

切片工具主要用于切割图像，创建切片的具体操作步骤如下。

01 打开图像文件， 选择工具箱中的“切片”工具，如图12-33所示。

02 在图像上按住鼠标左键并拖动，绘制出合适大小的切片，如图12-34所示。

图12-33 打开图像文件

图12-34 绘制切片

12.3.2 编辑切片

切片工具可以用来编辑切片，单击鼠标右键在弹出的快捷菜单中进行设置，具体操作步骤如下。

01 在绘制的切片上右击，在弹出的快捷菜单中选择“编辑切片选项”，如图12-35所示。

02 弹出“切片选项”对话框，在该对话框中可以设置相应的参数，如图12-36所示。

图12-35 选择“编辑切片选项”

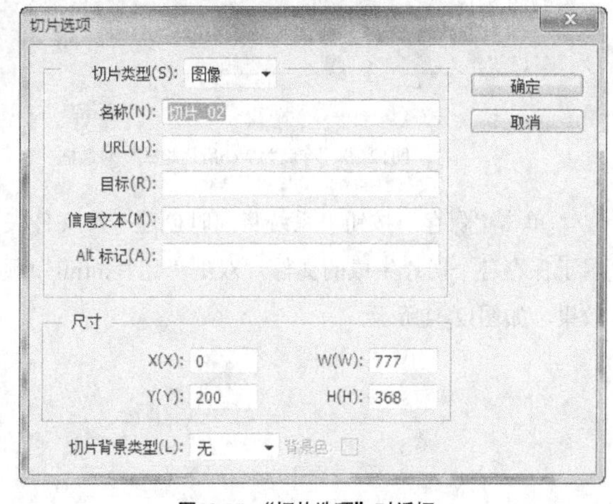

图12-36 “切片选项”对话框

03 在图像上单击鼠标右键，在弹出的快捷菜单中选择“划分切片”命令，弹出“划分切片”对话框，将“水平划分为”设置为“3个纵向切片，均匀分隔”，将“垂直划分为”设置为“4个横向切片，均匀分隔”，如图12-37所示。

04 单击“确定”按钮，即可划分切片，如图12-38所示。

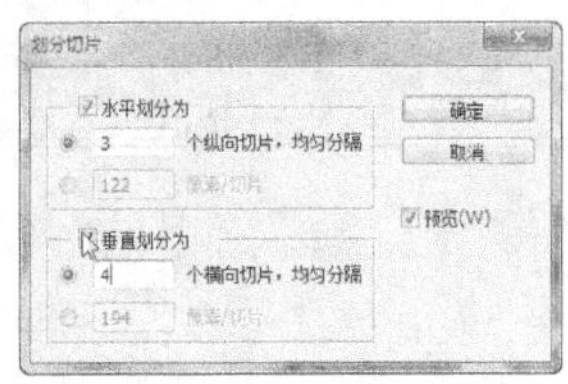

图12-37 “划分切片”对话框

图12-38 划分切片

12.3.3 优化和输出切片

下面讲解优化和输出切片的方法，具体操作步骤如下。

01 在图像上设置好切片后，执行“文件”→“存储为Web和设备所用格式”命令，弹出“存储为Web所用格式”对话框，如图12-39所示。

02 在对话框中各个切片都作为独立文件存储，并且这些切片都具有各自独立的设置和颜色调板，单击“存储”按钮，弹出“将优化结果存储为”对话框，如图12-40所示。

图12-39 “存储为Web所用格式”对话框

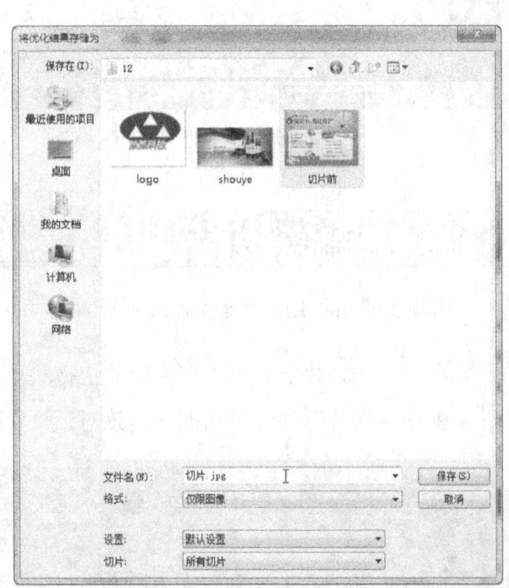

图12-40 “将优化结果存储为”对话框

03 单击“保存”按钮，系统将同时创建一个文件夹，用于保存各个切片生成的文件，双击“切片.html”预览效果，如图12-41所示。

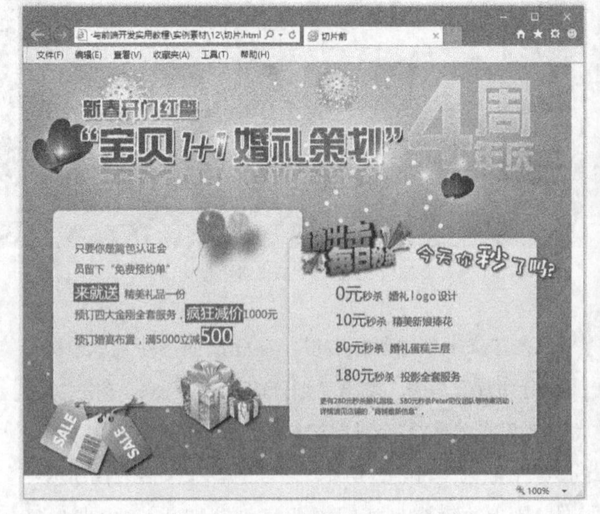

图12-41 预览效果

12.3.4 课堂练习——切割优化首页

切割优化首页的具体操作步骤如下。

01 启动Photoshop CC，打开图片，如图12-42所示。

02 选择工具箱中的“切片”工具，在图像上按住鼠标左键并拖动，绘制出合适大小的切片，如图12-43所示。

图12-42 打开图片

图12-43 绘制切片

03 在绘制的切片上面，单击鼠标右键，在弹出的快捷菜单中选择“编辑切片选项”，弹出“切片选项”对话框，在该对话框中可以设置相应的参数，如图12-44所示。

04 单击鼠标右键，在弹出的快捷菜单中选择“划分切片”命令，弹出“划分切片”对话框，将“水平划分为”设置为“4个横向切片，均匀分隔”，将“垂直划分为”设置为“3个纵向切片，均匀分隔”，如图12-45所示。单击“确定”按钮，切割图片，如图12-46所示。

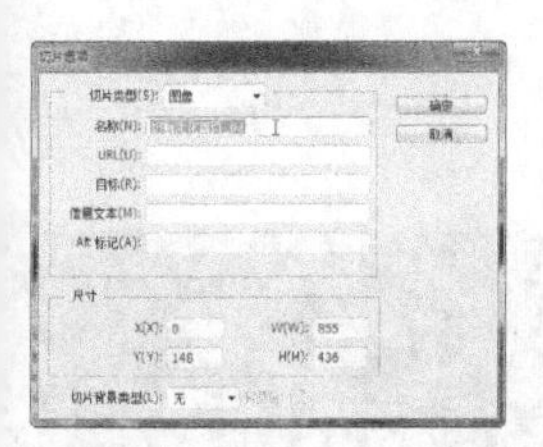

图12-44 “切片选项”对话框

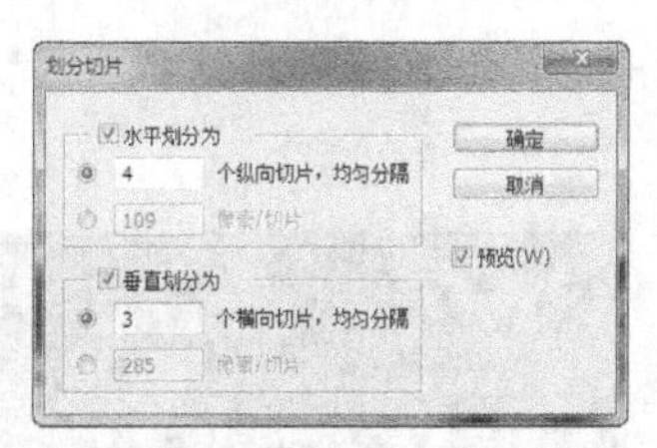

图12-45 “划分切片”对话框

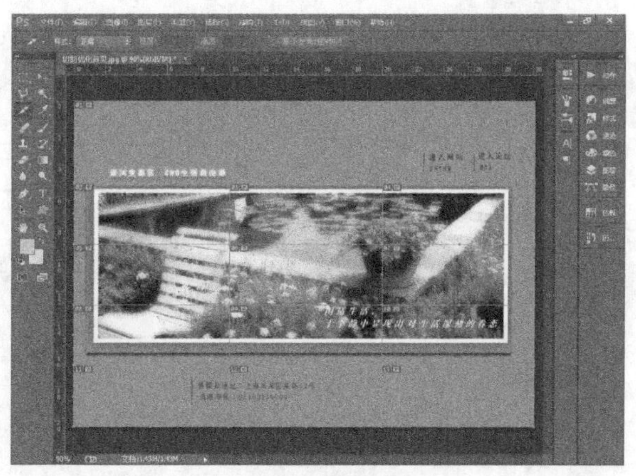

图12-46 切割图片

05 执行“文件”→“存储为Web和设备所用格式”命令，弹出“存储为Web所用格式”对话框，如图12-47所示。

06 在此存储方式下各个切片都作为独立文件存储，并且这些切片都具有各自独立的设置和颜色调板，单击“存储”按钮，弹出“将优化结果存储为”对话框，如图12-48所示。

07 单击“保存”按钮，系统将同时创建一个文件夹，用于保存各个切片生成的文件，双击“切片.html”预览效果，如图12-49所示。

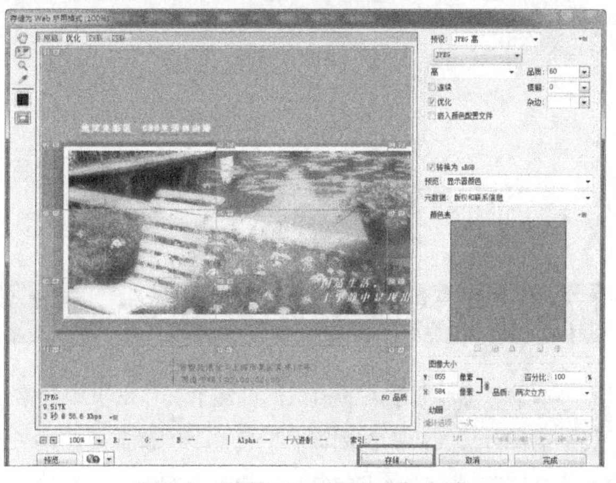

图12-47 “存储为Web所用格式”对话框

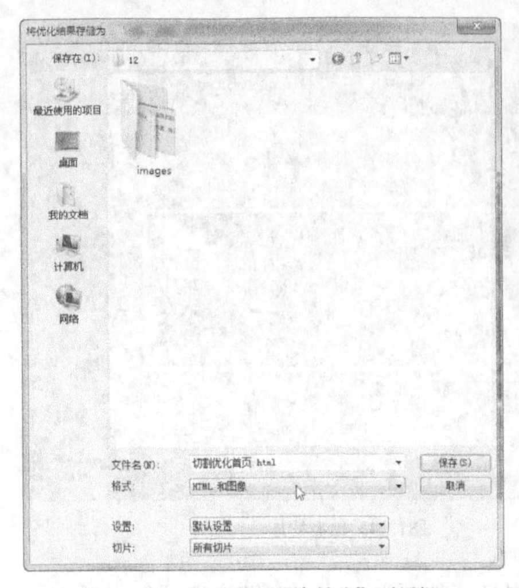

图12-48 “将优化结果存储为”对话框

图12-49 预览效果

12.4 课后习题

1. 填空题

（1）________是网站形象的重要体现，它可以反映网站及制作者的某些信息，使浏览者可从中了解网站的类型及内容。

（2）网络广告的形式有很多种，包括________、________、________等。

（3）网络广告包括多种设计要素，如________、________、________等，这些要素可以单独使用，也可以配合使用。

（4）________可以用来编辑切片，单击鼠标左键在弹出的快捷菜单中进行设置。

2. 操作题

将图12-50所示的图像文件切割成网页文件。

图12-50 原始图像文件

12.5 本章总结

本章综合前面学习的知识，讲解了制作网页中经常用到的网站Logo、网络广告、切割网页图片的方法。如果网页上的图片较大，那么浏览器下载整个图片需要花很长的时间。切片的使用，使得整个图片可以分为多个不同的小图片分开下载，这样下载的时间就大大缩短了。通过本章的学习，希望大家能掌握网页图像元素的设计方法以及网页图像的切割和优化方法。

第13章

JavaScript脚本基础

JavaScript是网页制作中广泛使用的一种脚本语言，以其小巧简单而备受用户的欢迎，使用JavaScript可以使网页产生动态效果。本章将介绍JavaScript的基本概念、语言特点、基本语法等内容。

学习目标

- 了解JavaScript
- 了解JavaScript基本语法
- 了解JavaScript的事件
- 了解浏览器的内部对象
- 学会制作自动关闭网页

13.1 JavaScript简介

JavaScript为网页设计人员提供了极大的灵活性，它能够将网页中的文本、图形、声音和动画等各种媒体形式捆绑在一起，形成一个紧密结合的信息源。

Java和JavaScript虽然在语法上很相似，但它们仍然是两种不同的语言。JavaScript仅仅是一种嵌入到HTML文件中的描述性语言，它并不编译产生机器代码，只是由浏览器的解释器将其动态地处理成可执行的代码。而Java与JavaScript相比，则是一种比较复杂的编译性语言。

JavaScript是一种面向对象的程序设计语言，它所包含的对象有两个组成部分，即变量和函数，也称为属性和方法。

JavaScript是一种解释型的、基于对象的脚本语言。尽管与C++这样成熟的面向对象的语言相比，JavaScript的功能要弱一些，但对于它的预期用途而言，JavaScript的功能已经足够强大了。JavaScript是一种宽松类型的语言。宽松类型意味着不必显式定义变量的数据类型。事实上JavaScript更进了一步，即用户无法在JavaScript中明确地定义数据类型。此外，在大多数情况下，JavaScript会根据需要自动进行转换。

JavaScript具有以下语言特点。

- JavaScript是一种脚本编写语言，采用小程序段的方式实现编程，开发过程非常简单。
- JavaScript是一种基于对象的语言，它能运用已经创建的对象。
- JavaScript是一种基于Java基本语句和控制流的简单而紧凑的设计语言，它的变量类型采用弱类型，并未使用严格的数据类型。
- JavaScript是动态的，它可以直接对用户或客户的输入做出响应，无须经过Web服务程序。
- JavaScript是一种安全性语言，它不允许访问本地硬盘，并且不能将数据存入服务器上，不允许对网络文档进行修改和删除，只能通过浏览器实现信息浏览或动态交互，从而有效地防止数据丢失。
- JavaScript具有跨平台性，依赖于浏览器本身，与操作环境无关。

13.2 JavaScript基本语法

JavaScript语言有自己的常量、变量、表达式、运算符以及程序的基本框架，下面将一一进行介绍。

13.2.1 常量和变量

在JavaScript中，数据可以是常量或者是变量。

1. 常量

常量的值是不能改变的，常量有以下几种类型。

- 整型常量：整型常量可以使用十六进制、八进制和十进制表示其值。
- 实型常量：实型常量是由整数部分加小数部分表示，如5.2、14.1；也可以使用科学或标准方法表示，如5E7、4e5等。
- 布尔值：布尔常量只有两种状态，即true和false。
- 字符型常量：使用单引号或双引号括起来的一个或几个字符。
- 空值：JavaScript中有一个空值null，表示什么也没有。
- 特殊字符：JavaScript中以反斜杠（/）开头的不可显示的字符。

2. 变量

变量的值在程序运行期间是可以改变的，它主要作为数据的存取容器。在使用变量的时候，最好对其进行声明。虽然在JavaScript中并不要求一定要对变量进行声明，但为了不混淆，还是要养成声明变量的习惯。变量的声明主要就是明确变量的名字、变量的类型以及变量的作用域。

变量名是可以随意取的，但要注意以下几点。

- 变量名只能由字母、数字和下画线（_）组成，并且以字母开头，除此之外不能有空格和其他符号。
- 变量名不能使用JavaScript中的关键字，所谓关键字就是JavaScript中已经定义好并有一定用途的字符，如int、true等。
- 在对变量命名时，最好把变量的意义与其代表的意思对应起来，以免出现错误。

在JavaScript中声明变量使用var关键字，如下所示。

```
var city1;
```

此处定义了一个名为city1的变量。

定义了变量就要对其赋值，也就是向里面存储一个值，这需要利用赋值符“=”完成，如下所示。

```
var city1=100;
var city2="北京";
var city3=true;
var city4=null;
```

上面分别声明了4个变量，并同时赋予了它们值。变量的类型是由数据的类型来确定的。如上面定义的变量中，给变量city1赋值为100，那么100为数值，该变量就是数值变量；给变量city2赋值为“北京”，那么“北京”为字符串，该变量就是字符串变量，字符串就是使用双引号或单引号括起来的字符；给变量city3赋值为true，true为布尔常量，那么该变量就是布尔型变量，布尔型的数据类型一般使用true或false表示；给变量city4赋值为null，null表示空值，即什么也没有。

变量有一定的作用范围，在JavaScript中有全局变量和局部变量。全局变量定义在所有函数体之外，其作用范围是整个函数；而局部变量定义在函数体之内，只对该函数是可见的，而对其他函数则是不可见的。

13.2.2 表达式和运算符

1. 表达式

表达式就是常量、变量、布尔值和运算符的集合，因此表达式可以分为算术表达式、字符表达式、赋值表达式及布尔表达式等。在定义完变量后，就可以对其进行赋值、改变、计算等一系列操作，这一过程通常通过表达式来完成，而表达式中的一大部分是在做运算符处理。

2. 运算符

运算符是用于完成操作的一系列符号。在JavaScript中运算符包括算术运算符、比较运算符和逻辑运算符。

算术运算符可以进行加、减、乘、除和其他数学运算，如表13-1所示。

表13-1 算术运算符

算术运算符	描 述
+	加
-	减
*	乘
/	除
%	取模
++	递加1
--	递减1

逻辑运算符用于比较两个布尔值（真或假），然后返回一个布尔值，如表13-2所示。

表13-2 逻辑运算符

逻辑运算符	描 述
&&	逻辑与，在形式A&&B中，只有当两个条件A和B都成立时，整个表达式值才为true
‖	逻辑或，在形式A‖B中，只要两个条件A和B中有一个成立，整个表达式值就为true
!	逻辑非，在形式！A中，当A成立时，表达式的值为false；当A不成立时，表达式的值为true

比较运算符用于比较表达式的值，并返回一个布尔值，如表13-3所示。

表13-3 比较运算符

比较运算符	描 述
<	小于
>	大于
<=	小于等于
>=	大于等于
=	等于
!=	不等于

13.2.3 基本语句

在JavaScript中主要有两种基本语句，一种是循环语句，如for、while语句等；一种是条件语句，如if语句等。另外还有一些其他的程序控制语句。下面就来详细介绍基本语句的使用方法。

1. if…else语句

if …else语句是JavaScript中最基本的控制语句，通过它可以改变语句的执行顺序。

语法：

```
if(条件)
{执行语句1
}
else
{执行语句2
}
```

说明

当表达式的值为true时，执行语句1，否则执行语句2。若if后的语句有多行，将这些语句括在大括号{}内是一个好习惯，这样表示得更清楚，并且可以避免无意中造成错误。

实例：

```
<html>
<head>
<meta http-equiv="Content-Type" content="text/html; charset=utf-8" />
<title>if语句</title>
</head>
<body>
<script language="javascript">
for(a=10;a<=15;a++)
if(a%2==0)    // 使用if语句来控制图像的交叉显示
document.write("<img src=msn.gif width=",a, "% height=",3*a, "%>");
else
document.write("<img src=qq.gif width=",a, "% height=",2*a, "%>");
</script>
</body>
</html>
```

在代码中加粗部分的代码使用了if…else语句。在语句if(a%2==0)中，%为取模运算符，该表达式的意思就是求变量a对常量2的取模。如果能除尽，就显示图像msn.gif；如果不能除尽，则显示图像qq.gif。同时，变量a的值一直递增下去，这样图像就能不断交替地显示下去，如图13-1所示。

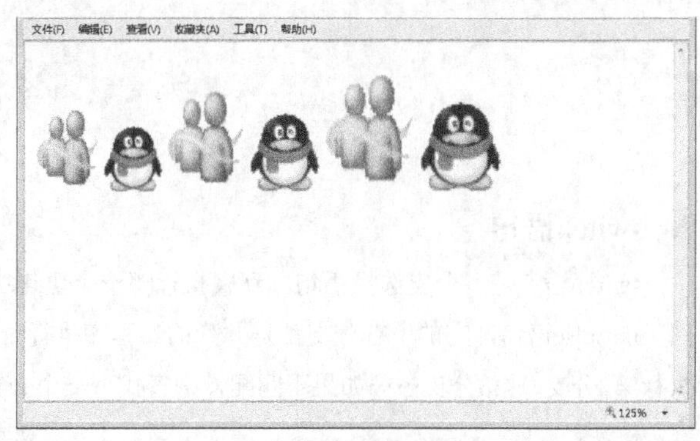

图13-1 if语句

2. for语句

for语句的作用是重复执行语句，直到循环条件为false为止。

语法：

```
for（初始化；条件；增量）
{
语句集;
…
}
```

说明

初始化参数告诉循环的开始位置，必须赋予变量初值；条件是用于判断循环停止时的条件，若条件满足，则执行循环体，否则跳出循环；增量主要定义循环控制变量在每次循环时按什么方式变化。在这3个主要语句之间，必须使用分号（;）分隔。

实例：

```
<html>
<head>
<meta http-equiv="content-type" content="text/html; charset=gb2312" />
<title>for语句</title>
</head>
<body>
<script language="javascript">
for(a=1;a<=7;a++)
document.write("<font size="+a+">for语句举例说明<br></font size="+a+">");
</script>
</body>
</html>
```

加粗部分的代码使用了for语句，使用for语句时首先给变量a赋值1，接着执行a++，使变量a加1，即a=a+1，这时变量a的值就变为2，再判断是否满足条件a<=7，继续执行语句，直到a的值变为8，这时结束循环，可以看到效果如图13-2所示。

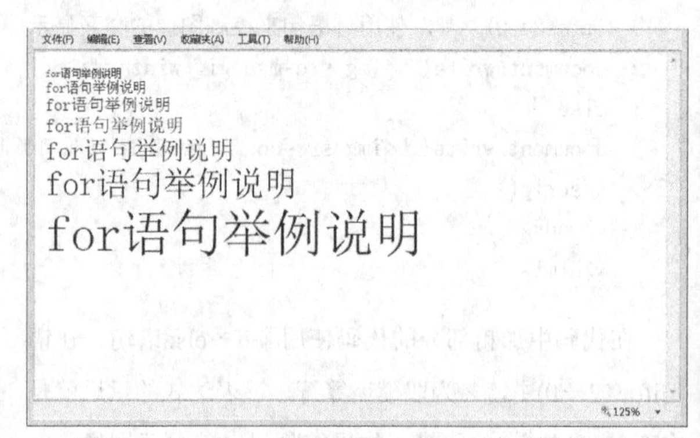

图13-2 for语句

3. switch语句

switch语句是多分支选择语句，到底执行哪一个语句块，取决于表达式的值与常量表达式相匹配的是哪一路。不同于if…else语句，它的所有分支都是并列的。程序执行时，由第1分支开始查找，如果相匹配，执行其后的块，接着执行第2分支、第3分支……如果不匹配，则查找下一个分支是否匹配。

语法：

```
switch()
{
case 条件1:
语句块1
case 条件2:
语句块2
…
default
语句块N
}
```

说明

当判断条件比较多时，为了使程序更加清晰，可以使用switch语句。使用switch语句时，表达式的值将与每个case语句中的常量作比较。如果相匹配，则执行该case语句后的代码；如果没有一个case语句的常量与表达式的值相匹配，则执行default语句。当然，default语句是可选的。如果没有相匹配的case语句，也没有default语句，则什么也不执行。

4. while循环

while语句与for语句一样，当条件为真时，重复循环，否则退出循环。

语法：

```
while（条件）{
语句集;
…
}
```

说明

在while语句中，条件语句只有一个，当条件不符合时跳出循环。

实例：

```
<html>
<head>
<meta http-equiv="content-type" content="text/html; charset=gb2312" />
<title>while语句</title>
</head>
<body>
<script language="javascript">
var a=1
while(a<=5)
{
document.write("<h",a,">while语句举例说明</h",a,">");
a++;
}
</script>
</body>
</html>
```

加粗部分的代码使用了while语句，在HTML部分已经介绍了标题标记<h>，它共分为6个层次的大小，这里采用while语句控制<h>标记依次显示。首先声明了变量a，然后在while语句中设置变量a的最大值。由于在前面声明变量时已经将变量a的值赋为1，因此在第1次判断时满足条件，就执行大括号中的语句。在这里，将满足条件的变量a的最大值设为5。

如此循环下去直到变量为6，这时已不满足条件，从而结束循环，因此在图13-3中只能看到5种层次的标题文字。

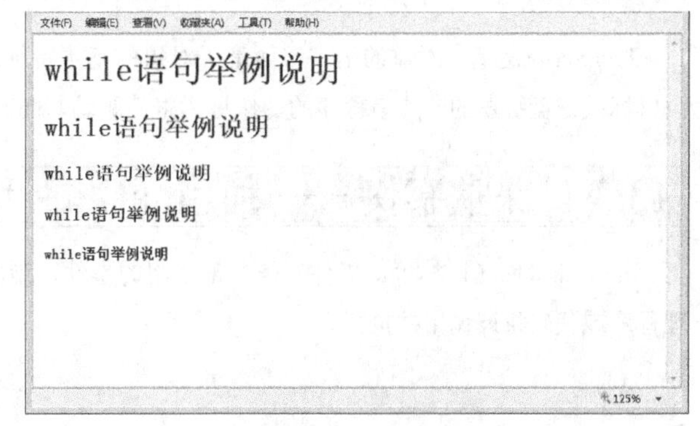

图13-3 while语句

5. break语句

break语句用于终止包含它的for、switch或while语句的执行，控制传递给该终止语句的后续语句。

语法

```
break;
```

说明

当程序遇到break语句时，会跳出循环并执行下一条语句。

6. continue语句

continue语句只能用在循环结构中。一旦条件为真，执行continue语句，程序将跳过循环体中位于该语句后的所有语句，提前结束本次循环周期并开始下一个循环周期。

语法：

```
continue;
```

说明

执行continue语句会停止当前循环的迭代，并回到循环的开始处继续程序流程。

13.2.4 函数

函数是拥有名称的一系列JavaScript语句的有效组合。只要这个函数被调用，就意味着其中一系列JavaScript语句将被按顺序解释并执行。一个函数可以有自己的参数，并可以在函数内使用参数。

语法：

```
function函数名（参数）
{
函数执行部分
}
```

说明

在这一语法中，函数名用于定义函数名称，参数是传递给函数使用或操作的值，其值可以是常量、变量或其他表达式。

13.3 JavaScript的事件

JavaScript是基于对象的语言，而基于对象的基本特征就是采用事件驱动。通常鼠标或键盘的动作被称为事件，由鼠标或键盘引发的一连串程序的动作称为事件驱动，而对事件进行处理的程序或函数则称之为事件处理程序。

13.3.1 课堂案例——利用onClick事件制作全屏网页

onClick事件（鼠标单击事件）是非常常用的事件，当用户单击时，产生onClick事件，同时onClick指定的事件处理程序或代码将被调用并执行。

实例：

```
<!doctype html>
```

```
<html>
<head>
<meta http-equiv="content-type" content="text/html; charset=gb2312" />
<title></title>
</head>
<body>
<div align="center">
<p><img src="index.jpg" width="778" height="407"></p>
<p>
<input type="button" name="fullsreen" value="全屏"
onclick="window.open(document.location, 'big', 'fullscreen=yes')">
<input type="button" name="close" value="还原"
onclick="window.close()">
</p>
</div>
</body>
</html>
```

加粗部分的代码为设置onClick事件，如图13-4所示，单击窗口中的“全屏”按钮后，浏览器将全屏显示网页，如图13-5所示。单击“还原”按钮后，浏览器将还原到原来的窗口。

图13-4 onClick事件

图13-5 全屏显示

13.3.2 课堂案例——利用onChange事件制作弹出警告提示对话框

onChange事件是一个与表单相关的事件，当利用text或textarea元素输入的字符值改变时发生该事件，同时当select表格中的一个选项状态改变后也会引发该事件。

实例：

```
<!doctype html>
<html>
<head>
<meta http-equiv="content-type" content="text/html; charset=gb2312" />
<title>onchange事件</title>
</head>
<body>在线留言
<form id="form1" name="form1" method="post" action="">
```

```
<p>您的姓名：
<input type="text" name="textfield"/>
</p>
<p><br/>
留言内容：<br/>
<br/>
<textarea name="textarea" cols="50" rows="5"
onchange=alert("输入留言内容")></textarea>
</p>
</form>
</body>
</html>
```

加粗部分的代码为设置onChange事件，在文本区域中可输入留言内容，在文本区域外部单击会弹出警告提示对话框，如图13-6所示。

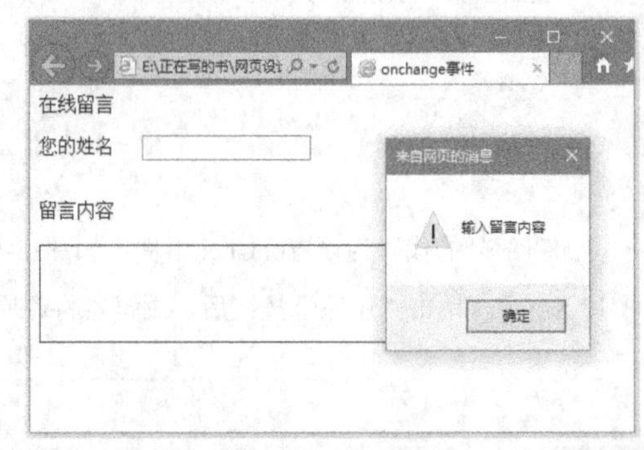

图13-6 onChange事件

13.3.3 课堂案例——利用onSelect事件制作下拉列表框

onSelect事件是当文本框中的内容被选中时所发生的事件。

语法：

```
onSelect=处理函数或是处理语句
```

实例：

```
<script language="javascript">                    // 脚本程序开始
function strcon(str)                              // 连接字符串
{
  if(str!='请选择')                                // 如果选择的是默认项
  {
        form1.text.value="您选择的是："+str;       // 设置文本框提示信息
  }
  else
// 否则
  {
        form1.text.value="";                       // 设置文本框提示信息
  }
}
</script>
<!-- 脚本程序结束 -->
<form id="form1" name="form1" method="post" action=""><!--表单-->
<label>
```

```
<textarea name= " text "  cols= " 50 "  rows= " 2 "
onselect= " alert( ‘您想复制吗？' ) " ></textarea>
</label>
<p><label>
<select name= " select1 "  onchange= " stradd(this.value) "  >
<option value= " 请选择 " >请选择</option><option value= " 北京 "  selected>北京</option><!--选项-->
<option value= " 上海 " >上海</option>
<option value= " 广州 " >广州</option>
<option value= " 济南 " >济南</option>
<option value= " 天津 " >天津</option>
<!--选项--><!--选项-->
<option value= " 其他 " >其他</option>
</select>
</label>
</p>        <!--选项-->
</form>
```

本段代码为定义函数处理下拉列表框的onSelect事件，当选择其中的文本时输出提示信息。代码运行效果如图13-7所示。

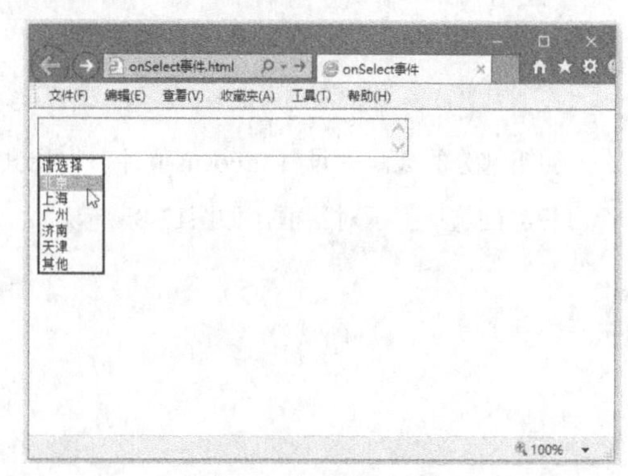

图13-7 onSelect事件

13.3.4 课堂案例——利用onFocus事件制作选择提示对话框

onFocus事件（获得焦点事件）是当某个元素获得焦点时触发事件处理程序。当单击表单对象时，即将光标放在文本框或选择框内时产生onFocus事件。

语法：

```
onfocus=处理函数或是处理语句
```

实例：

```
<!doctype html>
<html>
<head>
<meta http-equiv= " content-type "  content= " text/html; charset=gb2312 "  />
<title>onfocus事件</title>
</head>
<body>个人爱好：
<form name= " form1 "  method= " post "  action= " " >
<p>
```

```
<label>
<input type="radio" name="radiogroup1" value="逛街"onfocus=alert("选择逛街！"))>
逛街</label><br>
<label>
<input type="radio" name="radiogroup1" value="上网"onfocus=alert("选择上网！"))>
上网</label><br>
<label>
<input type="radio" name="radiogroup1" value="唱歌"onfocus=alert("选择唱歌！"))>
唱歌</label><br>
<label>
<input type="radio" name="radiogroup1" value="跳舞"onfocus=alert("选择跳舞！"))>
跳舞</label><br>
<label>
<input type="radio" name="radiogroup1" value="画画"onfocus=alert("选择画画！"))>
画画</label><br>
</p>
</form>
</body>
</html>
```

加粗部分的代码为设置onFocus事件，选择其中的一项后，会弹出相应的选择提示对话框，如图13-8所示。

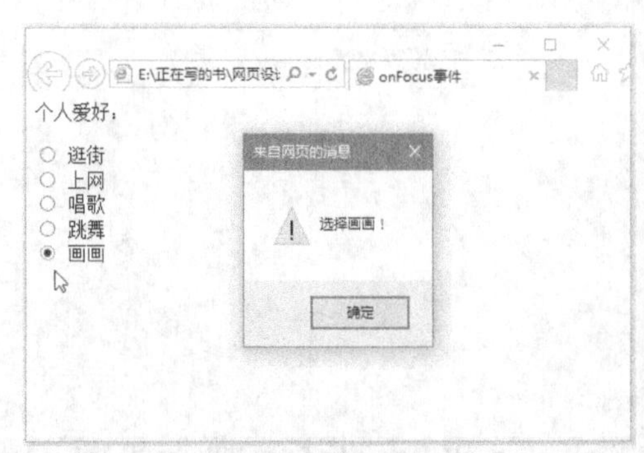

图13-8 onFocus事件

13.3.5 课堂案例——利用onLoad事件制作欢迎提示信息

onLoad事件的作用是在首次载入一个页面文件时检测cookie的值，并用一个变量为其赋值，使其可以被源代码使用。当加载网页文档时，会产生该事件。

语法：

```
onLoad=处理函数或是处理语句
```

实例：

```
<!doctype html>
<html>
<head>
<meta http-equiv="content-type" content="text/html; charset=gb2312" />
<title>onload事件</title>
<script type="text/javascript">
<!--
function mm_popupmsg(msg) { //v1.0
alert(msg);
```

```
}
//—>
</script>
</head>
<body onload="mm_popupmsg('欢迎光临！')">
<img src="index1.jpg" width="983" height="614">
</body>
</html>
```

加粗部分的代码为设置onLoad事件，在浏览器中预览网页时，会自动弹出提示对话框，如图13-9所示。

图13-9 onLoad事件

13.3.6 课堂案例——利用onBlur事件制作提示信息

onBlur事件（失去焦点事件）正好与onFoucs事件相对，当text对象、textarea对象或select对象不再拥有焦点而退到后台时，触发该事件。

实例：

```
<!doctype html>
<html>
<head>
<meta http-equiv="content-type" content="text/html; charset=gb2312" />
<title>onblur事件</title>
<script type="text/javascript">
<!--function mm_popupmsg(msg) { //v1.0
alert(msg);
}//-->
</script>
</head>
<body>
<p>会员注册</p>
<p>账号：
<input name="textfield" type="text" onblur="mm_popupmsg( '文档中的"账号"文本域失去焦点！')"
/>
</p>
<p>密码：
<input name="textfield2" type="text" onblur="mm_popupmsg( '文档中的"密码"文本域失去焦点！')
" />
```

```
</p>
</body>
</html>
```

加粗部分的代码为设置onBlur事件，在浏览器中预览效果，当将光标移动到任意一个文本框中，再将光标移动到其他的位置时，当就会弹出一个提示对话框，提示某个文本框失去焦点，如图13-10所示。

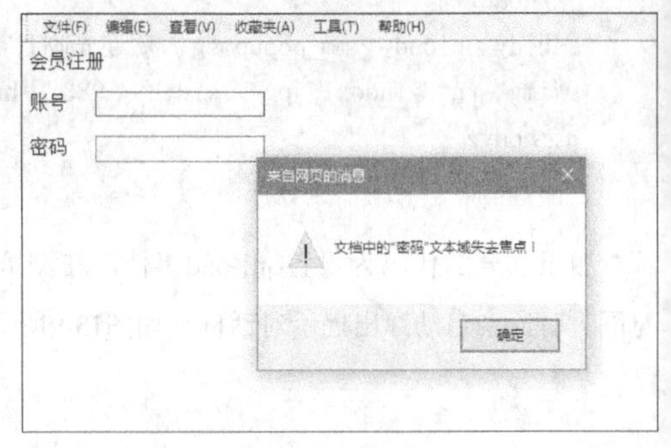

图13-10 onBlur事件

13.3.7 课堂案例——利用onMouseOver事件显示图像

onMouseOver事件是当鼠标指针移动到某对象范围的上方时触发的事件。

实例：

```
<!doctype html>
<html>
<head>
<meta http-equiv="content-type" content="text/html; charset=gb2312" />
<title>onmouseover事件</title>
<style type="text/css">
<!--
#layer1 {
position:absolute;
width:257px;
height:171px;
z-index:1;
visibility: hidden;
}
-->
</style>
<script type="text/javascript">
<!--
function mm_findobj(n, d) { //v4.01
var p,i,x;  if(!d) d=document; if((p=n.indexof("?"))>0&&parent.frames.length) {
d=parent.frames[n.substring(p+1)].document; n=n.substring(0,p);}
if(!(x=d[n])&&d.all) x=d.all[n]; for (i=0;!x&&i<d.forms.length;i++) x=d.forms[i][n];
for(i=0;!x&&d.layers&&i<d.layers.length;i++) x=mm_findobj(n,d.layers[i].document);
if(!x && d.getelementbyid) x=d.getelementbyid(n); return x;
}
function mm_showhidelayers() { //v6.0
var i,p,v,obj,args=mm_showhidelayers.arguments;
for (i=0; i<(args.length-2); i+=3) if ((obj=mm_findobj(args[i]))!=null) { v=args[i+2];
if (obj.style) {obj=obj.style; v=(v=='show')?'visible':(v=='hide')?'hidden':v; }
```

```
obj.visibility=v; }
}
//-->
</script>
</head>
<body>
<input name=" submit "  type=" submit "
onmouseover=" mm_showhidelayers( 'layer1' ,' ' ,' show' ) "  value=" 显示图像 "  />
<div id=" layer1 "><img src=" index2.jpg "  width=" 615 "  height=" 405 "  /></div>
</body>
</html>
```

加粗部分的代码为设置onMouseOver事件，在浏览器中预览效果，将鼠标指针移动到“显示图像”按钮的上方时显示图像，如图13-11所示。

图13-11 onMouseOver事件

13.3.8 课堂案例——利用onMouseOut事件隐藏图像

onMouseOut事件是当鼠标指针离开某对象范围时触发的事件。

实例：

```
<!doctype html>
<html>
<head>
<meta http-equiv=" content-type "  content=" text/html; charset=gb2312 "  />
<title>onmouseout事件</title>
<style type=" text/css " >
<!--#layer1 {
position:absolute;
width:200px;
height:115px;
z-index:1;
}-->
</style>
<script type=" text/javascript " >
<!--
function mm_findobj(n, d) { //v4.01
```

```
var p,i,x;  if(!d) d=document; if((p=n.indexof("?"))>0&&parent.frames.length) {
d=parent.frames[n.substring(p+1)].document; n=n.substring(0,p);}
if(!(x=d[n])&&d.all) x=d.all[n]; for (i=0;!x&&i<d.forms.length;i++) x=d.forms[i][n];
for(i=0;!x&&d.layers&&i<d.layers.length;i++) x=mm_findobj(n,d.layers[i].document);
if(!x && d.getelementbyid) x=d.getelementbyid(n); return x;
}
function mm_showhidelayers() { //v6.0
var i,p,v,obj,args=mm_showhidelayers.arguments;
for (i=0; i<(args.length-2); i+=3) if ((obj=mm_findobj(args[i]))!=null) { v=args[i+2];
if (obj.style) { obj=obj.style; v=(v=='show')?'visible':(v=='hide')?'hidden':v; }
obj.visibility=v; }
}
//-->
</script>
</head>
<body>
<div id="layer1" onmouseout="mm_showhidelayers('layer1',','hide')">
<div id="layer1"><img src="index2.jpg" width="615" height="405" /></div>
</body>
</html>
```

加粗部分的代码为设置onMouseOut事件，在浏览器中预览效果，将鼠标指针移动到图像上，再将鼠标指针移开时，图像将隐藏，如图13-12所示。

图13-12 onMouseOut事件

13.3.9 课堂案例——利用onDblClick事件双击打开网页

onDblClick事件是鼠标双击时触发的事件。

实例：

```
<!doctype html>
<html>
<head>
<meta http-equiv="content-type" content="text/html; charset=gb2312" />
<title>ondblclick事件</title>
<script type="text/javascript">
<!—
function mm_openbrwindow(theurl,winname,features) { //v2.0
window.open(theurl,winname,features);
```

```
}
//-->
</script>
</head>
<body ondblclick=" mm_openbrwindow( 'wy.html',','width=925,height=460') " >
双击此链接，可以打开 " wy.html " 网页文档。
</body>
</html>
```

加粗部分的代码为设置onDblClick事件，在浏览器中预览效果，如图13-13所示。在文档中双击链接，将打开wy.html网页文档，如图13-14所示。

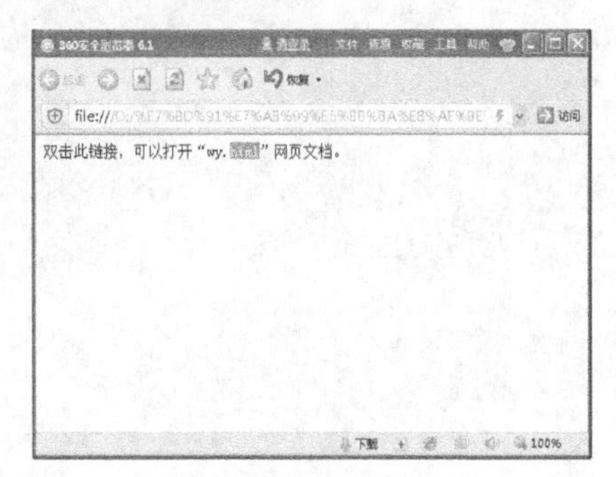

图13-13　onDblClick事件

图13-14　打开wy.html网页文档

13.4　浏览器的内部对象

使用浏览器的内部对象，可实现与HTML文档进行交互。浏览器的内部对象主要包括以下几个。

- 浏览器对象（navigator对象）：navigator对象提供了有关浏览器的信息。
- 文档对象（document对象）：document对象包含了与文档元素一起工作的对象。
- 窗口对象（windows对象）：windows对象处于对象层次的最顶端，它提供了处理浏览器窗口的方法和属性。
- 位置对象（location对象）：location对象提供了与当前打开的URL一起工作的方法和属性，它是一个静态的对象。
- 历史对象（history对象）：history对象提供了与历史清单有关的信息。

JavaScript提供了非常丰富的内部方法和属性，从而减轻了编程人员的工作负担，提高了编程效率。在这些内部对象中，document对象属性非常重要，它虽位于最底层，但对实现页面信息交互起着关键作用，因而它是对象系统的核心部分。下面具体介绍这些对象的常用属性和方法。

13.4.1　课堂案例——利用navigator对象获取浏览器信息

navigator对象可用来存取浏览器的相关信息，其常用的属性如表13-4所示。

表13-4　navigator对象的常用属性

属　性	说　明
appName	浏览器的名称
appVersion	浏览器的版本
appCodeName	浏览器的代码名称
browserLanguage	浏览器所使用的语言
plugins	可以使用的插件信息
platform	浏览器系统所使用的平台，如win32等
cookieEnabled	浏览器的cookie功能是否打开

实例：

```
<!doctype html>
<html>
<head>
<title>浏览器信息</title>
<meta http-equiv="content-type" content="text/html; charset=utf-8" />
</head>
<body onload=check()>
<script language=javascript>
function check()
{
name=navigator.appname;
if(name=="netscape"){
document.write("您现在使用的是netscape网页浏览器<br>");}
else if(name=="microsoft internet explorer"){
document.write("您现在使用的是microsoft internet explorer网页浏览器<br>");}
else{
document.write("您现在使用的是"+navigator.appname+"网页浏览器<br>");}
}
</script>
</body>
</html>
```

加粗部分的代码为判断浏览器的类型，在浏览器中的预览效果如图13-15所示。

图13-15 判断浏览器类型

13.4.2 课堂案例——利用document对象实现JavaScript的输出

JavaScript的输出可通过document对象实现。在document对象中主要有links、anchor和form 这3个重要的对象。

• anchor锚对象：是指<a name=…></a>标记在HTML源代码中存在时产生的对象，它包含着文档中所有的anchor信息。

• links链接对象：是指用<a href=…></a>标记链接一个超文本或超媒体的元素，作为一个特定的URL。

• form窗体对象：是文档对象的一个元素，它含有多种格式的对象储存信息，使用它可以在JavaScript脚本中编写程序，并可以用来动态改变文档的行为。

document对象有以下方法。

输出显示write()和writeln()：该方法主要用来实现在Web页面上显示输出信息。

实例：

```
<!doctype html>
<html>
<head>
<meta http-equiv="content-type" content="text/html; charset=gb2312" />
<title> document对象</title>
<script language=javascript>
function links()
{n=document.links.length;  //获得链接个数
s="";
for(j=0;j<n;j++)
s=s+document.links[j].href+"\n";  //获得链接地址
if(s=="")
s=="没有任何链接"
else
alert(s);}
</script>
</head>
<body>
<form>
<input type="button" value="所有链接地址" onclick="links()"><br>
</form>
<p><a href="#">首页</a><br>
<a href="#">公司简介</a><br>
<a href="#">公司新闻</a><br>
<a href="#">联系我们</a><br>
</p>
</body>
</html>
```

加粗部分的代码为应用document对象，在浏览器中的预览效果如图13-16所示。

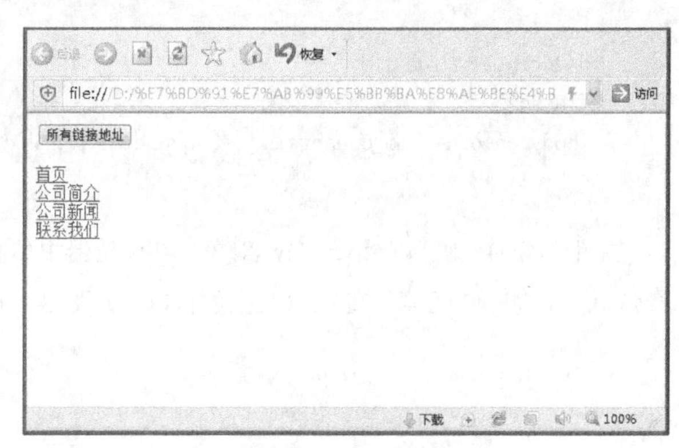

图13-16 document对象

13.4.3 课堂案例——利用windows对象制作弹出窗口

windows对象处于对象层次的最顶端，它提供了处理navigator窗口的方法和属性。JavaScript的输入可以通过windows对象来实现。windows对象常用的方法如表13-5所示。

表13-5 windows对象常用的方法

方　法	方法的含义及参数说明
Open(url,windowName,parameterlist)	创建一个新窗口，3个参数分别用于设置URL地址、窗口名称和窗口打开属性（一般可以包括宽度、高度、定位、工具栏等）
Close()	关闭一个窗口
Alert(text)	弹出式窗口，text参数为窗口中显示的文字
Confirm(text)	弹出确认域，text参数为窗口中的文字
Promt(text,defaulttext)	弹出提示框，text为窗口中的文字，defaulttext参数用来设置默认情况下显示的文字
moveBy(水平位移，垂直位移)	将窗口移至指定的位移
moveTo(x,y)	将窗口移动到指定的坐标
resizeBy(水平位移,垂直位移)	按给定的位移量重新设置窗口大小
resizeTo(x,y)	将窗口设定为指定大小
Back()	页面后退
Forward()	页面前进
Home()	返回主页
Stop()	停止装载网页
Print()	打印网页
status	状态栏信息
location	当前窗口URL信息

实例：

```
<!doctype html>
<html>
<head>
<meta http-equiv="content-type" content="text/html; charset=gb2312" />
<title>打开浏览器窗口</title>
<script type="text/javascript">
<!--
function mm_openbrwindow(theurl,winname,features) { //v2.0
window.open(theurl,winname,features);
}//-->
</script>
</head>
<body onload="mm_openbrwindow('pop.html','','width=600,height=500')">打开浏览器窗口</body>
</html>
```

加粗部分的代码为应用windows对象，在浏览器中预览效果时，会弹出一个宽为400像素、高为500像素的窗口，如图13-17所示。

图13-17 弹出窗口

13.4.4 location对象

location对象是一个静态的对象，它描述的是某一个窗口对象所打开的地址。location对象常用的属性如表13-6所示。

表13-6 location对象常用的属性

属　性	实现的功能
protocol	返回地址的协议，取值为http:、https:、file:等
hostname	返回地址的主机名
port	返回地址的端口号，一般http的端口号是80
host	返回主机名和端口号
pathname	返回路径名
hash	返回#以及其后的内容，如地址为c.html#chapter4，则返回#chapter4；如果地址里没有#，则返回空字符串
search	返回?以及其后的内容；如果地址里没有?，则返回空字符串
href	返回整个地址，即返回在浏览器的地址栏中显示的内容

location对象有以下两个常用的方法。

- reload()：相当于Internet Explorer浏览器上的“刷新”功能。
- replace()：打开一个URL，并取代历史对象中当前位置的地址，用这个方法打开一个URL后，单击浏览器的“后退”按钮将不能返回到之前的页面。

13.4.5 课堂案例——利用history对象制作前进和后退按钮

history对象是浏览器的浏览历史，history对象有以下3个常用的方法。

- back()：后退，与单击“后退”按钮是等效的。
- forward()：前进，与单击“前进”按钮是等效的。
- go()：该方法用来进入指定的页面。

实例：

```
<!doctype html>
<html>
<head>
<meta http-equiv="content-type" content="text/html; charset=gb2312" />
<title>history对象</title>
</head>
<body>
<p><a href="index1.html">history对象</a></p>
<form name="form1" method="post" action="">
<input name="按钮" type="button" onclick="history.back()" value="返回">
<input type="button" value="前进" onclick="history.forward()">
</form>
</body>
</html>
```

加粗部分的代码为应用history对象，在浏览器中的预览效果如图13-18所示。

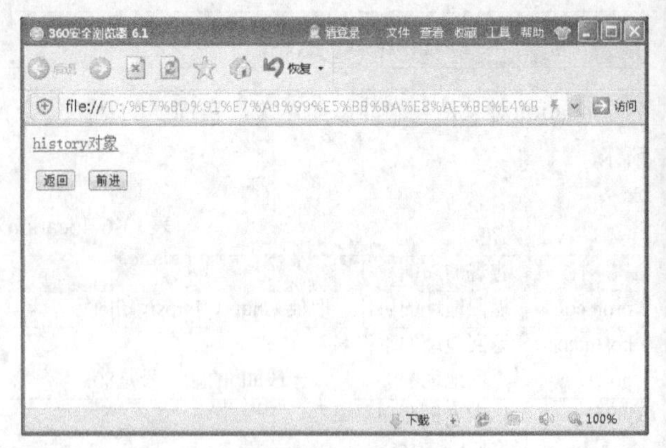

图13-18 history对象

13.5 课堂练习——制作自动关闭网页

下面讲解应用JavaScript函数实现关闭网页功能的方法，效果如图13-19所示，具体的操作步骤如下。

01 打开网页文档，如图13-20所示。

02 打开代码视图，在<head>和</head>之间输入以下代码，如图13-21所示。

03 保存文档，按F12键在浏览器中预览，效果如图13-19所示。

图13-19 应用JavaScript函数实现窗口关闭效果

图13-20 打开网页文档

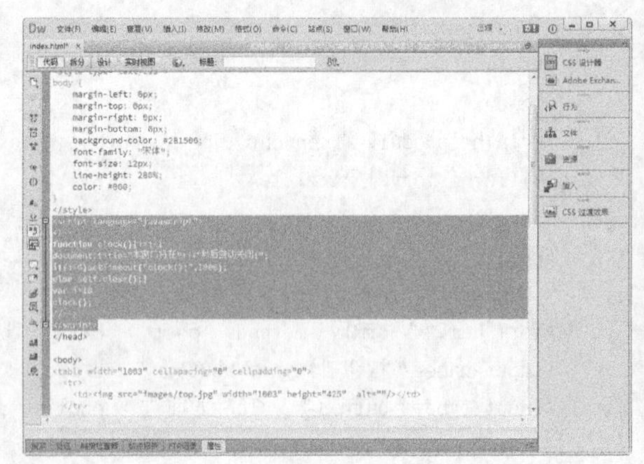

图13-21 输入代码

```
<script language= " javascript " >
<!--
function clock(){i=i-1
document.title= " 本窗口将在 " +i+ " 秒后自动关闭! " ;
if(i>0)setTimeout( " clock(); " ,1000);
else self.close();}
var i=10
clock();
//-->
</script>
```

13.6 课后习题

1. 填空题

（1）________的值在程序运行期间是可以改变的，它主要作为数据的存取容器。变量有一定的作用范围，在JavaScript中有________和________。

（2）运算符是用于完成操作的一系列符号。在JavaScript中运算符包括________、________和________。

（3）在JavaScript中主要有两种基本语句，一种是________，如for、while语句等；一种是________，如if语句等。

（4）________语句是多分支选择语句，到底执行哪一个语句块，取决于表达式的值与常量表达式相匹配的是哪一路。

2. 操作题

创建图13-22所示的改变网页背景颜色效果。

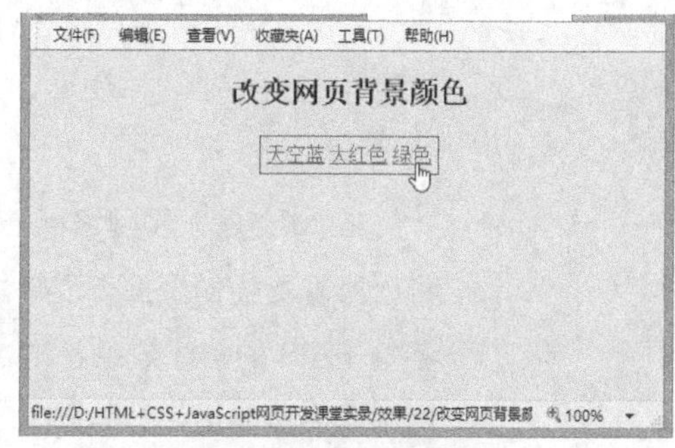

图13-22 改变网页背景颜色

13.7 本章总结

通过某些脚本语言，设计师能够完成常规Java无法完成 的很多事情。如果知道了如何利用一个好的脚本语言，那么就可以在开发中节省大量的时间。JavaScript现在已经成了一门编写效率极高的、可用于开发产品级Web服务器的出色语言。

本章主要介绍了JavaScript的基本概念、基本语法，以及JavaScript常见的程序语句。通过本章的学习，读者可以了解什么是JavaScript，以及JavaScript的基本使用方法，从而为设计出各种精美的动感特效网页打下基础。

第14章 HTML5基础

HTML5是一种网络标准，相比HTML 4.01和XHTML 1.0，HTML5可以实现更强的页面表现性能，同时还可以充分调用本地的资源，实现不输于APP的功能效果。HTML5带给了浏览者更强的视觉冲击，同时让网站程序员能更好地与HTML语言“沟通”。

学习目标

- 了解HTML 5
- 了解canvas元素
- 了解新增的主体结构元素
- 使用HTML5+CSS3制作爱心动画

14.1 HTML5简介

HTML5自诞生以来，作为新一代的Web标准，越来越受开发人员及设计师的欢迎。其强大的兼容性，一次开发、各处使用的特征，大大减少了跨平台开发人员的数量及成本，特别适合如今日新月异的移动时代。

14.1.1 HTML5基础

HTML5是2010年正式推出的，随后就引起了世界上各大浏览器开发商的关注，如Firefox、Chrome、IE9等。那么HTML5为什么会如此受欢迎呢？

在新的HTML5语法规则当中，部分JavaScript代码被HTML5的新属性所替代，部分DIV布局代码也被HTML5中更加语义化的结构标签所取代，这使得网站前端的代码变得更加精练、简洁和清晰，让代码开发者能更轻松地理解代码所要表达的意思。

HTML5提供了各种切割和划分页面的方式，允许用户创建的切割组件不仅能用来逻辑地组织站点，而且能够赋予网站聚合的能力。这是HTML5富于表现力的语义和实用性美学的基础，HTML5赋予设计者和开发者各种层面的能力来向外发布各式各样的内容，包括简单的文本内容到丰富的、交互式的多媒体。图14-1所示为用HTML5技术实现的动画特效。

HTML5提供了高效的数据管理、绘制、视频和音频工具，促进了网页和移动设备的跨浏览器应用的开发。HTML5允许更大的灵活性，支持开发非常精彩的交互式网站。其还引入了新的标签和增强性的功能，包括优雅的结构、表单的控制、API、多媒体、数据库支持和显著提升的处理速度等。

图14-1 HTML5技术用来实现动画特效

HTML5中的新标签都是高度关联的，标签封装了它们的作用和用法。HTML过去的版本更多是使用非描述性的标签，然而，HTML5拥有的高度描述性能够让人一目了然。例如，频繁使用的<DIV>标签已经有了两个增补进来的<section>和<article>标签。<video>、<audio>、<canvas>和<figure>标签的增加也提供了对特定类型内容的更加精确的描述。

14.1.2 向后兼容

我们之所以学习HTML5，最主要的原因是现今的绝大多数浏览器都支持它。即使在IE 6上，也可以使用HTML5并慢慢转换旧的标记，甚至可以通过W3C验证服务来验证HTML5代码的标准化程度（当然，这也是有条件的，因为标准仍在不断演进）。

如果读者用过HTML或XML，肯定会知道文档类型（doctype）声明，其用途在于告知验证器和编辑器可以使用哪些标签和属性，以及文档将如何组织。此外，许多Web浏览器会通过它来决定如何渲染页面。一个有效的文档类型常常通知浏览器用“标准模式”来渲染页面。

以下是许多网站使用的相当冗长的XHTML 1.0 Transitional文档类型。

```
<!DOCTYPE html PUBLIC "-//W3C//DTD XHTML 1.0 Transitional//EN"
```

相比于这一长串，HTML5的文档类型声明出乎意料的简单。

```
<!doctype html>
```

如果把上述代码放在文档开头，就表明在使用HTML5标准。

14.1.3 更加简化

在HTML5中，大量的元素得以改进，并有了更明确的默认值。我们已经见识了文档类型的声明是多么简单，除此之外还有许多其他输入方面的简化。例如，以往我们一直这样像下面这样定义JavaScript的标签。

```
<script language="javascript" type="text/javascript">
```

但在HTML5中，我们希望所有的<script>标签定义的都是JavaScript，因此，可以放心地省略多余的属性（指language和type）。

如果想要指定文档的字符编码为UTF-8方式，只需按下面的方式使用<meta>标签即可。

```
<meta charset="utf-8">
```

上述代码取代了以往笨拙的、通常靠复制粘贴来完成处理的方式。

```
<meta http-equiv="Content-Type" content="text/html; charset=utf-8">
```

14.1.4 HTML 5语法中的3个要点

HTML5中规定的语法，在设计上兼顾了与现有HTML之间最大程度的兼容性。下面就来看看具体的HTML5语法。

1. 可以省略标签的元素

在HTML5中，有些元素可以省略标签，具体来讲有3种情况。

• 必须写明结束标签

area、base、br、col、command、embed、hr、img、input、keygen、link、meta、param、source、track、wbr

• 可以省略结束标签

li、dt、dd、p、rt、rp、optgroup、option、colgroup、thead、tbody、tfoot、tr、td、th

• 可以省略整个标签

HTML、head、body、colgroup、tbody

需要注意的是，虽然这些元素可以省略，但实际上却是隐形存在的。

例如<body>标签可以省略，但在DOM树上它是存在的，可以永恒访问到document.body。

2. 取得布尔值的属性

取得布尔值（Boolean）的属性，例如disabled和readonly等，通过默认属性的值来表达“值为true”。

此外，在属性值为true时，可以将属性值设为属性名称本身，也可以将值设为空字符串。

以下的checked属性值皆为true。

```
<input type="checkbox" checked>
<input type="checkbox" checked="checked">
<input type="checkbox" checked="">
```

3. 省略属性的引用符

在HTML4中设置属性值时，可以使用双引号或单引号来引用。

在HTML5中，只要属性值不包含空格、<、>、'、"、'、=等字符，都可以省略属性的引用符，实例如下。

```
<input type="text">
<input type='text'>
<input type=text>
```

14.2 新增的主体结构元素

为了使文档的结构更加清晰明确、容易阅读，HTML5增加了很多新的结构元素，如页眉、页脚、内容区块等结构元素。

14.2.1 课堂案例——article元素

article元素代表文档、页面或应用程序中独立、完整、可以独自被外部引用的内容。它可以是一篇博客或报刊中的文章、一篇论坛帖子、一段用户评论、1个独立的插件，或其他任何独立的内容。除了内容部分，一个article元素通常有它自己的标题（一般放在一个header元素里面），有时还有自己的脚注。

下面以一个实例来讲解article元素的使用方法，具体代码如下。

```
<article>
    <header>
    <h1>企业简介</h1>
    <p>日期: <time pubdate="pubdate">2020/01/09</time></p>
    </header>
     <p>晋太元中，武陵人捕鱼为业。缘溪行，忘路之远近。忽逢桃花林，夹岸数百步，中无杂树，芳草鲜美，落英缤纷。渔人甚异之。复前行，欲穷其林。<br>
    林尽水源，便得一山，山有小口，仿佛若有光。便舍船，从口入。初极狭，才通人。复行数十步，豁然开朗。土地平旷，屋舍俨然，有良田美池桑竹之属。阡陌交通，鸡犬相闻。其中往来种作，男女衣着，悉如外人。黄发垂髫，并怡然自乐。<br>。
      <footer>
      </footer>
    </p>
    <footer>
      <p><small>版权所有</small></p>
    </footer>
</article>
```

在header元素中嵌入了文章的标题部分，在h1元素中是文章的标题“桃花源记”，日期在p元素中。在标题下部的p元素中是文章的正文，在结尾处的footer元素中是文章的版权。这部分内容使用了article元素，在浏览器中的效果如图14-2所示。

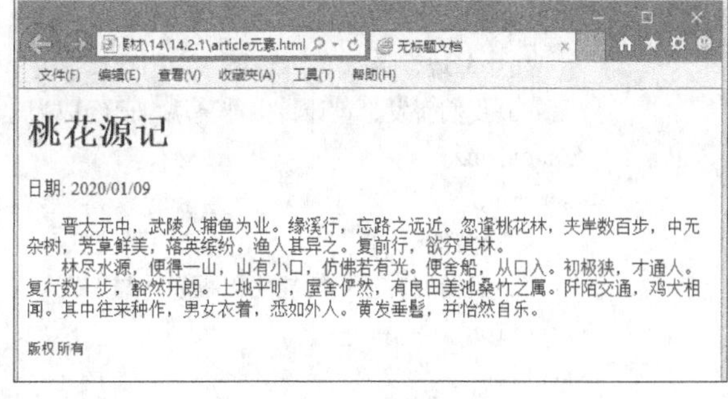

图14-2 article元素

article元素也可以用来表示插件，它的作用是使插件看起来好像内嵌在页面中一样。

```
<article>
<h1>article表示插件</h1>
<object>
<param name="allowFullScreen" value="true">
<embed src="#" width="500" height="400"></embed>
</object>
</article>
```

一个网页中可能有多个独立的article元素，每一个article元素都允许有自己的标题与脚注等从属元素，并允许对自己的从属元素单独使用样式，如一个网页中的样式，代码如下所示。

```
header{
display:block;
color:green;
text-align:center;
}
aritcle header{
color:red;
text-align:left;
}
```

14.2.2 课堂案例——section元素

section元素用于对网站或应用程序中页面上的内容进行分块，一个section元素通常由内容及其标题组成。但section元素并非一个普通的容器元素。当一个容器需要被直接定义样式或通过脚本定义行为时，推荐使用DIV而非section元素。

```
<section>
<h3>静夜思</h3>
 <p>床前明月光，疑是地上霜。
举头望明月，低头思故乡。</p>
</section>
```

下面是一个带有section元素的article元素例子。

```
article>
    <h1>室内装饰</h1>
    <p><br>
    我们是建筑装修装饰施工设计甲级企业，专业承包一级建筑装饰专项工程，具备承接各类大型建筑室内装修装饰工程的设计与施工的资质。</p>
    <section>
        <h3>幕墙</h3>
        <p>我们研发、设计、生产幕墙，已经成为建筑门窗幕墙系统整体解决方案的供应商。</p>
    </section>
    <section>
        <h3>智能</h3>
        <p>我们拥有建筑智能化工程设计与施工一级资质，也是较早进入智能家居领域的企业之一。</p>
    </section>
    <section>
        <h3>园林</h3>
        <p>在城市园林绿化领域，我们拥有城市园林绿化一级资质。</p>
    </section>
</article>
```

从上面的代码可以看出，首页整体呈现的是一段完整独立的内容，所有我们要用article元素包起来。这其中又可分为4段，每一段都有一个独立的标题，我们使用了3个section元素为其分段。这样可以使文档的结构显得清晰，在浏览器中的效果如图14-3所示。

section元素的作用是对页面上的内容进行分块，或者说对文章进行分段，不要与“有着自己的完整的、独立的内容”的article元素混淆。

article元素和section元素有什么区别呢？

在HTML 5中，article元素可以看成是一种特殊种类的section元素，它比section元素更强调独立性，即section元素强调分段或分块，而article强调独立性。如果一块内容相对来说比较独立、完整的时候，应该使用article元素；但是如果想将一块内容分成几段的时候，应该使用section元素。

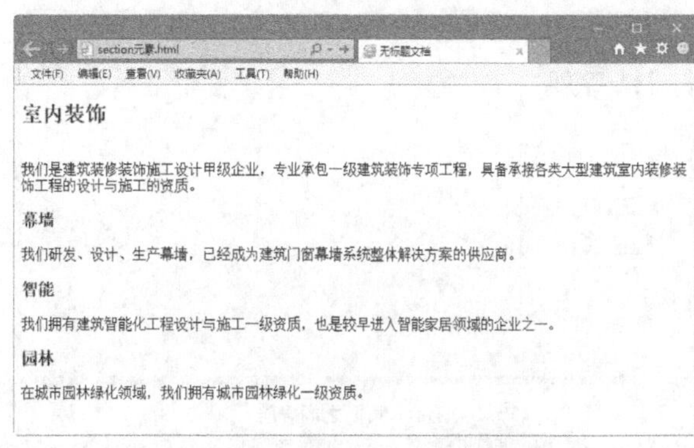

图14-3 带有section元素的article元素实例

14.2.3 课堂案例——nav元素

nav元素代表页面中的导航区域，它由一个链接列表组成，这些链接指向本站或本应用程序内的其他页面或板块。

一直以来，我们都习惯于使用形如<div id="nav">或<ul id="nav">这样的代码来编写页面的导航。而在HTML5中，可以直接将导航链接列表放到<nav>标签中，代码如下所示。

```
<nav>
<ul>
<li><a href=" index.html ">Home</a></li>
<li><a href=" # ">关于我们</a></li>
<li><a href=" # ">联系我们</a></li>
</ul>
</nav>
```

导航，顾名思义，就是引导路线，那么具有引导功能的都可以认为是导航。nav元素可以在页与页之间导航，也可以在页内的段与段之间导航。

```
<!doctype html>
<title>网站导航</title>
<header>
  <h1>网站页面之间导航<h1>
     <nav>
       <ul>
         <li><a href=" index.html ">返回首页</a></li>
         <li><a href=" about.html ">关于我们</a></li>
         <li><a href=" lianxi.html ">联系我们</a></li>
     </ul>
     </nav>
  </header>
```

上面这个实例是页面之间的导航，nav元素中包含了3个用于导航的超级链接，即“返回首页”、“关于我们”和“联系我们”。该导航可用于全局导航，也可放在某个段落作为区域导航，运行代码后的效果如图14-4所示。

下面的实例是页内导航，运行代码后的效果如图14-5所示。

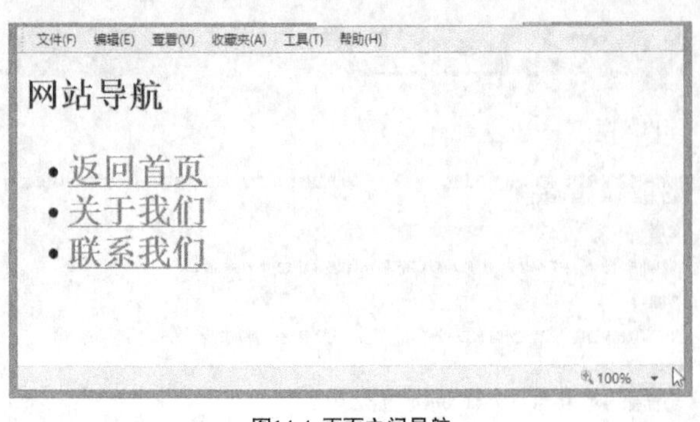

图14-4 页面之间导航

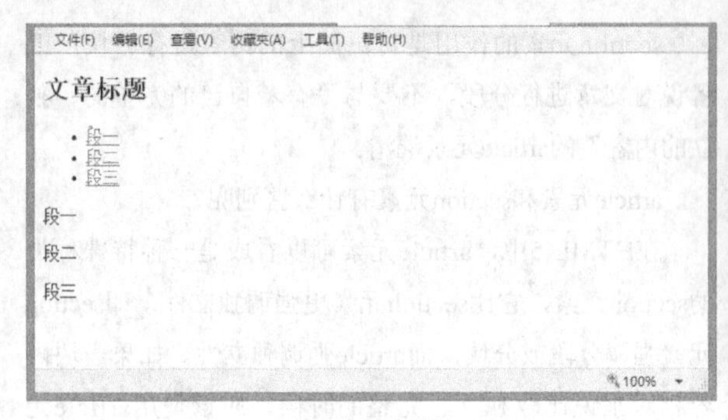

图14-5 页内导航

```
<!doctype html>
<title>段内导航</title>
<header>
</header>
<article>
        <h2>文章标题</h2>
        <nav>
            <ul>
                <li><a href=" #p1 ">段一</a></li>
                <li><a href=" #p2 ">段二</a></li>
                <li><a href=" #p3 ">段三</a></li>
            </ul>
        </nav>
        <p id=p1>段一</p>
        <p id=p2>段二</p>
        <p id=p3>段三</p>
</article>
```

14.2.4 课堂案例——aside元素

aside元素用于标记文档的相关内容，比如醒目引用、边条和广告等。aside元素的内容应与元素周围内容相关。

aside元素主要有以下两种使用方法。

（1）包含在article元素中，作为主要内容的附属信息部分，其中的内容可以是与当前文章有关的参考资料、名词解释等。

```
<article>
 <h1>…</h1>
<p>…</p>
<aside>…</aside>
</article>
```

（2）在article元素之外使用，作为页面或站点全局的附属信息部分。最典型的是侧边栏，其中的内容可以是友情链接、文章列表、广告单元等。代码如下所示，运行代码后的效果如图14-6所示。

```
<aside>
<h2>公司新闻</h2>
<ul>
<li>重大事件</li>
<li>业内信息</li>
```

```
</ul>
<h2>产品类型</h2>
<ul>
<li>外套</li>
<li>裤子</li>
<li>鞋子</li>
</ul>
</aside>
```

图14-6 aside元素实例

14.3 canvas元素

canvas元素是HTML5中新增的一个重要元素，专门用来绘制图形。在页面上放置一个canvas元素，就相当于在页面上放置了一块“画布”，设计师可以在其中进行图形的描绘。

canvas元素只是一块无色透明的区域，需要利用JavaScript编写在其中进行绘画的脚本。从这个角度来说，可以理解为类似于其他开发语言中的canvas画布。

14.3.1 课堂案例——canvas绘制矩形

下面是一个绘制矩形的实例，运行代码后的效果如图14-7所示。

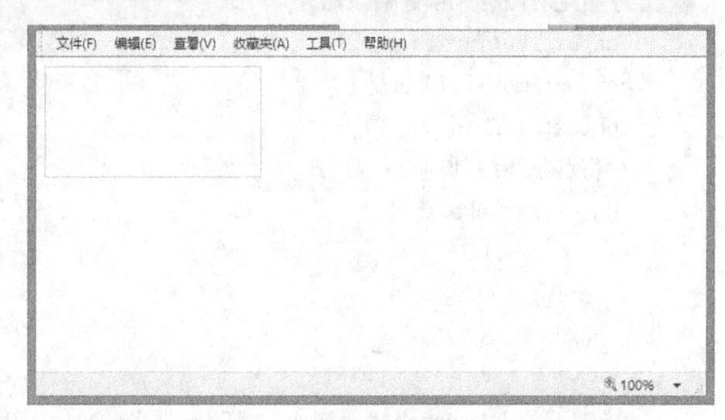

图14-7 绘制矩形

```
<!doctype html>
<html>
<head>
<script type="text/javascript">
var c=document.getElementById("myCanvas");
var cxt=c.getContext("2d");
cxt.moveTo(10,10);
cxt.lineTo(150,50);
cxt.lineTo(10,50);
cxt.stroke();
</script>
<meta charset="utf-8">
</head>
<canvas id="myCanvas" width="200" height="100" style="border:1px solid #c3c3c3;">
</canvas>
```

14.3.2 课堂案例——绘制线条

在canvas中，当在canvas上写的width和height为canvas的实际画板大小，默认情况下width为300像素，height为150像素。

在style里面写css样式的时候，width和height为实际显示尺寸大小。

现在以用canvas画一条线为例。

```
<!doctype html>
<html>
<head>
<meta charset=utf-8 />
<title>canvas</title>
<script type=' text/javascript' >
window.onload = function(){
getCanvas();
};
//canvase绘图
function getCanvas(){
//获得canvas元素及其绘图上下文
var canvas = document.getElementById( 'canvasId' );
var context = canvas.getContext( '2d' );
//用绝对路标来创建一条路径
context.beginPath();
context.moveTo(0,500);
context.lineTo(500,0);
//将这条线绘制到canvas上
context.stroke();
}
</script>
</head>
<body>
<canvas id=' canvasId' width=" 500px " height=' 500px' style=' width:500px;height: 200px;' ></canvas>
</body>
</html>
```

在浏览器中的预览效果如图14-8所示。

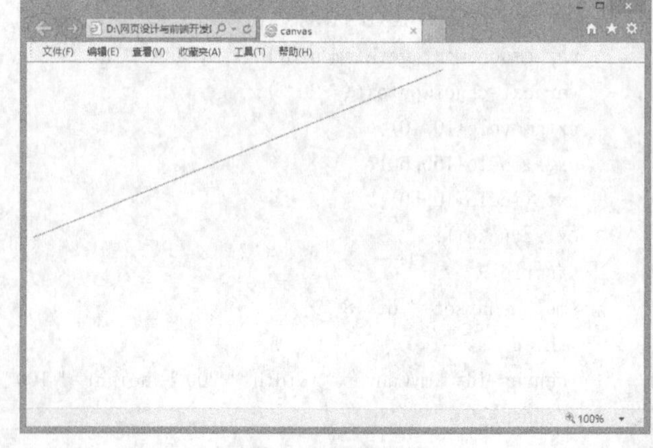

图14-8 绘制线条实例

14.4 课堂练习——使用HTML5制作3D爱心动画

下面使用HTML5+CSS3制作3D爱心动画，该动画可以作为情人节、七夕礼物，如图14-9所示。注意要使用支持HTML5、CSS3的主流浏览器预览效果（兼容测试：FireFox、Chrome、Safari、Opera等支持HTML5、CSS3）。

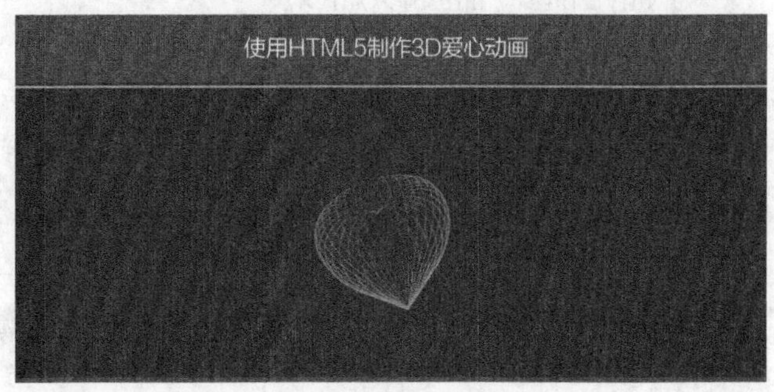

图14-9 3D爱心动画

01 首先调用CSS样式，如图14-10所示。

02 在<body>和</body>之间添加HTML代码，如图14-11所示。

```
<link rel="stylesheet" href="css/style.css" media="screen" type="text/css" />
```

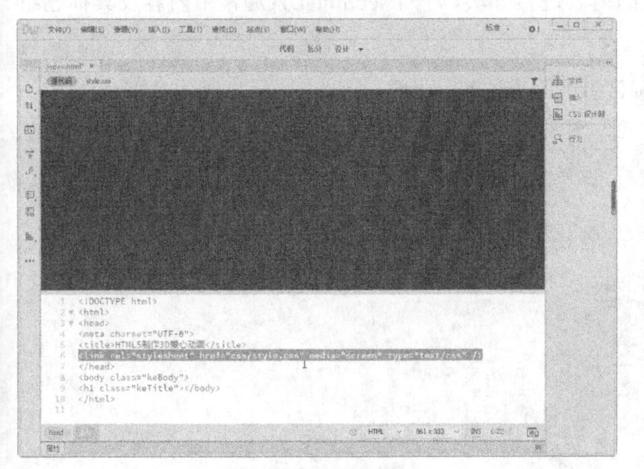

图14-10 调用CSS样式

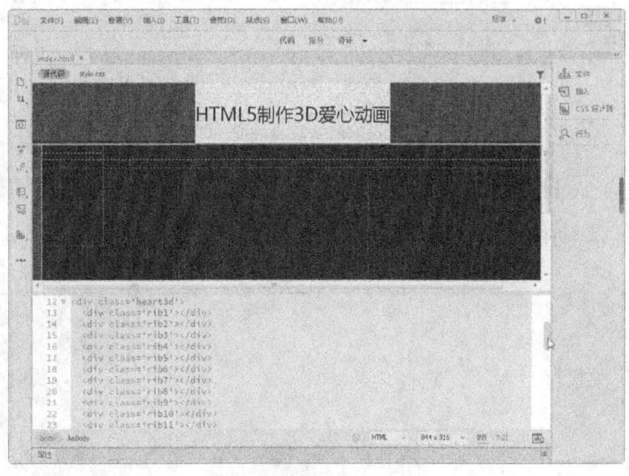

图14-11 添加HTML代码

```
<h1 class="keTitle">HTML5制作3D爱心动画</h1>
<div class="kePublic">
<div class='heart3d'>
  <div class='rib1'></div>
  <div class='rib2'></div>
  <div class='rib3'></div>
  <div class='rib4'></div>
  <div class='rib5'></div>
  <div class='rib6'></div>
  <div class='rib7'></div>
  <div class='rib8'></div>
  <div class='rib9'></div>
  <div class='rib10'></div>
  <div class='rib11'></div>
  <div class='rib12'></div>
  <div class='rib13'></div>
  <div class='rib14'></div>
  <div class='rib15'></div>
  <div class='rib16'></div>
  <div class='rib17'></div>
  <div class='rib18'></div>
  <div class='rib19'></div>
  <div class='rib20'></div>
  <div class='rib21'></div>
  <div class='rib22'></div>
  <div class='rib23'></div>
  <div class='rib24'></div>
  <div class='rib25'></div>
  <div class='rib26'></div>
  <div class='rib27'></div>
  <div class='rib28'></div>
  <div class='rib29'></div>
  <div class='rib30'></div>
  <div class='rib31'></div>
  <div class='rib32'></div>
```

```
    <div class=' rib33' ></div>
    <div class=' rib34' ></div>
    <div class=' ' rib35' ></div>
    <div class=' rib36' ></div>
  </div>
  <!--效果html结束-->
  <div class= " clear " ></div>
  </div>
```

14.5 课后习题

1. 填空题

（1）________元素代表文档、页面或应用程序中独立、完整、可以独自被外部引用的内容。

（2）________元素在HTML5中用于包裹一个导航链接组，用于显式地说明这是一个导航组，在同一个页面中可以同时存在多个nav元素。

（3）________元素用于对网站或应用程序中页面上的内容进行分块，一个section元素通常由内容及其标题组成。

（4）________元素用于标记文档的相关内容，比如醒目引用、边条和广告等。

2. 操作题

制作一个网站导航，效果如图14-12所示。

图14-12 网站导航

14.6 本章总结

随着HTML 5的迅猛发展，各大浏览器开发公司（如Google、微软、苹果和Opera）的浏览器开发业务都变得异常繁忙。在这种局势下，学习HTML 5无疑成为Web开发者的一大重要任务，谁学会了HTML 5，谁就掌握了迈向未来Web平台的一把钥匙。

第15章

创建企业展示型网站

企业展示型网站是以企业宣传为主题而构建的网站，域名后缀一般为.com。企业展示型网站是现代企业的一个重要组成部分，是企业宣传、管理及营销的有效工具，是企业开展电子商务的基础和信息平台。该类型网站的页面结构一般比较简单。

学习目标

- 学会网站前期策划的方法
- 学会在Dreamweaver中进行页面排版制作
- 学会本地测试及发布上传的方法
- 学会设计网站首页
- 学会给网页添加弹出窗口页面

15.1 网站前期策划

企业网站的范围很广，涉及各个领域，但它们有一个共同特点，即以宣传为主。建设网站的目的是提升企业形象，希望有更多的人关注自己的公司和产品，以获得更大的发展。

15.1.1 企业网站分类

1. 以形象为主的企业网站

互联网作为新经济时代的一种新型传播媒体，在企业宣传中发挥着越来越重要的地位，成为公司以更低的成本在更广的范围内宣传企业形象、开辟营销渠道、加强与客户沟通的一项必不可少的重要工具。图15-1所示以形象为主的企业网站。

企业网站表现形式要独具创意，充分展示企业形象，并将最吸引人的信息放在主页比较显眼的位置，尽量能在最短的时间内吸引浏览者的注意力，从而让浏览者有兴趣浏览一些详细信息。整个设计要给浏览者一个清晰的导航，方便其操作。

图15-1 以形象为主的企业网站

设计这类网站时要参考一些大型同行业网站进行分析，多学习它们的优点，并以公司自己的特色进行设计，以企业形象及行业特色加上动感音乐作片头动画，每个页面配以栏目相关的动画衬托，通过良好的网站视觉创造一种独特的企业文化。

2. 以产品为主的企业网站

企业网站绝大多数是为了介绍自己的产品，中小型企业尤为如此，在公司介绍栏目中只有一页文字，而产品栏目则是大量的图片和文字。以产品为主的企业网站可以把主推产品放置在网站首页，产品资料分类整理，附带详细说明，使客户能够看明白。如果公司产品比较多，最好采用动态更新的方式添加产品介绍和图片，并通过后台来控制前台信息。图15-2所示为以产品为主的企业网站。

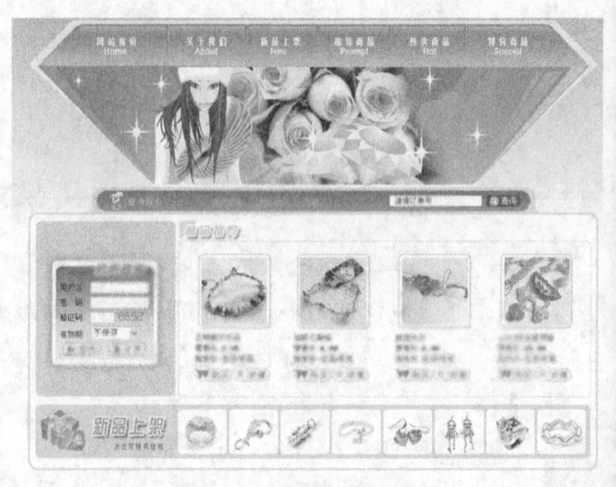

图15-2 以产品为主的企业网站

3. 信息量大的企业网站

很多企业不仅仅需要树立良好的企业形象，还需要建立自己的信息平台。有实力的企业会逐渐把网站做成一种以其产品为主的交流平台。一方面，网站的信息量大，结构设计要大气简洁，以保证速度和节奏感；另一方面，它不同于单纯的信息型网站，从内容到形象都应该围绕公司的一切，既要大气又要有特色。图15-3所示为信息量大的企业网站。

图15-3 信息量大的企业网站

15.1.2 企业网站主要功能页面

企业网站是以企业宣传为主题而构建的网站，域名后缀一般为.com。与一般门户型网站不同，企业网站相对来说信息量比较少。企业网站页面结构的设计主要是从公司简介、产品展示、服务等几个方面来进行的。

一般企业网站主要有以下板块。

• 公司概况。包括公司背景、发展历史、主要业绩、经营理念、经营目标及组织结构等，让用户对公司的情况有一个概括的了解。

• 企业新闻动态。可以利用互联网的信息传播优势，构建一个企业新闻发布平台。通过建立一个新闻发布、管理系统，企业信息发布与管理将变得简单、迅速，能够及时向互联网发布本企业的新闻、公告等信息。通过公司动态可以让用户了解公司的发展动向，加深对公司的印象，从而达到展示企业实力和形象的目的。图15-4所示为企业新闻动态。

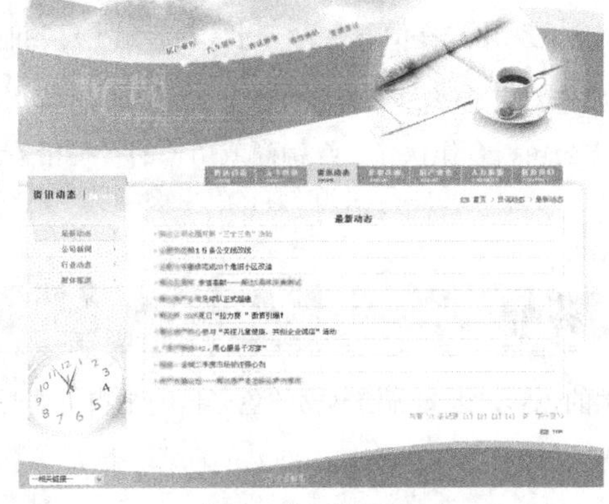

图15-4 企业新闻动态

• 产品展示。如果企业提供了多种产品服务，可以利用产品展示系统对产品进行系统管理，包括产品的添加与删除、产品类别的添加与删除、特价产品和最新产品的添加与删除、推荐产品的管理、产品的快速搜索等。企业可以方便高效地管理网上产品，为网上客户提供一个全面的产品展示平台。更重要的是网站可以通过某种方式建立起与客户的有效沟通，更好地与客户进行对话，收集反馈信息，从而改进产品质量和提供服务水平。图15-5所示为企业网站产品展示系统。

图15-5 企业网站产品展示系统

• 产品搜索：如果公司产品比较多，无法在简单的目录中全部列出，而且经常有产品升级换代，为了让用户能够方便地找到所需要的产品，除了设计详细的分级目录之外，增加关键词搜索功能不失为有效的措施。

• 网上招聘：这也是网站应用的一个重要方面，网上招聘系统可以根据企业自身特点，建立一个企业网络人才库。人才库对外可以进行在线网络即时招聘，对内可以方便管理人员对招聘信息和应聘人员的管理，同时人才库可以为企业储备人才，为日后需要时使用。

• 销售网络：目前用户直接在网站订货的并不多，但网上看货线下购买的现象比较普遍，尤其是价格比较贵重或销售渠道比较少的商品，用户通常喜欢通过在网络上获取足够信息后在本地的实体商场购买。因此尽可能详尽地告诉用户在什么地方可以买到他所需要的产品很重要。

• 售后服务：有关质量保证条款、售后服务措施，以及各地售后服务的联系方式等都是用户比较关心的信息。而且，是否可以在本地获得售后服务往往是影响用户购买决策的重要因素，对于这些信息应该尽可能详细地提供。

• 技术支持：这一点对于生产或销售高科技产品的公司尤为重要。网站上除了产品说明书之外，企业还应该将用户关心的技术问题及其解决方案公布在网上，如一些常见故障处理、产品的驱动程序、软件工具的版本等信息资料，可以用在线提问或常见问题回答的方式体现。

• 联系信息：网站上应该提供足够详尽的联系信息，除了公司的地址、电话、传真、邮政编码、邮箱地址等基本信息之外，最好能详细地列出客户或者业务伙伴可能需要联系的具体部门的联系方式。对于有分支机构的企业，同时还应当有各地分支机构的联系方式，在为用户提供方便的同时，也起到了对各地业务的支持作用。

• 辅助信息：有时由于企业产品比较少，网页内容显得有些单调，可以通过增加一些辅助信息来弥补这种不足。辅助信息的内容比较广泛，可以是本公司、合作伙伴、经销商或用户的一些相关新闻、趣事，或产品保养和维修常识等。

15.1.3 企业网站色彩搭配

企业网站给人的第一印象是网站的色彩，因此确定网站的色彩搭配是相当重要的一步。一般来说，一个网站的标准色彩不应超过3种，太多则让人眼花缭乱。标准色彩用于网站的标志、标题、导航栏和主色块，给人以整体统一的感觉。至于其他色彩在网站中也可以使用，但只能作为点缀和衬托，绝不能喧宾夺主。

黄色是积极活跃的色彩，黄色的主色调适用范围较为广泛，除了食品类网站外，家居用品、时尚品牌、运动、儿童玩具类的网站都很适合使用黄色为主色。图15-6所示的网站首页采用黄色为主色。

图15-7所示为网站的二级页面，由于二级页面有许多，并且整体风格一致，因此这个页面采用模板制作。

图15-6 网站首页

图15-7 采用模板制作的二级页面

15.2 设计网站首页

一个网站的首页是这个网站的门面，访问者第一次来到网站首先看到的就是首页，所以首页的好坏对整个网站的影响非常大。一个思路清晰、美工出色的首页，不但可以吸引访问者继续浏览网站内的其他内容，还能使访问过的浏览者再次光临网站。

15.2.1 首页的设计

本小节具体讲解的这个网站是企业宣传性的网站，首页采用封面型结构布局，有一些图片和文字代表网站的主要栏目导航。利用Photoshop CC来具体设计和切割首页，切割完成后可以使用Dreamweaver CC来进行页面的链接，具体操作步骤如下。

01 启动Photoshop CC，执行“文件”→“新建”命令，弹出“新建”对话框，设置“宽度”为1000像素、“高度”为800像素，如图15-8所示。

02 单击“确定”按钮，新建空白文档。在工具箱中单击“背景颜色”按钮，弹出“拾色器”对话框，设置背景色为#96816c，如图15-9所示。

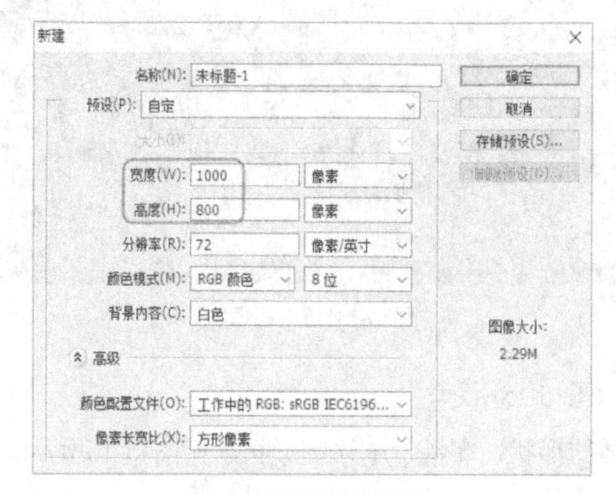

图15-8 “新建”对话框

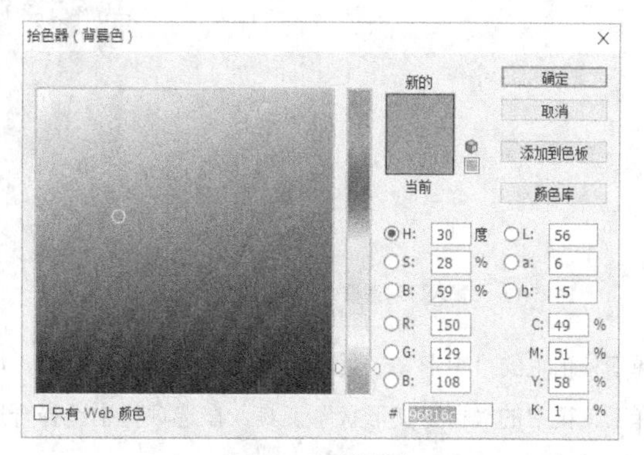

图15-9 设置背景色

03 单击“确定”按钮，设置背景色，按键盘中的Ctrl+Delete组合键填充背景色，如图15-10所示。

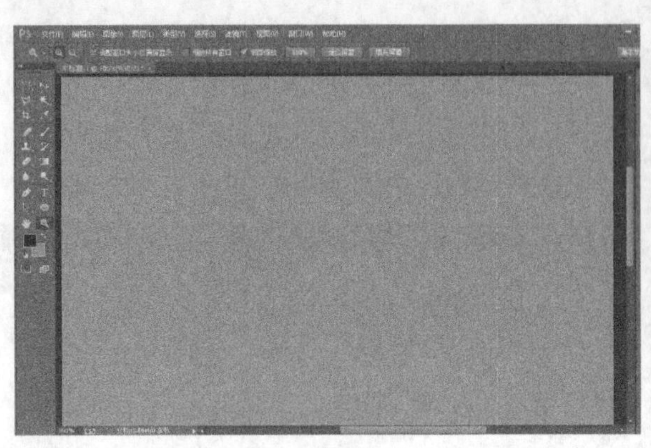

图15-10 填充背景色

04 选择工具箱中的“矩形”工具，在选项栏中将颜色设置为#420006，在舞台中绘制矩形，如图15-11所示。

05 选择工具箱中的“横排文字”工具，在选项栏中将“字体”设置为“黑体”，将“大小”设置为18，在舞台中输入导航文字，如图15-12所示。

图15-11 绘制矩形

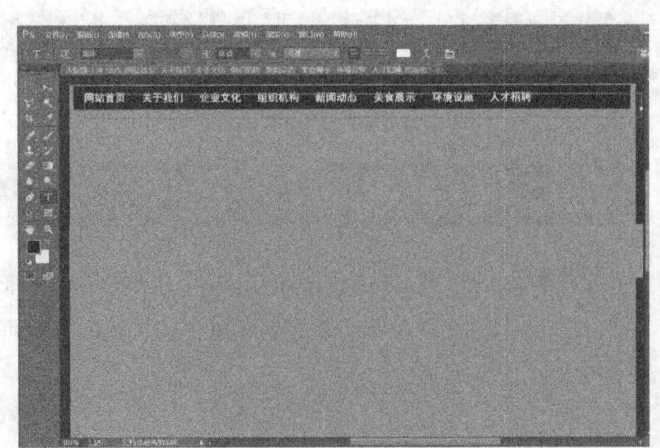

图15-12 输入导航文字

06 执行“文件”→“置入”命令，弹出“置入”对话框。在对话框中选择图像1.jpg，如图15-13所示。

07 单击“置入”按钮，置入图像并将其拖动到合适的位置，如图15-14所示。

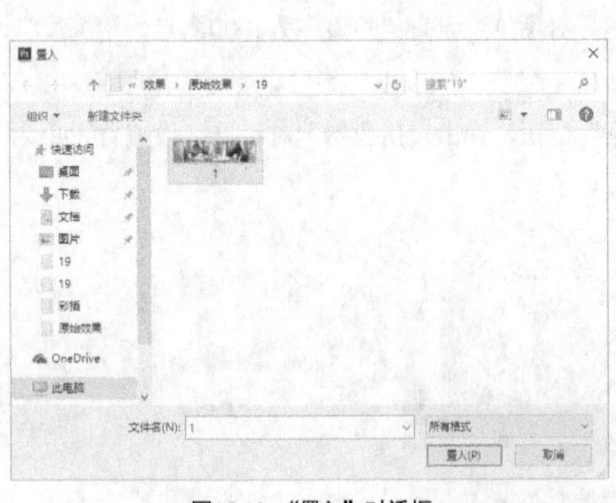

图15-13 “置入”对话框

图15-14 置入图像

08 选择工具箱中的“矩形”工具，在舞台中绘制白色矩形，如图15-15所示。

09 选择工具箱中的“自定义形状”工具，在选项栏中选择合适的形状，在舞台中绘制形状，如图15-16所示。

图15-15 绘制白色矩形

图15-16 绘制形状

10 选择工具箱中“横排文字”工具，在选项栏中将“字体”为“黑体”，在舞台中输入导航文本，如图15-17所示。

11 选择工具箱中的“直线”工具，在选项栏中将填充颜色设置为#a0a0a0，在舞台中绘制直线，如图15-18所示。

图15-17 输入导航文本

图15-18 绘制直线

12 按照步骤14~16的操作制作其余的导航文本，绘制形状、输入文本和绘制直线，如图15-19所示。

13 执行“文件”→“置入”命令，置入其余图像并将其拖动到合适的位置，如图15-20所示。

图15-19 绘制其余导航

图15-20 置入其余图像

14 选择工具箱中的“自定义形状”工具，在选项栏中选择形状，然后绘制三角形形状，在形状后面输入动态新闻，如图15-21所示。

15 选择工具箱中的“横排文字”工具，在选项栏中设置相应参数，输入公司简介文本，如图15-22所示。

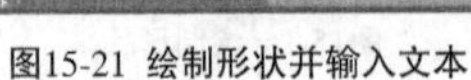
图15-21 绘制形状并输入文本

图15-22 输入文字

16 选择工具箱中的“矩形”工具，在选项栏中将填充颜色设置为#46250e，在舞台底部绘制矩形，如图15-23所示。

17 选择工具箱中的“横排文字”工具，在舞台底部输入文本，如图15-24所示。

图15-23 绘制底部矩形

图15-24 输入底部文本

15.2.2 切割首页

首页使用Photoshop CC设计完后，再使用Photoshop CC中的“切片”工具切割网页，将首页图像切割成许多的功能区域。将图像存为网页时，每个切片都将作为一个独立的文件存储，设计师可以使用切片加快下载速度。切割首页的具体操作步骤如下。

01 使用Photoshop CC打开首页图像，从工具箱中选择“切片”工具，如图15-25所示。

02 在图像顶部按住鼠标左键不放，向右拖动鼠标，绘制一个矩形切片区域，如图15-26所示。

图15-25 选择“切片”工具

图15-26 创建切片

技巧与提示

还可以通过移动切片的边缘，来改变切片的位置和大小。将鼠标指针移动到要改变的切片的边缘，鼠标指针将变为一个双箭头。在双箭头状态下，按住鼠标左键不放向下拖动一段位置后松开鼠标左键，切片的位置和大小就相应改变了。

03 使用同样的方法对网页其他部分创建切片，如图15-27所示。

04 切割完成后，执行“文件”→“存储为Web所用格式”命令。弹出图15-28所示的“存储为Web所用格式”对话框，在对话框中选择图像格式为GIF。

图15-27 创建其他切片

图15-28 “存储为Web所用格式”对话框

05 单击“存储”按钮，弹出图15-29所示的“将优化结果存储为”对话框，在对话框中将文件名称设置为index.htm，“保存类型”选择“HTML和图像”。

06 单击“保存”按钮，即可保存网页。切割后的页面格式保存为HTML和图像，可以自动保存为网页格式，然后在Dreamweaver中打开进行自由编辑，如图15-30所示。

图15-29 “将优化结果存储为”对话框

图15-30 切割后的网页文件

15.3 在Dreamweaver中进行页面排版制作

在Photoshop CC中设计完首页，然后在Dreamweaver CC中设计制作二级页面，具体操作步骤如下。

15.3.1 创建本地站点

首先要为网站创建一个本地站点，然后从本地站点中创建网页。创建本地站点的具体操作步骤如下。

“本地信息”类别选项主要有以下参数设置。

- 在“站点名称”文本框中输入站点名称。
- 在“本地根文件夹”文本框中输入本地站点文件夹路径名称，或者单击文件夹图标浏览该文件夹。

01 执行“站点”→“管理站点”命令，弹出“管理站点”对话框，在对话框中单击“新建站点”按钮，如图15-31所示。

02 弹出“站点设置对象”对话框，单击“本地根文件夹”文本框右侧的“浏览文件夹”按钮，如图15-32所示。

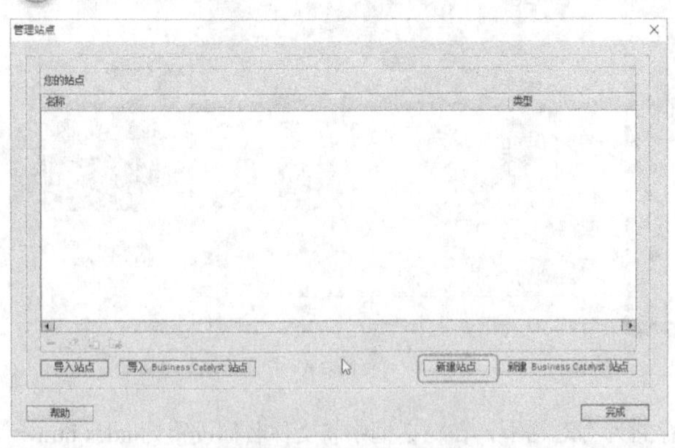

图15-31 “管理站点”对话框

图15-32 “站点设置对象”对话框

03 打开“选择根文件夹”对话框，选择文件的存储位置，如图15-33所示。

04 单击“选择文件夹”按钮，即可选择站点的文件夹位置，完成站点设置，如图15-34所示。

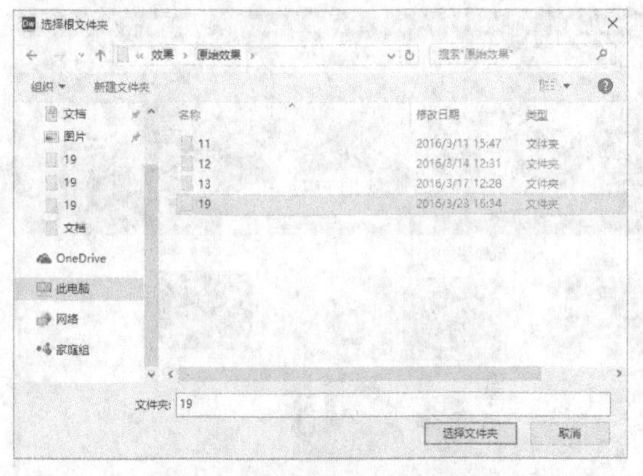

图15-33 “选择根文件夹”对话框

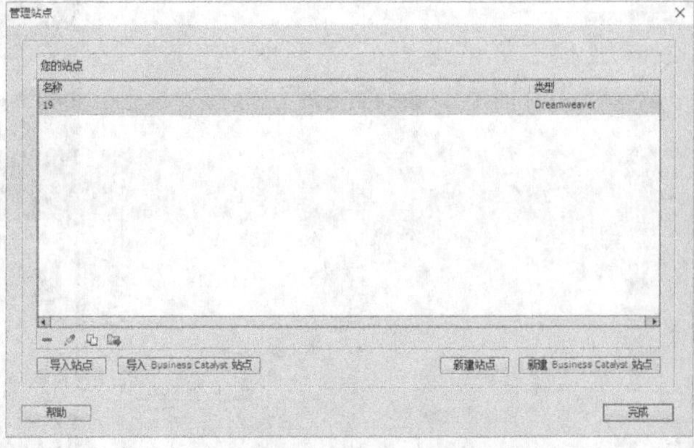

图15-34 完成站点设置

15.3.2 创建二级模板页面

在网页中使用模板可以统一整个站点的页面风格，使用库项目可以对页面的局部统一风格。在制作网页时，使用库和模板可以节省大量的工作时间，并且为日后的升级带来方便。下面通过实例讲解模板的创建和应用。

创建二级模板页面的具体操作步骤如下。

01 执行“文件”→“新建”命令，如图15-35所示。

02 弹出“新建文档”对话框，在对话框中选择“空白页”→“HTML模板”→“无”选项，如图15-36所示。

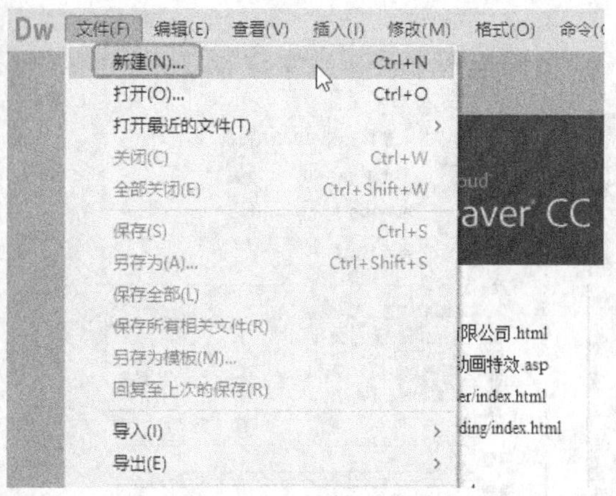

图15-35 选择“新建”命令

图15-36 “新建文档”对话框

03 单击“创建”按钮，即可创建一空白模板文档。执行“文件”→“另存为模板”命令，弹出“Dreamweaver”提示框，如图15-37所示。

04 单击“确定”按钮，弹出“另存模板”对话框，在该对话框将“另存为”设置为moban，如图15-38所示。

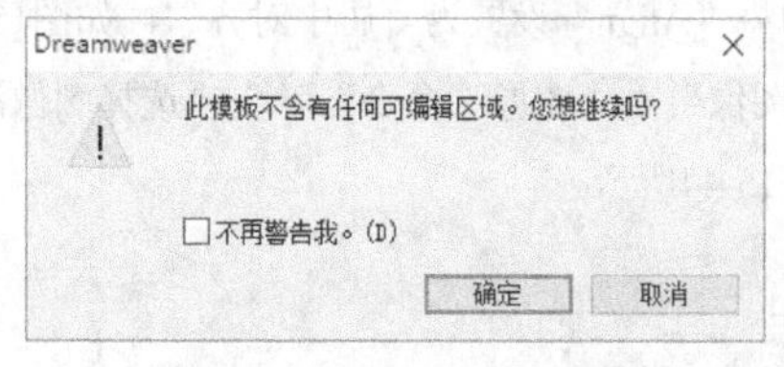

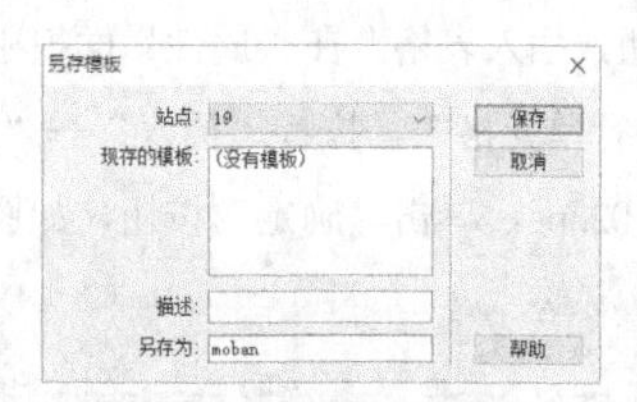

图15-37 “Dreamweaver”提示框

图15-38 “另存模板”对话框

05 单击“保存”按钮，保存文档，如图15-39所示。

06 执行“修改”→“页面属性”命令，弹出“页面属性”对话框，在该对话框中将“页面字体”设置为宋体，“大小”设置为12px，“文本颜色”设置为#CCCCCC，“字体颜色”设置为#96816c，“右边距”“左边距”“上边距”“下边距”都设置为0px，如图15-40所示。

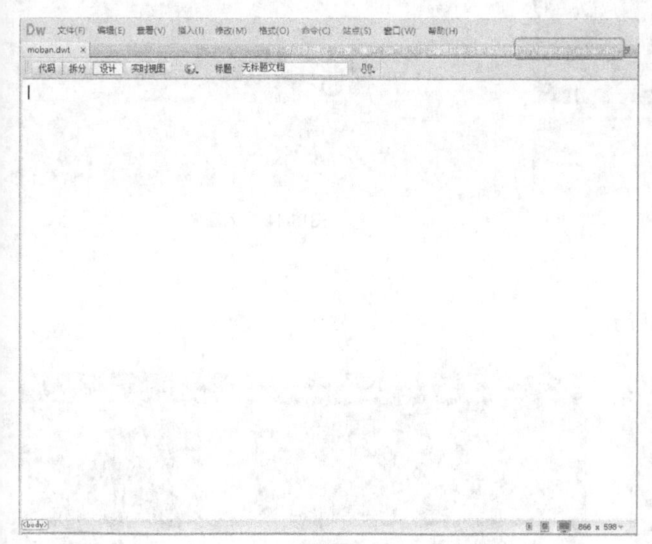

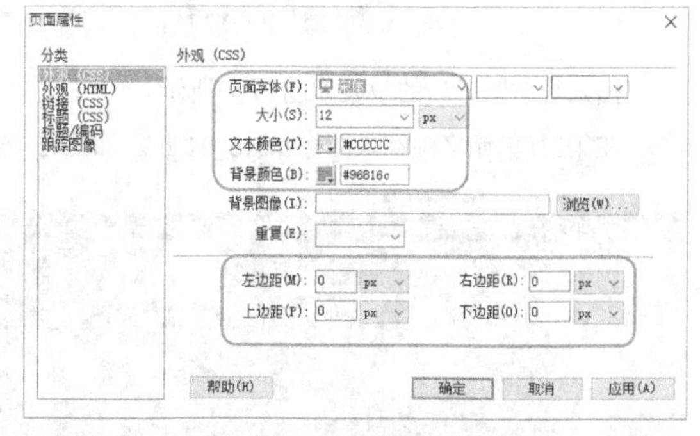

图15-39 保存文档

图15-40 “页面属性”对话框

07 单击“确定”按钮，设置页面属性，如图15-41所示。

08 将光标放置在页面中，执行“插入”→“表格”命令。弹出“表格”对话框，在对话框中设置相应的“行数”设置为3，“列”设置为1，“表格宽度”设置为1000像素，插入表格1，如图15-42所示。

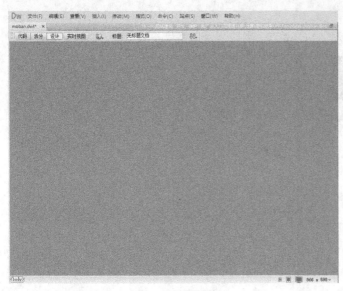

图15-41 设置页面属性

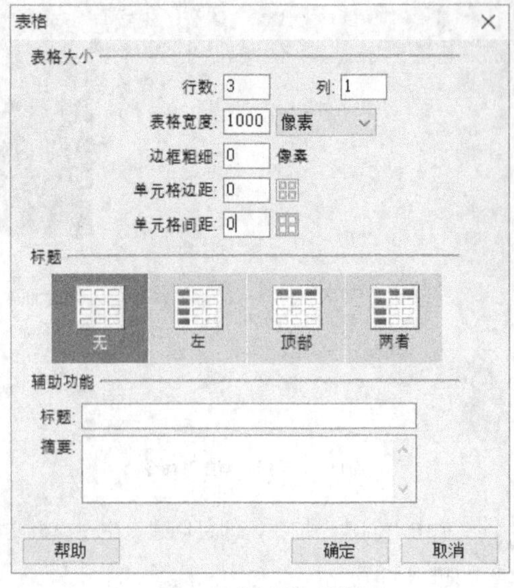

图15-42 “表格”对话框

09 单击“确定”按钮，插入表格。在“属性”面板中将“Align”设置为“居中对齐”，如图15-43所示。

10 将光标放置在第1行单元格中，执行“插入”→“图像”→“图像”命令，弹出“选择图像源文件”对话框，在对话框中选择图像zhuye_02.jpg，单击“确定”按钮，如图15-44所示。

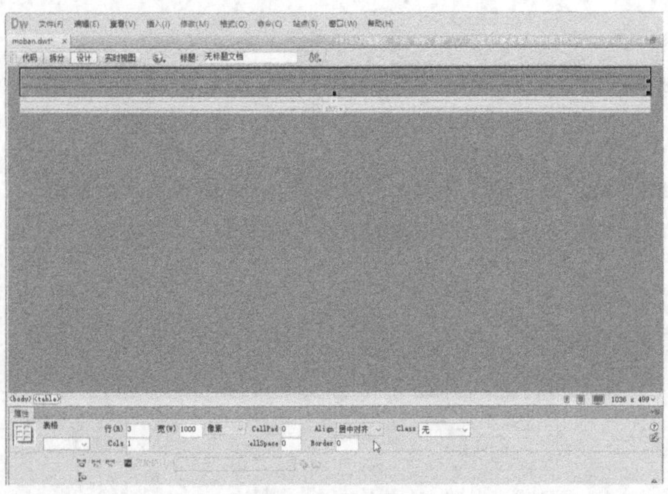

图15-43 插入表格1

图15-44 插入图像

11 插入导航图像后的效果如图15-45所示。

12 在第2行单元格中插入图像zhuye_04.gif，如图15-46所示。

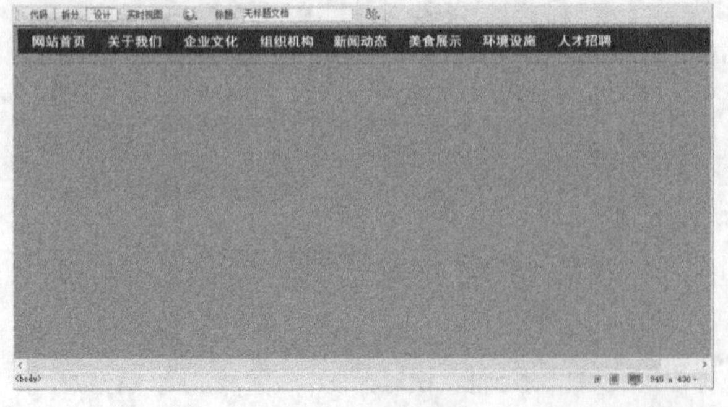

图15-45 插入导航图像

图15-46 插入主页图像

⑬ 选择“插入”→“表格”命令，插入一个1行2列的表格并将此表格记为表格2，将“Align”设置为“居中对齐”，如图15-47所示。

⑭ 将光标放置在表格2的第1列单元格中，在“属性”面板中将“背景颜色”设置为#993300，再将第2列单元格的“背景颜色”设置为#FFFFFF，如图15-48所示。

图15-47　插入表格2

图15-48　设置背景颜色

⑮ 将光标放置在表格2的第1列单元格中，插入一个9行1列的表格，并将此表格记为表格3，如图15-49所示。

⑯ 将光标放置在表格3的第1行单元格中，执行“插入”→“图像”→“图像”命令，插入图像文件，如图15-50所示。

图15-49　插入表格3

图15-50　插入“关于我们”图像文件

⑰ 在表格3第2~6行单元格中输入相应的导航文本，如图15-51所示。

⑱ 在表格3第7~8行单元格中分别插入相应的图像文件，如图15-52所示。

图15-51　输入相应的导航文本

图15-52　插入相应的图像文件

⑲ 将光标置于表格3第9行单元格中并输入文本。在表格3的下方插入一个1行1列的表格，并将此表格记为表格4，将“Align”设置为“居中对齐”，如图15-53所示。

⑳ 在表格中插入图像文件zhuye_08.gif，如图15-54所示。

图15-53 插入表格4

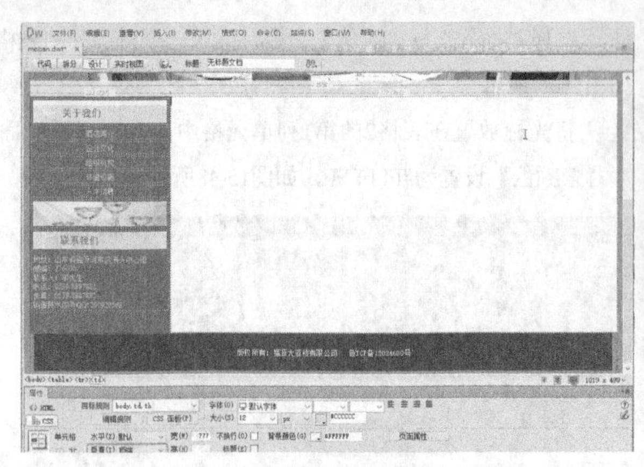
图15-54 插入联系信息的图像文件

21 将光标置于表格2的第2列单元格中，执行“插入”→“模板对象”→“可编辑区”命令，弹出“新建可编辑区域”对话框，如图15-55所示。

22 单击“确定”按钮，创建可编辑区域，如图15-56所示。

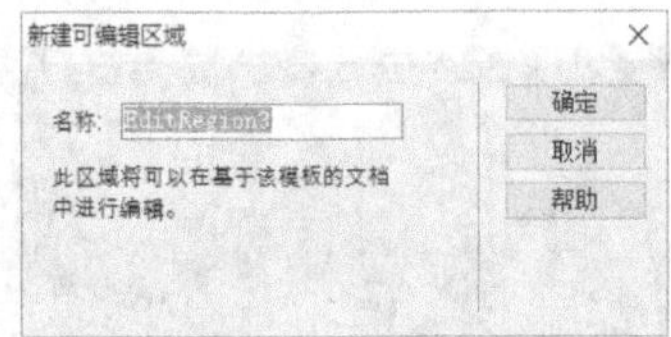

图15-55 “新建可编辑区域”对话框

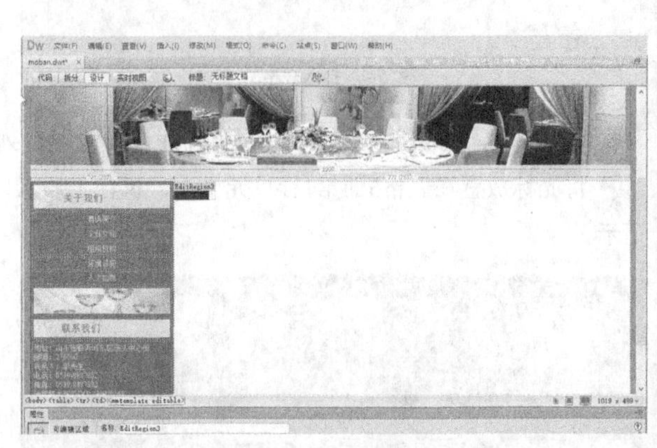
图15-56 创建可编辑区域

15.3.3 利用模板制作其他网页

利用模板制作其他网页的具体操作步骤如下。

01 执行“文件”→“新建”命令，弹出“新建文档”对话框，在对话框中选择“moban”选项，单击“创建”按钮，即可创建网页文档，如图15-57所示。

02 执行“文件”→“另存为”命令，如图15-58所示。

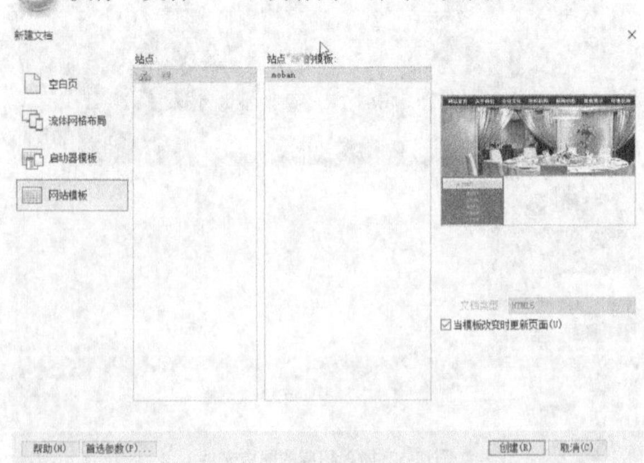

图15-57 选择“moban”命令

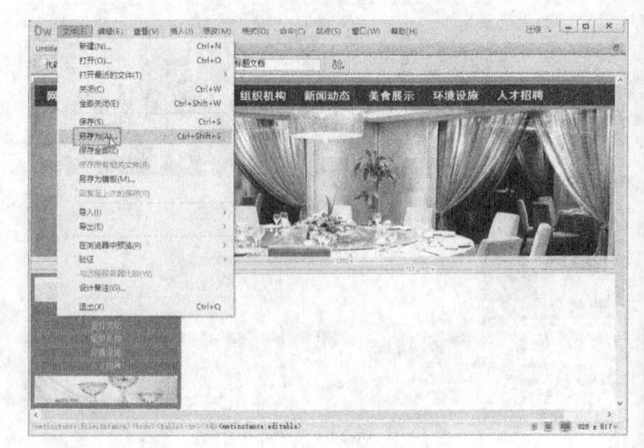
图15-58 选择“另存为”命令

03 弹出“另存为”对话框，将文件保存到相应的目录下，在“文件名”文本框中输入名称，如图15-59所示。

04 执行“插入”→“表格”命令，弹出“表格”对话框，将“行数”设置为3，“列”设置为2，“单元格间距”和“单元格边距”都设置为3，如图15-60所示。

图15-59 “另存为”对话框

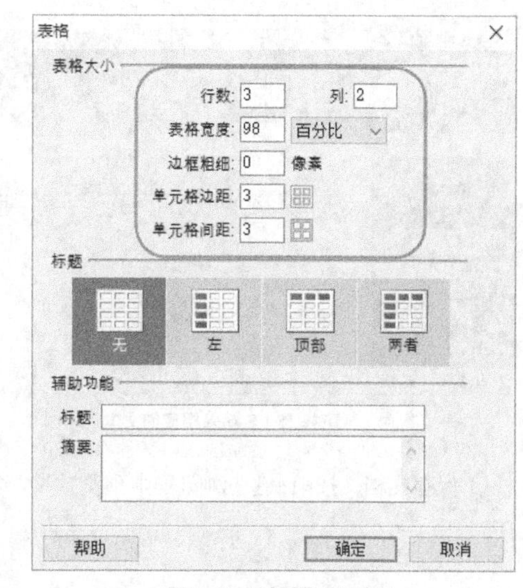

图15-60 “表格”对话框

05 单击“确定”按钮，插入一个3行2列的表格，在“属性”面板中将“Align”设置为“居中对齐”，如图15-61所示。

06 将光标放置在第1行第1列单元格中，执行“插入”→“图像”命令。弹出“选择图像源文件”对话框，在对话框中选择相应的图像。单击“确定”按钮，插入图像1，如图15-62所示。

图15-61 插入表格

图15-62 插入图像1

07 将光标放置在第1行第2列单元格中，输入文本“首页 >> 公司简介”，如图15-63所示。

08 将光标放置在第2行第2列单元格中，插入图像2，如图15-64所示。

图15-63 输入文本

图15-64 插入图像2

09 将光标放置在第3行第2列单元格中，输入相应的文本，如图15-65所示。

10 将光标放置在文本的后面，执行“插入”→“图像”命令。弹出“选择图像源文件”对话框，选择相应的图像。单击“确定”按钮，插入图像3，如图15-66所示。

图15-65 输入相应的文本

图15-66 插入图像3

(11) 保存文档。按F12键在浏览器中预览效果，如图15-67所示。

图15-67 效果图

15.4 给网页添加弹出窗口页面

给网页添加一些特效，会使网站增色不少，如滚动公告、弹出窗口等。下面就来具体讲解给网页添加特效的方法。

制作弹出窗口页面的具体操作步骤如下。

(01) 打开素材文件，如图15-68所示。

(02) 执行“窗口”→“行为”命令，如图15-69所示。

(03) 打开“行为”面板。在“行为”面板中单击 +, 按钮，在弹出的菜单中选择“打开浏览器窗口”命令，如图15-70所示。

图15-68 素材文件

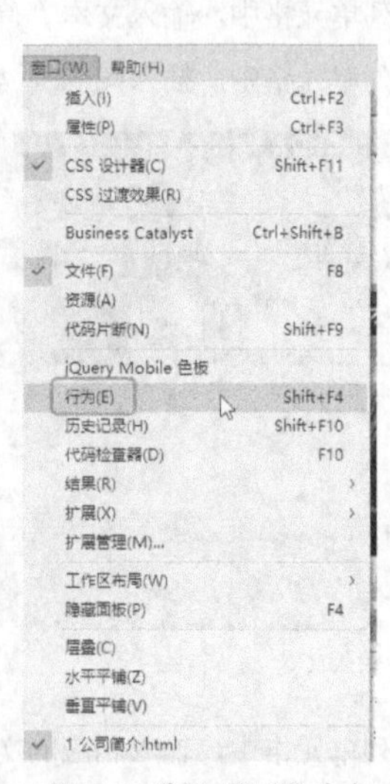

图15-69 选择“行为”命令

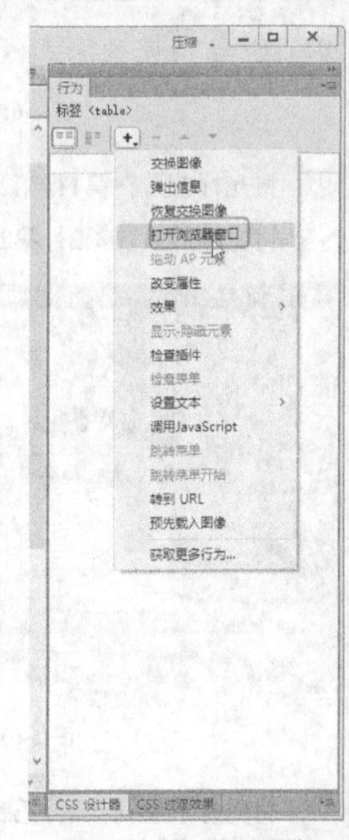

图15-70 选择“打开浏览器窗口”命令

04 弹出“打开浏览器窗口”对话框，在对话框中单击“要显示的URL”文本框右侧的“浏览”按钮，如图15-71所示。

05 弹出“选择文件”对话框，在对话框中选择“优惠.html”文件，单击“确定”按钮，添加浏览器窗口文件，如图15-72所示。

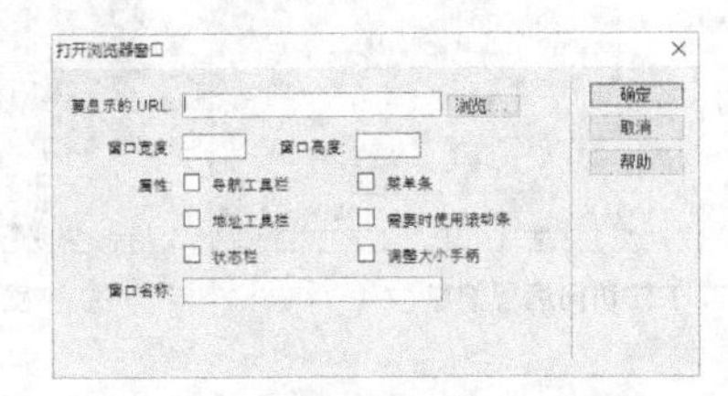

图15-71 “打开浏览器窗口”对话框

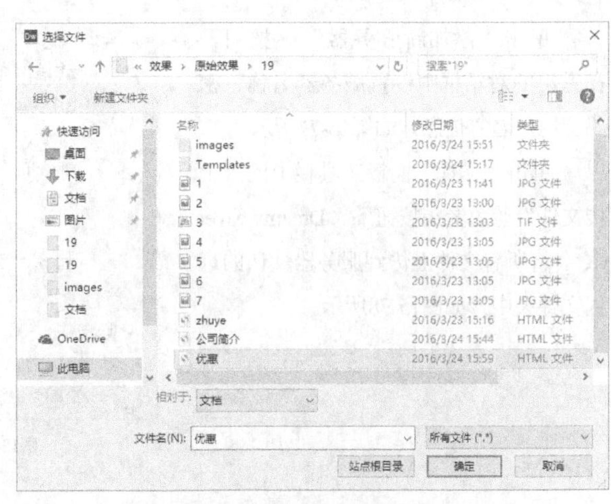

图15-72 “选择文件”对话框

06 单击“确定”按钮，将其添加到“行为”面板中，如图15-73所示。

07 保存文档。按F12键在浏览器中预览效果，可以看到自动弹出的浏览器窗口，如图15-74所示。

图15-73 添加行为

图15-74 预览效果

技巧与提示

如果指定属性窗口无属性，则窗口将按启动窗口属性的大小打开。指定属性的任何窗口属性都将自动关闭所有其他属性。

15.5 本地测试及发布上传

创建的本地站点信息要设置远程信息后才能上传，具体操作步骤如下。

01 执行“站点”→“管理站点”命令，弹出“管理站点”对话框，在对话框中选择站点“19”，如图15-75所示。

02 单击“编辑当前选定站点”按钮，弹出“站点设置对象”对话框，在对话框中选择“服务器”选项，如图15-76所示。

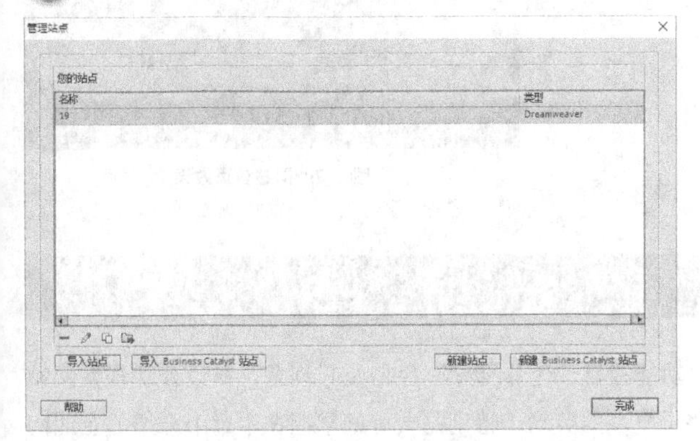

图15-75 “管理站点”对话框

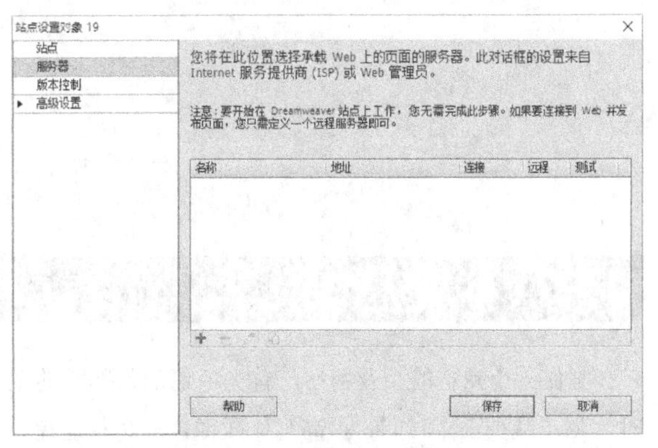

图15-76 “站点设置对象”对话框

03 单击“添加新服务器”按钮，在弹出的对话框中设置服务器名称、密码、用户名等信息，如图15-77所示。

04 单击“文件”面板工具栏上的“上传文件”蓝色箭头按钮，Dreamweaver CC会将所有文件上传到服务器默认的远程文件夹中，如图15-78所示。

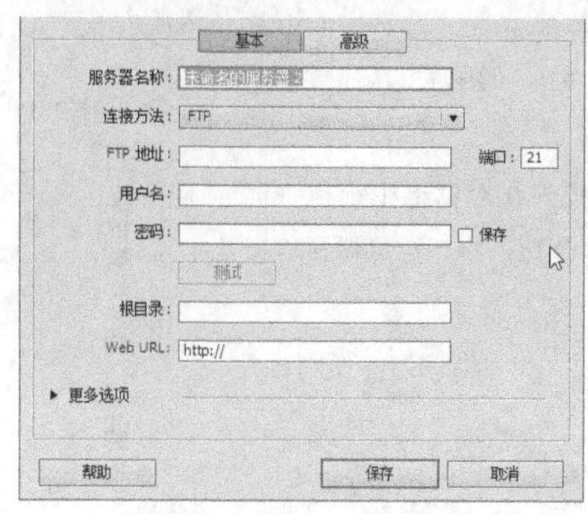

图15-77 FTP访问远程信息

图15-78 上传文件

15.6 课后习题

1. 填空题

（1）企业网站的范围很广，涉及各个领域，它们都有一个共同特点，即以________为主。建设网站的目的是为了提升企业形象，希望有更多的人关注自己的公司和产品，以获得更大的发展。

（2）企业网站给人的第一印象是________，因此确定________搭配是相当重要的一步。

（3）首页使用Photoshop CC设计完后，再使用Photoshop CC中的“切片”工具切割网页，将首页图像切割成________。将图像存为网页时，每个切片都将作为一个独立的文件存储，设计师可以使用切片加快________。

（4）在网页中使用________可以统一整个站点的页面风格，使用库项目可以对页面的局部统一风格。在制作网页时使用库和模板可以节省大量的工作时间，并且为日后的升级带来了很大的方便。

2. 操作题

使用Photoshop CC制作网站首页，效果如图15-79所示。

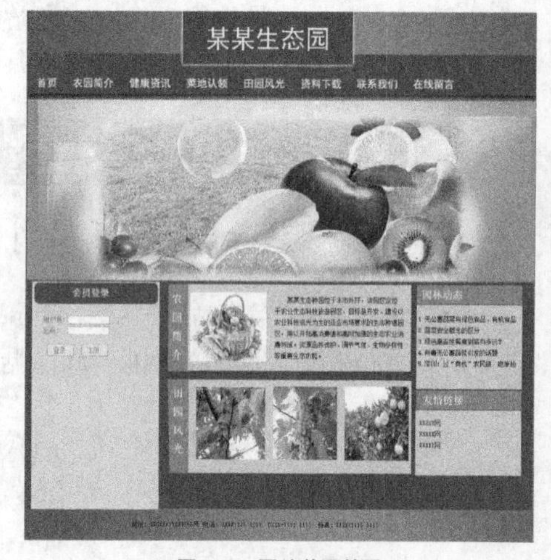

图15-79 网站首页效果

15.7 本章总结

制作一个完整的企业网站，首先考虑的是网站的主要功能栏目、色彩搭配、风格及其创意。在设计综合性网站时，为了减少工作时间、提高工作效率，应尽量避免一些重复性的劳动，特别是要好好掌握在本章中介绍的企业网站首页的设计、模板的创建与应用。读者在学习本章的过程中应多下些功夫，来掌握企业网站的特点与制作方法。